Franz Pilny

Risse und Fugen in Bauwerken

Springer-Verlag Wien GmbH

Prof. Dr.-Ing. Franz Pilny
Direktor des Institutes für Baukonstruktionen und Festigkeit
an der Technischen Universität Berlin

Ursprünglich erschienen bei Springer Vienna 1981.
Softcover reprint of the hardcover 1st edition 1981

Mit 67 Abbildungen

ISBN 978-3-7091-2296-9 ISBN 978-3-7091-2295-2 (eBook)
DOI 10.1007/978-3-7091-2295-2

CIP-Kurztitelaufnahme der Deutschen Bibliothek

Pilny, Franz:
Risse und Fugen in Bauwerken / Franz Pilny. –
Wien; New York: Springer, 1981.

VORWORT

Wie auf vielen Gebieten der Technik hat die systematische Sichtung und ein bequemer Zugriff zu Bewährtem auch im Bauwesen eine fast ebenso große Bedeutung erlangt wie die einzelne Information selbst. Die Erfahrungen in einer langjährigen Gutachter- und Beratertätigkeit zeigten u. a., daß eine ständig wachsende Stoffülle und eine immer schwierigere und mangelhafte Übersicht zur mittelbaren Ursache von späteren Schäden werden kann. Selbst Baupraktiker erkennen bisweilen in der Fachliteratur bereits behandelte Fehler nicht rechtzeitig, denn allzuoft stehen dort viel Überholtes und nur scheinbar Zukunftweisendes mit Wichtigem nebeneinander. Es kann dadurch manchmal sehr schwer sein, für die Grundlage anstehender Entscheidungen eine einigermaßen gerechtfertigte Auslese an Erkenntnissen zu treffen. Nur weit verstreut zu findende Informationen und zu sehr in die Tiefe gehende Abhandlungen machen diese Aufgabe auch besonders zeitaufwendig. Schwierigkeiten dieser Art soll dieses Buch mindern helfen. Es behandelt ein Gebiet, in dem auch heute noch ein großer Teil der Schadensursachen zu suchen ist. Durch Herausarbeiten der maßgebenden Gesetzmäßigkeiten sollte es möglich sein, manchen Fehlschlägen vorzubeugen. Die ersten drei Abschnitte enthalten daher in kurzgefaßter Form die auch rechnerisch erfaßbaren bauphysikalischen Zusammenhänge. Vor allem den Baupraktikern sollten dabei die von wechselnden Lehrmeinungen befreiten Möglichkeiten einer theoretischen Erfassung nahegebracht werden. Zur Ursachenfindung und als Hilfe in möglichen Streit- oder Zweifelsfällen ist die Beschreibung anwendbarer Meßverfahren gedacht. Die Kenntnis, in welcher Größenordnung Veränderungen an Bauteilen infolge von Temperatur und Feuchtigkeit zu erwarten sind, und wie diese oft schadensverursachenden Werte später meßtechnisch zu erfassen sind, gibt den Verantwortlichen nicht nur ein Gefühl der Sicherheit, sie ist auch eine der Voraussetzungen, Nachprüfungen rechtzeitig zu veranlassen.

Die Schwierigkeit durch die noch nicht allgemein vollzogene Umstellung auf das neue Einheitensystem wird durch die in den drei Anhängen umgerechneten und beigefügten Zusammenstellungen der benötigten Baustoffkennwerte beseitigt. Die sonst nur auf mehrere Fachbücher verteilt zu findenden Zahlenangaben sind im Temperaturbereich ausreichend erweitert nachzuschlagen. Nebenbei waren textlich auch einige im Laufe der Zeit widersprüchlich gewordene Ausdrucksweisen zu bereinigen.

Den Anstoß, einmal all das, was an Erkenntnissen in oft harter Auseinandersetzung zwischen Theorie, Normung und praktischer Erfahrung gewonnen wurde, auch zu Papier zu bringen, verdanke ich Herrn Professor K. Sattler. Die Durcharbeitung bis zur vorliegenden Form wäre nicht ohne die große Hilfe meiner Mitarbeiterinnen, Frau M. Strunk und Frau E. Komoll, der Herren Assistenten Dr. H. Rabe und Dipl.-Ing. J. Neugebauer sowie der Techniker und der Männer der Werkstatt, die bei den Versuchen maßgebende Arbeit leisteten, gelungen. Schließlich habe ich auch den Herren Professor H. Dombke und Dipl.-Ing. N. Hinsche zu danken, die durch das Lesen der Reinschrift viele Unzulänglichkeiten zu vermeiden halfen.

Berlin, im Februar 1981 Franz Pilny

INHALTSVERZEICHNIS

1. Einleitung und Stoffabgrenzung

Innerhalb aller Bauschäden nehmen die Risse mit etwa 42 % einen vorrangigen Platz ein. Für den Nichtfachmann sind sie der Inbegriff beginnender Zerstörung. Sie werden daher oft zu Unrecht in ihren Auswirkungen überschätzt, zumal auch bei Fachleuten manchmal nur sehr unvollständige Vorstellungen über Rißursachen und -entstehung vorhanden sind. Zur Beurteilung der Gefährlichkeit dieser Schadensart begnügt man sich in der Regel auch heute noch mit dem Aufbringen von Gipsbrücken. Deren ausreichende Empfindlichkeit wird unterstellt, aber von den Möglichkeiten, aus Verlauf, Form, Wiederkehr und Rißrandbewegungen nicht nur auf Ursache, sondern auch auf zukünftiges Verhalten zu schließen, wird kaum Gebrauch gemacht.

Ursachenerkennung hat bei ingenieurwissenschaftlichem Denken zwangsläufig ein Überlegen zur Folge, weshalb ein bestimmtes Rißbild entsteht, und auf welche Weise Risse vermieden werden könnten. Nur in wenigen Fällen der Praxis sind derartige Schäden auf äußere aktive Kräfte, auf zu große Eigengewichte oder Nutzlasten zurückzuführen. Viel häufiger werden sie durch behinderte Verformungen (Zwänge) hervorgerufen, die infolge von

- Temperaturänderungen
- Feuchtigkeitsaufnahme und - abgabe
- last- und zeitabhängige Längenänderungen
- Stützensenkungen oder Widerlagerverschiebungen oder
- frostbedingte Hebungen des Baugrundes

eintreten können und den Baustoff hinsichtlich seines Verformungsvermögens überfordern.

Es entspricht der Eigenart am Boden stehender Bauwerke, daß die aus physikalischen Gründen entstehenden Längenänderungen, die genaugenommen Rauminhaltsänderungen sind, bei Behinderung um so stärkere Kraftwirkungen auslösen können, je größer das Querschnittswiderstandsmoment des betroffenen Bauteiles und die Steifigkeit des verwendeten Baustoffes sind. Als unerwartetes Ergebnis erweisen sich dadurch großquerschnittige und steife Bauteile meist als rißanfälliger als leicht verformbare weiche Glieder.

Ein in Natur und Technik bewährter Grundsatz, den Baustoff gewähren zu lassen, trägt auch hier zu einer vorteilhaften Lösung bei. Im Falle von Rissen heißt dies, sich einstellende Längenänderungen und Verschiebungen nicht durch ausreichend große Bemessung und vom Baustoff ertragbare Spannungen zu verhindern, sondern dem Bauwerk eine Gestalt zu geben, die eine schadensfreie Formänderung erlaubt. Hierfür bietet sich als "gewollter Riß" die Fuge an.

Für die Bewältigung der Aufgabe, Schadensfreiheit zu erzielen, stehen - wie zumeist in der Technik - mehrere Wege offen: Man kann einen anderen Baustoff wählen, ihn in seinen Eigenschaften verbessern oder aber konstruktiv wirksame Maßnahmen treffen (z. B. Einbau von Gleitfolien), die den Beanspruchungszustand mildern können.

Wie so oft bringt aber eine zunächst bestechend erscheinende Lösung, wie die der Fuge, zahlreiche weitere - manchmal ungeahnt große - Schwierigkeiten mit sich. Das Beherrschen der Fugendichtigkeit bei Randbewegungen und unter sehr ausgeprägtem Klimaeinfluß bedurfte umfangreicher Versuche und gestalterischer Überlegungen. Der allgemein empfehlenswerte Grundsatz, Schwierigkeiten nicht gleich meistern zu wollen, sondern besser zunächst nach Möglichkeiten zu suchen, sie von Anfang an zu vermeiden, führte u. a. auch zu den offenen Fugen. Andererseits zwang die kühne, architektonisch beeindruckende Gestaltung mancher Großbauten oft zu Fugendichtungen, die in allen drei Achsrichtungen Randverschiebungen von mehreren Zentimetern auf die Dauer ertragen mußten.

Unerwartete Risse, die das Aussehen des Bauwerkes unzumutbar beeinträchtigten, führten zu einer raschen Entwicklung von Verfahren, diese zu schließen und unsichtbar zu machen. Dabei lernte man, auch die statische Tragfähigkeit des Bauteils durch Füllen des entstandenen Zwischenraumes mit dünnflüssigem Kunstharz wiederherzustellen und eine erneute Übertragung von Zugbeanspruchungen zu erreichen.

Wirksame Abhilfe setzt in der Regel das Erkennen der Schadensursache voraus. Daraus ergibt sich bereits der Rahmen für die Behandlung des ersten Stoffgebietes, der Risse. Die immer gegebenen Einflüsse wie Wärme, Feuchtigkeit und aufgezwungene Verformungen bewirken bei Baustoffen und Bauteilen Veränderungen, die es mit ausreichender Genauigkeit zu berechnen gilt. Dies macht erforderlich, die Größe der Einflußnahme zu wissen oder zumindest diese wirklichkeitsgetreu einschätzen zu können. Anwendbare Versuchs- und Meßverfahren zu kennen, ist daher in vielen Fällen ebenso wichtig, wie einen Überblick zu haben, welche konstruktiven Lösungen sich bewährt haben oder was den Dichtstoffen auf die Dauer zugemutet werden kann.

Im Fachschrifttum und in manchen Firmenschriften ist bereits vieles darüber geschrieben worden. Die Entwicklung steht aber nicht still und der Praktiker wird auch selten Zeit zu eingehendem Studium verstreuter Literatur finden. Es sollen daher das Wesentliche nach dem neuesten Stand berichtet und die für den durchschnittlichen Anwender nutzbar zu machenden neueren Untersuchungs- und Meßverfahren aufgezeigt werden. Dadurch wird einem noch größeren Kreis Bauschaffender die Möglichkeit gegeben, etwas zur Verminderung von Bauschäden beizutragen.

2. Umwelteinflüsse

Umwelteinflüsse, denen Bauteile und Bauwerke nach Fertigstellung ausgesetzt sind, entstehen nicht nur durch die spätere Einwirkung von ständiger Last und Verkehrslast (DIN 1055, Teil 3), sondern auch durch klimatische Gegebenheiten.

In den Breitengraden des mitteleuropäischen Raumes lag anfangs der Schwerpunkt nur auf der Sorge, bei Nutzräumen ausreichenden Schutz gegen Kälte zu gewährleisten. Die DIN 4108 und 4701 setzten für den Winter einen Mindest-Wärmedämmwert fest und geben eine niedrigste Außentemperatur (-12 °C bis -18 °C, in Höhen über 2500 m -24 °C) für verschiedene Klimazonen an, die den Berechnungen zugrunde zu legen ist. Mit dem Ansteigen der Energiekosten schien eine Erhöhung der Wärmedämmung wirtschaftlich angebracht /1/. Man besann sich auch darauf, Fensterflächen und Luftgeschosse nicht nur nach architektonischen Gesichtspunkten zu beurteilen. Der Zwang, sich mit dem Wärmeenergietransport durch die Raumumschließung näher zu befassen, führte bald dazu, auch den Feuchtigkeitstransport nicht mehr auszuklammern, sondern diesen in die Überlegungen zur Wärmedämmung miteinzubeziehen.

Ein weiterer Schritt in der Entwicklung war die Erkenntnis, wie sehr insbesondere beim Einsatz von Fertigteilen und Außenschichten die Feuchtigkeit des Baustoffes nicht nur dessen Wärmedämmfähigkeit beeinflußt. Sein Rauminhalt und damit auch seine Abmessungen ändern sich in einem Ausmaß, das dem durch Temperatur bewirkten kaum nachsteht.

Bei der beobachtbaren Zurückhaltung, auch diesen Einfluß entsprechend zu berücksichtigen, mag nicht allein das an sich gesunde Bestreben, die Berechnungen möglichst einfach zu halten und nicht noch weitere Einflußgrößen einzubeziehen, ausschlaggebend gewesen sein. Es war vor allem die schwierige Erfaßbarkeit des zu erwartenden Feuchtigkeitsanteiles.

Die genauere Ermittlung des Temperaturverlaufes in Wand- und Dekkenquerschnitten führte zur Kenntnis und Berücksichtigung der Nebenerscheinungen wie "Wärmestau" und "Wärmebrücken". Die fallweise Notwendigkeit von Dampfsperren eröffnete gleichzeitig dem Bauphysiker auf diesem Gebiete ein ergiebiges Betätigungsfeld.

Wärme und Feuchtigkeit stehen mit den Längenänderungen von Bauteilen in enger Beziehung. Sie bestimmen bei Behinderung (Zwang) ebenso wie die sich aus Lasten ergebenden Dehnungen die Rißgefahr oder sind gegebenenfalls maßgebend für die Fugenrandbewegungen.

2.1. Wärme

Physikalisch ist Wärme eine Molekülbewegung und wird als Energie in Joule gemessen. Ein Joule (J) entspricht der Arbeit, die eine Kraft von einem Newton (N) am Weg von einem Meter (m) leistet. Die Zufuhr von Wärmeenergie (Q) ändert die Temperatur T in Kelvin (K) eines Stoffes nach dem Zusammenhang

$$\Delta T = c Q m \quad \text{in } K \tag{1}$$

Darin bedeuten

m ... die Masse in kg
Q ... die zugeführte Wärmemenge in kJ
c ... die spezifische Wärmekapazität in kJ/kg K

Da in der Bautechnik, von Sonderfällen (Ofenbau z. B.) abgesehen, Temperaturen nur im Bereich zwischen - 30 und + 90 °C vorkommen, kann c als annähernd temperaturunabhängige Stoffkonstante angenommen werden, die den erforderlichen Energieaufwand je Masseeinheit angibt, der jeweils zur Erhöhung der Temperatur um ein Kelvin erforderlich ist. Für die gebräuchlichsten Baustoffe gibt Anlage 1 eine Zusammenstellung der c-Werte.

Der Anfall an natürlicher Wärmeenergie ist bei einem Bauwerk sowohl tages- und jahreszeitlich als auch nach geographischer Breite sehr unterschiedlich. Er hängt auch von der Bewölkung (Trübungsfaktor), der Himmelsrichtung, der Neigung der Bauteiloberflächen, ihrer Farbe und Oberflächenbeschaffenheit und schließlich auch von der sich überlagernden Energieentnahme durch Niederschlag und Wind ab. Die Temperatur eines Bauteiles ist z. B. im Sommer demnach keineswegs ausschließlich durch den einseitig von außen ankommenden Wärmestrom bestimmt. Ein Teil davon wird nämlich reflektiert, ein anderer durch den Querschnitt des Bauteils hindurch weitergeleitet.

Bei Überlegungen, die einen ausreichenden Wärmeschutz im Winter zum Ziel haben (DIN 4108 und 4701), betrachtet man nur den grob vereinfachten Fall des stationären Zustandes, bei dem Innen- und Außentemperatur als unveränderlich angenommen werden. Der Wärmefluß ist dabei linear, d. h. es findet parallel zur Oberfläche kein Energietransport statt. Soll jedoch der Dehnweg infolge Erwärmung eines Bauteiles ermittelt werden, dann ist in manchen Fällen auch der Einfluß der Zeit miteinzubeziehen, denn bei Wärmedämmschichten kann die Sonnenanstrahlung längst wieder vorbei sein, bevor die größte Erwärmung bis zum tragenden Querschnitt vorgedrungen ist. Ein Wärmequertransport wird dann nicht mehr auszuschließen sein.

Um die durch Wärme verursachten Veränderungen der Bauteilabmessungen wirklichkeitsgetreu einzuschätzen, ist daher eine Betrachtung der sich auswirkenden Gesetzmäßigkeiten im einzelnen erforderlich.

2.1.1. Wärmeleitung

Nach der Fourierschen Wärmeleitungsgleichung ist der sich von der wärmeren zur kälteren Seite hin bewegende Wärmestrom je m² (Wärmestromdichte)

$$q = \lambda \frac{\Delta T}{\Delta L} \quad \text{in } W/m^2 \tag{2}$$

In Worten heißt dies, daß sich das Temperaturgefälle von Δ T Kelvin auf einem Wegstück Δ L linear eingestellt hat und von einem Stoffwert λ , der Wärmeleitmenge (W/m K), abhängig ist. Diese entspricht jener Wärmemenge, die bei einem Temperaturgefälle von 1 K/m in Richtung des Wärmestromes durch 1 m² Fläche hindurchströmt.

Die Dimension ergibt sich aus dem Zeiteinfluß, da ein Joule je Sekunde einem Watt entspricht. Wärmeleitzahlen für einige der gebräuchlichsten Baustoffe sind in Anlage 1 zusammengestellt.

Dabei handelt es sich um Werte, wie sie im lufttrockenen Zustand erreicht werden. Die DIN 4108 (Ausgabe 1969) Tabelle 1 gibt durch Zuschläge für die Feuchtigkeit auf der sicheren Seite liegende (also meist von den Dämmstoffen erreichbare) Rechenwerte an, die durch Multiplikation mit

$$1{,}163$$

von kcal/m h °C in W/m K umgerechnet werden müssen.

Genaugenommen besteht aber bei den meisten Stoffen eine ausgeprägte Abhängigkeit der Wärmeleitfähigkeit von der Temperatur und vor allem auch vom Feuchtigkeitsgehalt, der die Wärmeleitzahl erheblich erhöhen kann. Bei organischen Stoffen rechnet man nach /2/ je Masseprozent Feuchtigkeit mit einer Wärmeleitfähigkeitszunahme von 1,25 %, bei anorganischen Stoffen fällt die Wärmeleitzahl bei geringeren Feuchtigkeitsgehalten rasch ab, über etwa 4,5 Masseprozenten nimmt sie dagegen nur langsam zu /3/.

Vom Luftraum dringt Wärme über die Oberfläche eines Baustoffes in diesen ein, wenn das für den Übergang erforderliche Temperaturgefälle gegeben ist. Bei stationärer Strömung, wie sie der Berechnung nach DIN 4108 zugrunde liegt, wird dem durch Einführung von Wärmeübergangszahlen (α_a und α_i in W/m² K) Rechnung getragen. Sie sind bei waagerechter und senkrechter Lage der Oberfläche verschieden, von der an der Oberfläche vorhandenen Luftbewegung abhängig und an Decken auch je nach Wärmestromrichtung unterschiedlich.

Luftzwischenräume in Decken und Wänden versprechen wegen der auch bei Berücksichtigung des Strahlungsanteiles geringen scheinbaren Wärmeleitfähigkeit der Luft (λ = 0,07 bis 0,24 W/m K) eine zusätzliche Dämmwirkung. Sie wird nur durch die Luftumwälzung infolge des Auftriebes merklich verschlechtert. Die Wärmeschutzberechnung nach DIN 4108 berücksichtigt dies in der Tabelle 2 sehr vereinfacht durch Annahme eines Wärmedurchlaßwiderstandes d/λ'(m^2 K/W), der sich aber mit zunehmender Luftschichtdicke (etwa ab 50 mm) nicht mehr erheblich ändert, so daß deren weiteres Vergrößern keine Vorteile mehr bringt. Auch ist dieser Wärmedurchlaßwiderstand von der Lage der Bauteilschichten und von der Wärmestromrichtung abhängig. Haben Luftschichten, wie es zur Abfuhr von Feuchtigkeit anstrebenswert ist, wirksame Verbindung zur Außenluft, dann sind sie temperaturmäßig dieser gleichzusetzen, und sie tragen dann rechnerisch nichts mehr zum Wärmeschutz bei.

Die eine mehrschichtige Wand oder Decke durchströmende Wärme kann, da es sich um eine Form von Energie handelt, unterwegs weder verloren gehen noch sich vermehren. Von Verdunstung oder Kondensation sei dabei abgesehen. Daraus ergibt sich 1/k durch Gleichsetzen aller, die einzelnen Schichten je m^2 Fläche durchwandernden Wärmeströme, für den stationären Fall mit

$$q = k(T_i - T_a) = \dots = \alpha_a (T_m - T_a) \quad \text{in } W/m^2 \tag{3}$$

$$1/k = \frac{1}{\alpha_i} + \sum_{1}^{m} \frac{d_n}{\lambda_n} + \frac{1}{\alpha_a} \quad \text{in } m^2\,K/W \tag{4}$$

T_i und T_a ... die vorausgesetzte Innen- und Außentemperatur in K

T_n und T_m ... die Temperatur der Oberfläche der Schichten n und m in K

λ_n ... die Wärmeleitzahl der Schicht n in W/m K (λ' bei Luftschichten)

d_n ... die jeweilige Schichtdicke in m

k ... die Wärmedurchgangszahl in W/m^2 K

Die einzelnen Temperaturen T_n und somit die Temperaturverteilung über die Dicke des Bauteiles ergeben sich aus

$$(T_n - T_{n+1}) = (T_i - T_a)\ \frac{d_n/\lambda_n}{1/k} \quad \text{in K} \tag{5}$$

Für die Längenänderung einer unbehindert gedachten Schicht ist die mittlere Temperatur

$$\bar{T} = \frac{T_n + T_{n+1}}{2} \quad \text{in K} \tag{6}$$

maßgebend. Ein Temperaturgefälle über eine Schicht muß eine zur wärmeren Seite hin konvex geformte Verkrümmung des Bauteiles hervorrufen, deren Halbmesser bei einer Dicke von d Metern

$$R = \frac{d}{2}\ \frac{T_n + T_{n+1}}{T_n - T_{n+1}} \quad \text{in m} \tag{7}$$

beträgt. Praktisch wirkt aber in der Regel im Bauwerk eine Behinderung (Zwang), die z. B. durch Querwände oder bei mehrschichtigen Außenwand-Elementen durch Halteanker zwischen Außen- und Tragschale hervorgerufen sein kann. Die Verkrümmung wird daher selten in vollem Ausmaß eintreten.

Abgesehen von den auf der sicheren Seite liegenden Stoffwerten enthält die Durchrechnung für den stationären Fall nach DIN 4108 hinsichtlich der durch Wärme bewirkten Längenänderungsanteile noch einige weitere Sicherheiten. Die höchste und niedrigste Außentemperatur wirkt in Wirklichkeit nur einige Tage im Jahr und dann auch lediglich durch Wechsel von Tag und Nacht über einige Stunden in voller Größe. Innen liegende Schichten werden daher ihre maßgebenden Temperaturgrenzen zeitlich verzögert erreichen. Andererseits reicht die Temperaturermittlung allein nach dieser Norm keinesfalls aus, um die Längenänderungen der äußeren Schichten wirklichkeitsgetreu zu erfassen. Hier spielen die Oberflächenbeschaffenheit und -farbe sowie alle die Wärmestrahlung beeinflussenden Gegebenheiten eine entscheidende Rolle.

Außen liegende Dämmschichten "beruhigen" die Außenwände, d. h. sie vermindern die Temperaturdehnungen, verkleinern dadurch die erforderlichen Fugenbreiten oder vergrößern die Fugenabstände. Etwas in das Innere einer Außenwand verlegt (Kerndämmung), bewirken sie als Nebenerscheinung einen Wärmestau in der Außenschicht, weil sie im Sommer die Wärme nur langsam in den restlichen Wandquerschnitt eindringen lassen. Grundsätzlich kann eine Wärmedämmschicht auf Temperaturveränderungen immer nur zeitlich verzögernd wirken, sie "wärmt" nicht. Ihr Einfluß ist um so geringer, je langwelliger die Temperaturschwankungen sind. Außen liegende Tragwerke zu ummanteln führt daher im Winter nur zu einer verzögerten Abkühlung und verhindert nicht das extreme Zusammenziehen. Im Sommer wird aber die Erwärmungsspitze durch Sonnenstrahlung, da diese nur etwa 3 Stunden des Tages voll wirksam bleibt, abgemindert.

2.1.2. Wärmestrahlung

Anders als die Wärmeleitung, bei der der Energietransport an Stoffteilchen (z. B. Luft oder Baustoff) gebunden ist, benötigt die Wärmestrahlung keinen Träger.

Durch Wärmestrahlung wird die Erde von der Sonne mit Energie versorgt. Sie ist eine sich mit Lichtgeschwindigkeit ausbreitende elektromagnetische Schwingung, die luftleere und gasgefüllte Räume durchdringt. Sie liegt in ihrer Wellenlänge etwa zwischen 400 und 800 nm. Alle Körper geben an benachbarte Oberflächen der sichtbaren Umgebung wieder Strahlung ab, die von diesen zum Teil in Wärme umgewandelt und aufgenommen, zum Teil aber abgestrahlt wird. Nur vollkommen schwarze Körper würden die gesamte ankommende Strahlung absorbieren. Praktisch werden auch von berußten Oberflächen nur höchstens 95 % der Strahlung aufgenommen. Technische Oberflächen sind Graustrahler und bestreichen den ganzen Wellenbereich. Die ausgesandte Wärmestromdichte beträgt

$$q_s = c_s \left(\frac{T_{abs}}{100}\right)^4 \quad \text{in } W/m^2 \tag{8}$$

Darin bedeutet c_s die Strahlungszahl in $W/m^2\,K$, die bei verschiedenen Baustoffen nachfolgende Werte annehmen kann. In Klammern ist auch die auf den schwarzen Körper bezogene Absorptionszahl angegeben:

	c_s W/m² K	
Schwarze Körper	5,77	(1,0)
Ziegel	5,36	(0,93)
Holz	5,15	(0,89)
Dachpappe	5,26	(0,91)
Stahl blank	1,40	(0,24)
Stahl rostig	3,95	(0,68)
Kupfer poliert	0,23	(0,04)
Aluminium poliert	0,30	(0,05)

Danach ändert sich durch die wieder ausgesandte Wärmestrahlung das Absorptionsvermögen der einzelnen Oberflächen. Metalloberflächen reflektieren, wenn sie poliert sind, die Wärmestrahlung und eignen sich (z. B. als Folien) daher sehr gut zur Verminderung des Wärmeaustausches. Praktisch wird aber zu bedenken sein, daß in Industriegebieten blanke Oberflächen nicht ihr Reflexionsvermögen behalten, selbst wenn sie zeitweise gereinigt werden können.

Für die Erfassung der größten Längenänderung von Bauteilen wird daher, in Ergänzung der nach der DIN 4108 errechneten Erwärmung durch die Wärmeleitung von der Außenluft her, noch eine möglichst verläßliche Abschätzung der durch Sonnenanstrahlung möglichen zusätzlichen Temperaturerhöhung erforderlich sein.

Die Sonne leistet extraterrestrisch bei mittlerem Abstand der Erde 1353 W/m², wovon nur 84 %, nämlich 1137 W/m², als Größtwert der Gesamtstrahlung auf einer normal zur Strahlrichtung liegenden Fläche in Bodenhöhe ankommt. Praktisch setzt sich die in Rechnung zu stellende Strahlungsenergie aus der direkten Sonnenstrahlung und der diffusen Himmelsstrahlung zusammen. Diese entsteht beim Durchgang durch die Atmosphäre infolge Streuung an Luftmolekülen und Dunstpartikeln. Die Gesamtstrahlung wird durch die Luftverunreinigung verringert, was durch den sogenannten Trübungsfaktor Berücksichtigung findet. Dieser kann an einzelnen Orten folgende Werte annehmen:

Berlin 3,9
Danzig 3,5
London 5,1
Aachen 4,0
Paris 4,7
Wien 4,1
Zugspitze 2,1

Richtwerte sind für das Gebirge 2,7, ländliche Gegenden 3,5 und Großstädte 4,3, wobei aber in Einzelfällen (Stadtzentren) Werte bis 8,0 gemessen wurden.

Erwähnenswert ist, daß im Sommer auch gegen Norden gerichtete senkrechte und geneigte Bauwerksflächen über mehrere Stunden direkte Sonnenstrahlung erhalten.

Die Abbildungen 1 und 2 zeigen die Gesamt-Strahlungsenergie (W/m^2) in Abhängigkeit von der Tageszeit und den Trübungsfaktoren 2 und 5. Die Linien gelten für Bauwerkensflächen unterschiedlicher Neigung und geben den in Orten von 50° nördlicher Breite im Juli (Monat der stärksten Sonnenstrahlung) zu erwartenden Wärmeanfall je m^2 an. Die sich dadurch einstellende zusätzliche Temperaturerhöhung eines Bauteiles ist davon abhängig, wie schnell die Wärme in das Bauwerksinnere oder an die Schattenseite abgegeben werden kann. Dies zu erfassen, scheint zunächst eine kaum bewältigbare Aufgabe zu sein. Wie so oft im Ingenieurbau handelt es sich aber um die Ermittlung des Grenzwertes, der sicher nicht überschritten wird. Der genaue, sich in Wirklichkeit jeweils einstellende Augenblickswert ist wegen seiner Veränderlichkeit uninteressant. Der Höchstwert kann im Versuch an einem physikalisch gleichwertigen Modell des Bauteiles durch Messung ermittelt werden. Dieser Aufwand wird immer dann vertretbar sein, wenn sich möglicherweise durch eine sparsamere Bemessung die Kosten des Bauwerks vermindern lassen. In der landläufigen Praxis arbeitet man mit Erfahrungswerten, die in Mitteleuropa an den verschiedenen Oberflächen bestimmter Bauwerkskonstruktionen gemessen und auch in sehr heißen Sommern nicht überschritten wurden. Diese Werte berücksichtigen bereits, daß sich durch Abstrahlung und Luftbewegung sowie durch Weitergabe an das Bauwerk bei durchschnittlichen Verhältnissen ein oberer Grenzwert der Temperatur einstellt.

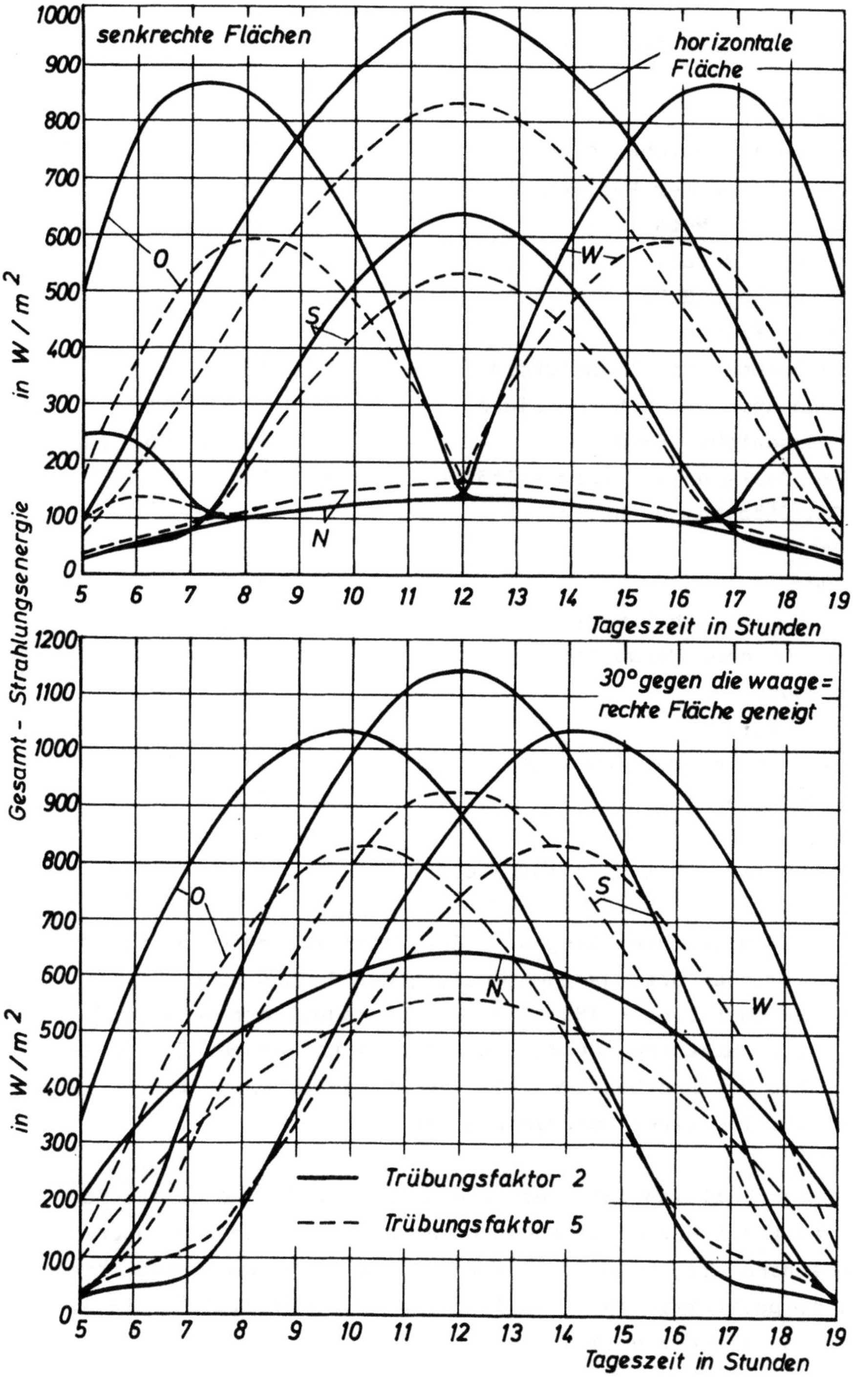

Abb. 1 und 2. Gesamtstrahlung in Abhängigkeit von der Lage, Tageszeit, Flächenneigung und dem Trübungsfaktor (2 und 5)

Gemessene Höchsttemperaturen in °C:

Dächer:	
Betonplatten ohne Dämmung	67 ... 69
Gasbeton unter Putzschicht	34
poliertes Metall	55
blankes Metall	70
schwarze Flächen	90
weiße Flächen	60
Dachpappe auf Flachdächern	85
Dachpappe unter 50 mm dicker Kiesschicht 16-32	35 ... 60
Dachdecke unter einem Kaltdach, Naßdach	35
Wandflächen aus Beton:	
Ost	45
Süd	40
West (je nach Farbe)	40 ... 65
Keramischer Wandbelag:	
Schwarz	68
dunkelgrau	60
blau, grün, rot (dunkel)	53 ... 57
elfenbein	46
weiß	40 ... 44
wetterfester Stahl (rostfarbig)	70

Innenraumtemperaturen liegen in der Regel zwischen 15 und 24 °C /4/. Sie können aber je nach Nutzung des Raumes auch - 20 °C (Gefrierräume) oder + 150 °C (Trockenanlagen) erreichen /5/. Die Temperaturzunahme durch Sonnenstrahlung kann an der Oberfläche bis 8 K/min betragen, die zusätzliche Temperaturerhöhung infolge einer Kerndämmung bis 20 K.

Im letzten Fall läßt sich ein Grenzwert für die zu erwartende Temperatur aus der anfallenden Gesamtstrahlung in W/m² nach dem Zusammenhang errechnen, daß diese zugeführte Wärmestromdichte q einer Temperaturerhöhung von T in K/h entsprechen muß, die sich aus dem Zusammenhang (1 W = 3,6 kJ/h)

$$\Delta T = \frac{3{,}6\, q}{V \varrho c} \quad \text{in K/h} \tag{9}$$

ergibt. Darin ist einzusetzen

q in W/m^2
V in m^3/m^2
ϱ in kg/m^3 und
c in kJ/kg K.

Aus der nach der Tabelle geschätzten oder mit der errechneten größten Oberflächentemperatur des außerhalb der Kerndämmung liegenden Bereiches kann dann nach DIN 4108 die stationär gedachte Temperaturverteilung über den Wand-, Decken oder Bauteilquerschnitt ermittelt werden. Die auf der gegenüberliegenden Oberfläche vorhandene oder gehaltene (z. B. durch Klimatisierung) Temperatur muß dabei bekannt sein. Der Mittelwert der äußeren und inneren Oberflächentemperatur der jeweiligen Schicht ist dann für deren größtmögliche unbehinderte Temperaturdehnung maßgebend.

Ein anderer baupraktischer Anwendungsfall liegt vor, wenn die Wärmedämmung außen angebracht ist und die Strahlungswärme dadurch nur zeitlich verzögert den eigentlichen Bauteilquerschnitt erreicht. Meist ist dann auch ein belüfteter Zwischenraum vorgeschaltet, der eine Durchfeuchtung von innen her verhindert. Bei diesem Aufbau kann für die untere Grenze der Erwärmung (im Winter) wohl einigermaßen zu Recht im Luftspalt die Temperatur der Außenluft als gegeben angenommen werden. Bei starker Sonnenanstrahlung wird die Kaminwirkung einen Teil der Strahlungswärme unwirksam machen.

In Anbetracht, daß die stärkste Sonnenanstrahlung täglich nie viel länger als 3 Stunden wirksam ist, stellt sich (in Abkehr von der bisher stationären Betrachtungsweise) die Frage, ob bei außenliegender Dämmung die hohe Oberflächentemperatur noch auf das Bauverhalten einen wesentlichen Einfluß hat. Über das Einwandern von "Wärmewellen" liegen sowohl theoretische Arbeiten /6/ wie Versuchsergebnisse vor /7/ /8/. Die dadurch bewirkten Längenänderungen sind wegen der nunmehr nicht linearen Temperaturverteilung nur mit größerem Rechenaufwand erfaßbar.

2.1.3. Wärmeentzug durch Niederschläge

Bei Decken und anderen Bauteilen kann durch Niederschläge eine rasche Abkühlung hervorgerufen werden. Die Notwendigkeit der Erfassung dieses Einflusses wurde u. a. durch das sogenannte Umkehrdach ausgelöst, bei dem die Wärmedämmschicht frei der Witterung ausgesetzt ist und von Regen und Schmelzwasser unterflossen wird. Diese Wärmeträger entziehen dadurch der darunter liegenden Abdichtung und damit dem Bauwerk zusätzliche Energie /9/. Für die Rißbildung in einer Deckenplatte kann dies bei Behinderung der Verformung von entscheidender Bedeutung sein.

Die zugrunde zu legende mögliche Regenmenge liegt zwischen 1 und 8 kg/m²h. Die wirksame Wärmeübergangszahl zwischen Dachhaut und Regenwasser wird mit 60 W/m²K anzusetzen sein. Die Temperatur des Regenwassers liegt zwischen 5 und 15 °C. Für die Wirkung ist aber auch die Regendauer und das Flächengewicht des betroffenen Bauteiles von Einfluß. Massivdächer aus Stahlbeton kühlen langsamer ab und erwärmen sich ebenfalls träger als Dachdecken in Leichtbauweise, die zwar rasch eine sehr niedrige Beharrungstemperatur annehmen, sich aber auch erheblich schneller wieder erwärmen. Die Abkühlung an Dachdeckenoberflächen ist in beiden Fällen mit etwa 6 K gemessen worden, der mittlere Temperaturverlust ist bei Leichtbauweisen wegen deren schnelleren Wiedererwärmung um 15 % geringer. Im Sommer kann merkwürdigerweise daher bei derartigen Konstruktionen Tauwasserbildung auftreten.

2.1.4. Tagestemperaturverlauf

Die während eines 24-Stunden-Tages herrschenden Temperaturen sind weitgehend von witterungsbedingten Einflußgrößen (Bewölkung, Niederschläge) abhängig und können sehr grob durch eine Kosinuslinie, die von Tag zu Tag langsam ihren Mittelwert verändert, beschrieben werden /7/. Bei der Ermittlung der Bauteillängenänderung kommt es auch wenig auf den genauen zeitlichen Verlauf an. Den Größt- und Kleinstwerten, die der vorausschauenden Berechnung zugrunde zu legen sind und die auf der sicheren Seite liegen müssen, ist dagegen eine entscheidende Bedeutung zuzusprechen.

Beim Studium meteorologischer Aufzeichnungen fällt es auf, daß in Mitteleuropa die Jahresmittelwerte unabhängig von der geographischen Lage sind und verhältnismäßig wenig voneinander abweichen. Sie liegen zwischen 7,2 und 9,3 °C. Nur in gebirgigen Gegenden sinkt die Jahresmitteltemperatur merkbar auf 2,5 bis 7 °C ab. Zur Kennzeichnung des örtlichen Klimas werden in der meteorologischen Statistik auch Sonnentage (Temperatur über 25 °C), frostfreie Tage (über 0 °C), Frosttage (niedrigste Temperatur unter 0 °C) und Eistage (Höchsttemperatur unter 0 °C) gezählt.

Die Lufttemperatur erreicht in der Regel etwa um 2 Uhr nachts ihren tiefsten und etwa um 14 Uhr ihren höchsten Wert. Im Gegensatz zum jahreszeitlichen Temperaturverlauf kann in Bauteilen die Erwärmung bzw. Abkühlung des Tages durch außenliegende Dämmschichten weitgehend gemildert werden. Neben einer zeitlichen Verzögerung bewirken sie eine Verringerung der Tages-Spitzenwerte.

Als Beispiel sei das Meßergebnis angeführt, das an einem mit Aluminium verkleideten und außerhalb des Gebäudes liegenden Stahlfachwerk gewonnen wurde (Abb. 3). Erst nach rd. 20 Stunden nimmt in diesem Fall die Stahloberfläche eine gleichbleibende Endtemperatur von 28 °C an, wenn die angestrahlte Aluminiumblech-Oberfläche geregelt auf 74 °C gehalten wird.

Rechenwerte für die tiefsten Wintertemperaturen, wie sie in der DIN 4701 festgelegt sind, genügen dann nicht, wenn ihr Überschreiten zu erheblichen Schäden am Bauwerk führen könnte. Dies ist beispielsweise bei jenen Dehnungsfugen möglich, die sich bei Kälte schließen. In solchen Fällen sollte man in die Aufzeichnungen der nächstliegenden meteorologischen Station Einsicht nehmen. Der zu erwartenden Lebensdauer des Bauwerks entsprechende zurückliegende Zeiträume weisen oft ausgefallene Tagestemperaturen auf, die die Normwerte weit übertreffen. In Berlin waren es z. B. der 11. Juli 1959 (+38,1 °C) und der 11. Februar 1928 (-26,8 °C), die bei der Fugenbemessung des Internationalen Congreß Centrums (ICC) Berücksichtigung finden mußten.

Mittlere Windgeschwindigkeiten im Winter liegen zwischen 5 und 8 m/s. Sie erreichen in Höhenlagen über 500 m 10 bis 12 m/s und wurden auch an Hochhäusern um 100 % größer gemessen als in Erdbodennähe. Sie wirken sich wegen der raschen Verdunstung vor allem auf die Abkühlzeit feuchter Wandflächen stark aus, worauf noch später einzugehen sein wird.

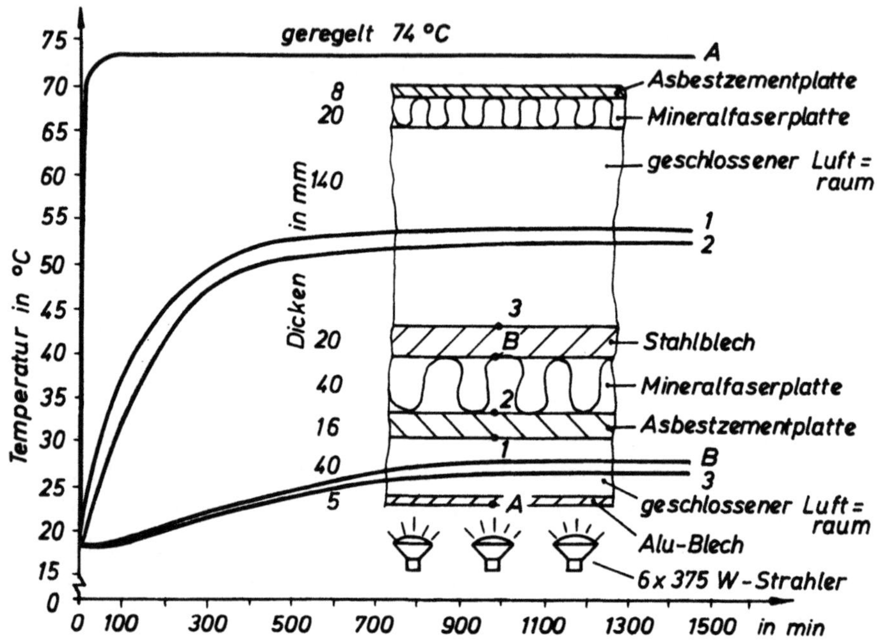

Abb. 3. Temperaturverlauf in einer verkleideten Stahlkonstruktion

Die DIN 1055 Bl. 4 setzt für die Bemessung wesentlich höhere Spitzenwerte an, die bei Bauwerken bis 8 m Höhe 28,3 m/s und bei Höhen über 100 m 45,6 m/s betragen.

2.1.5. Jahrestemperaturverlauf

Die Tagesspitzen der Temperatur überlagern sich den jahreszeitlich bedingten, meist langsam verlaufenden Temperaturänderungen. Da diese durch Dämmschichten nur unerheblich verzögert werden können, bestimmen sie weitgehend die auftretenden Längenänderungen der Bauteile. Dabei spielt aber auch die zum Zeitpunkt der Planung meist nur grob voraussagbare Einbautemperatur eine Rolle.

Positive und negative Temperaturdehnungen gehen von den zu dieser Zeit vorhandenen Abmessungen aus. Es kann sich, je nach dem Zusammenwirken der beteiligten Nachbarbereiche, vorteilhaft oder nachteilig auswirken, wenn der Einbau zu einer bestimmten Tages- oder Nachttemperatur erfolgt. Der größte temperaturbedingte Längenunterschied eines Bauteiles zwischen Sommer (T_S, ΔL_S) und Winter (T_W, ΔL_W) wird aus den zu diesen Zeitpunkten zu erwartenden Temperaturunterschieden zu errechnen sein. Seine Lage hinsichtlich der Einbauabmessungen ist durch die Einbautemperatur (T_E) bestimmt.

$$\Delta L = \alpha_T (T_S - T_W) \cdot L \quad \text{in m} \tag{10}$$

$$\Delta L_S = \alpha_T (T_S - T_E) \cdot L \quad \text{in m} \tag{11}$$

$$\Delta L_W = \alpha_T (T_W - T_E) \cdot L \quad \text{in m} \tag{12}$$

Eine hoch liegende Einbautemperatur vergrößert in der kalten Jahreszeit gegebenenfalls eine Fugenbreite oder führt bei ausreichender Behinderung leicht zu Rissen. Bei niedriger Einbautemperatur sind größere Fugenbreiten vorzusehen, damit im Sommer keine Zwängungen erfolgen können. Bei der endgültigen Berechnung wird aber bei porösen Baustoffen auch der Anteil der Längenänderung aus Feuchtigkeit zu berücksichtigen sein.

2.2. Feuchtigkeit

2.2.1. Regenmenge und Regendauer

Die Wasserverdunstung entspricht einer Wasserschicht von 1060 mm im Jahr, von der 790 mm wieder unmittelbar als Niederschlag ins Meer zurückfallen. Wegen des geringeren Landanteiles der Erdoberfläche (29 %) erhöht die auf das Land ziehende verdunstete Menge dort den Niederschlag von 270 auf 660 mm. Davon verdunsten wieder 420 mm und 240 mm gehen als Gesamtabfluß in das Meer zurück.

Man unterscheidet nach DIN 4045 (Dezember 1964) die Regenhöhe (Niederschlagshöhe) in Millimetern, die Regendauer zwischen Beginn und Aufhören eines Regenabschnittes, die Regensumme in dm^3 als Menge des Regenwassers, das sich auf einer waagerechten Fläche ansammeln würde, die Regenspende in dm^3/s ha als Regensumme je Flächeneinheit und Sekunde und die Regenstärke in mm/min als

Quotient aus Regenhöhe und Regendauer. In der Norm wird das im Abwasserwesen übliche und nach dem SI-System für Grundstücksflächen zulässige Hektar (ha) = 10.000 m^2 verwendet.

Als Klima bezeichnet man die Schwankungen der Luftwärme im Tages- und Jahresgang zusammen mit der Luftfeuchtigkeit, dem Luftdruck und den Luftströmungen, also einen Begriff der mittleren atmosphärischen Zustände an einem Ort zu einer bestimmten Jahreszeit.

Das Wetter entsteht aus der Gesamtwirkung aller atmosphärischen Vorgänge in einem kurzen Zeitabschnitt eines räumlich begrenzten Gebietes.

Der Feuchtigkeitsanfall in Bauwerken stammt aus den Niederschlägen und der Luftfeuchtigkeit. Zu den Niederschlägen zählt außer Regen auch Schmelzwasser von Schnee und Eis sowie Tauanfall. Aus dem Boden aufgesaugte Feuchtigkeit bleibe hier außer Betracht, da sie durch einwandfreies Abdichten gesperrt werden kann.

Regenwasser bildet sich an Kondensationskernen in der Luft bei Abkühlung aus deren Wasserdampfgehalt oder aus dem Wasserdunst der Wolken (nur 5 bis 8 g/m^3). Regentropfen mit 5 bis 7 mm Durchmesser und Fallgeschwindigkeiten bis zu 8 m/s bilden den Hauptanteil der Niederschläge. Die mittlere Niederschlagshöhe in Deutschland beträgt 660 mm ± 50 % je Jahr. Davon fallen im Winter 18 %, im Frühjahr 22 %, im Sommer 36 % und im Herbst 24 % der Gesamtregenmenge.

Die Regenstärke ist um so größer, je kürzer die Regendauer war. Im Mittel gilt für Deutschland

Regendauer (Minuten)	5	10	15
Regenstärke (mm/min)	1,2	0,86	0,68

In Berlin sind beispielsweise 9,3 % und in Paris 7,3 % aller Tage Regentage.

Ein oft übersehener Feuchtigkeitsanfall entsteht durch die Taubildung, die in windruhigen Nächten durch Abkühlung der Erdoberfläche unter den Taupunkt eintritt. Sie fällt meist etwa zwischen

2 und 4 Uhr nachts an. Eine waagerechte Oberfläche (wie z. B. eine Fahrbahnplatte) erhält bis 0,25 dm^3/m^2 Wasser zugeführt, was ihren offenen Porenraum des oberen Bereiches weitgehend sättigen und entsprechende Eigenspannungen verursachen kann /10/.

Für die Ermittlung der Niederschlagsmenge stehen Regenmesser zur Verfügung, die an windböenfreien Stellen den Anfall über eine schneidenförmig begrenzte Kreisöffnung in einem Gefäß sammeln. Die Verdunstung des gesammelten Niederschlagswassers wird z. B. durch eine dünne Schicht Vaselinöl verhindert. Den jeweiligen Wasserstand tastet ein Schwimmer ab und schreibt ihn über einen Schnurzug auf einer sich langsam durch ein Uhrwerk drehenden Schreibtrommel auf. Auch elektrische Weggeber werden angewandt, die den Pegel im Sammelgefäß mit Schwimmer abtasten und eine verhältnisgleiche Spannung an einen im Überwachungsraum untergebrachten Bandschreiber weitergeben. Das volle Sammelgefäß entleert sich jeweils durch Heberwirkung eines eingebauten Rohres selbsttätig und kann dadurch eine unbegrenzte Regenhöhe wartungsfrei erfassen.

In der Praxis ist man meist auf die Aufzeichnungen nahegelegener Wetterstationen angewiesen, die auch eine statistische Auswertung durchführen und Interessenten zugänglich machen. Die Regenspende ist aber von Ort zu Ort oft sehr wechselnd, so daß für zeitlich begrenzte Einzelniederschläge wirklich verläßliche Schlüsse auch aus naheliegenden Wetterstationen nicht gezogen werden können.

2.2.2. Luftfeuchtigkeit

Wasser verdunstet und verteilt sich als Wasserdampf unsichtbar im Raum, dessen Luft je nach Temperatur und Druck unterschiedliche Mengen durch Diffusion aufnehmen kann. Bei atmosphärischem Druck enthält sie im Sättigungszustand

Temperatur in °C	-20	-10	±0	+10	+20	+40	+60	+80
Wassergehalt in g/m^3	0,89	2,15	4,86	9,40	17,30	51,20	132,2	293,3
Wasserdampf-Sättigungsdruck in mbar	1,03	2,60	6,11	12,28	23,39	73,77	199,2	473,6

Nach dem Daltonschen Gesetz verhält sich der Wasserdampf so, als wäre er allein im Raum. Er bewirkt dadurch den ebenfalls in der Tabelle aufgeführten Sättigungsdruck, der ein Dampfteildruck ist, und der daher mit dem von der Luft ausgeübten Teildruck zusammen den atmosphärischen Gesamtdruck (1013 mbar) ergibt. Die vollständige Sättigung wird in der Natur meist nur dadurch erreicht, daß feuchte Luft unter den Taupunkt T_S (°C) abkühlt, weil dadurch jene Wassermenge, die in Gasform nicht mehr gelöst bleiben kann, als Dunst (Nebel, Reif) ausscheiden muß.

Der Wassergehalt in g/m³ wird als absolute Feuchtigkeit bezeichnet. Der Prozentsatz, der vom Sättigungsdruck jeweils in feuchter Luft erreicht worden ist, heißt relative Luftfeuchtigkeit

$$\varphi = \frac{\text{Dampfteildruck } p_D}{\text{Sättigungsdruck } p_S} \cdot 100 \quad \text{in \%} \qquad (13)$$

In Deutschland liegt die mittlere relative Luftfeuchtigkeit bei 78 % und hat je nach geographischer Lage des Ortes eine Jahresschwankung von 12 bis 24 φ-Prozenten. Die Ortslage beeinflußt die relative Luftfeuchtigkeit weniger als die Lufttemperatur. Als Höchst- und Mindest-Luftfeuchtigkeiten werden in Abhängigkeit von Sommer- und Wintertemperaturen folgende Werte bei Baukonstruktionen und Klimatisierungen als ungünstigst zugrunde zu legen sein:

Lufttemperatur in °C	+ 36	34	32	30	28	26	24	22
φmax in %	30	35	41	48	55	63	72	82
Lufttemperatur in °C	+20	19	0	-5	-10	-15	-20	
φmax in %	94	100	35	40	45	50	55	
ab 0° φ min in %								

Für die Messungen der relativen Luftfeuchtigkeiten stehen Haarhygrometer zur Verfügung. Sie müssen öfters durch Umwickeln mit einem feuchten Tuch auf φ = 95 % nachjustiert werden. Ihre Wirkungsweise beruht auf der Eigenschaft eines entfetteten Haarstranges, bei Feuchtigkeitsaufnahme aus der Luft seine Länge zu vergrößern. Die Meßunsicherheit liegt etwa bei ± 3 %.

Mit wesentlich geringerem Fehler ermöglichen Aspirationspsychrometer das Bestimmen der relativen Luftfeuchtigkeit, die hierbei aus den angezeigten Temperaturen eines trockenen und eines befeuchteten Thermometers nach der Sprungschen Formel errechnet werden muß:

$$p_D = p_{Sf} - 6{,}60 \cdot 10^{-4} (T_L - T_f) \cdot p \quad \text{in bar} \tag{14}$$

darin bedeuten

p_D ... Dampfteildruck der Luft in bar

p_{Sf} ... Sättigungsdampfdruck bei der Feuchtigkeitsthermometer-Temperatur T_S in bar

T_L ... Lufttemperatur am Trockenthermometer abgelesen in °C

T_f ... Temperatur am Feuchtthermometer abgelesen in °C

p ... Barometerstand in bar

Die relative Luftfeuchtigkeit ergibt sich danach bei Temperaturen bis zu 40 °C genügend genau aus dem Zusammenhang nach Gl. (13).

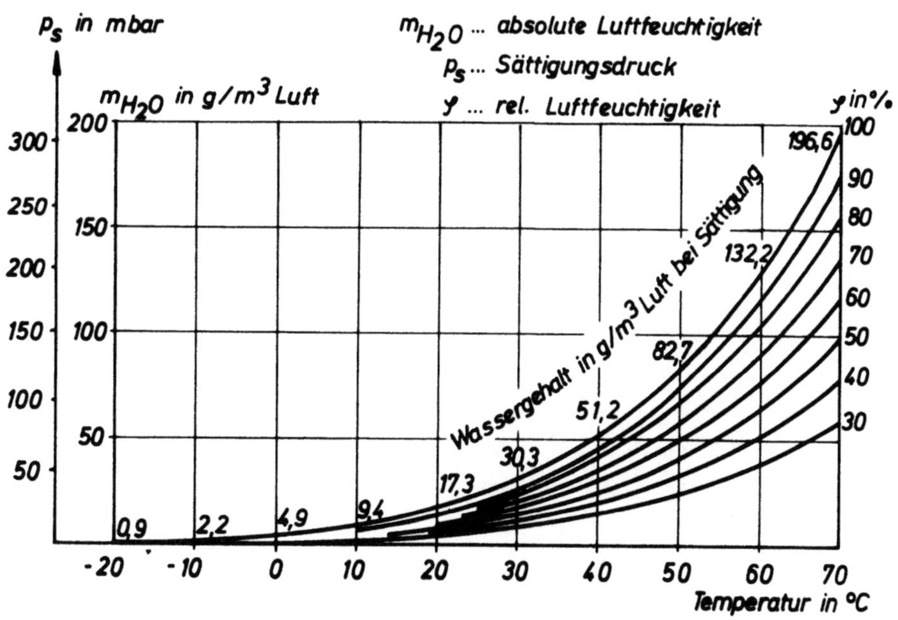

Abb. 4. Zusammenhang von absoluter und relativer Luftfeuchtigkeit mit dem Sättigungsdruck und der Temperatur

Praktisch wird p_S, der bei φ = 100 % vorhandene Sättigungsdruck, aus einem Tabellenwerk entnommen, p_D entspricht dann dem Dampfteildruck bei der Temperatur T_L der gemessenen Atmosphäre.

Es besteht Veranlassung, darauf hinzuweisen, daß ein Dampfteildruck keine zusätzliche Kraftwirkung auf eine von ihm beaufschlagte Fläche (z. B. auf die Unterseite einer Dachabdichtung) ausüben kann, da er sich nach dem Daltonschen Gesetz immer mit dem vorhandenen Teildruck der Luft auf den atmosphärischen Druck ergänzt und nur "auf dessen Kosten" entsteht.

Den Zusammenhang zwischen Lufttemperaturen T_L zwischen -20 und +70 °C, absoluter und relativer Luftfeuchtigkeit zeigt die Abb. 4, aus der auch der jeweilige Sättigungsdruck abgelesen werden kann.

3. Baustoffverhalten

Die übliche Arbeitsweise bei der Vorausberechnung vom Bauteilverhalten benutzt die in den Normen enthaltenen Rechenwerte und greift nur in besonderen Fällen auf einschlägige Fachliteratur zurück. Der Zwang zu erhöhter oder manchmal auch nur vermeintlicher Wirtschaftlichkeit sowie der Wagemut mancher Planer und Architekten haben in den letzten Jahren immer mehr dazu geführt, daß neuartige Lösungen noch ohne allgemeine Zulassung und nur aufgrund von Einzelbewilligungen ausgeführt wurden. Gleichzeitig zeigte sich bei sehr großen Bauwerken das Bestreben, Bauphysiker vertraglich zu Rate zu ziehen, die dann zukünftige Verhaltensweisen von Baustoffen und Baustoffanordnungen zu prüfen und zu beurteilen hatten.

Diese Entwicklung hat ihre Berechtigung insbesondere dann, wenn neue Wege beschritten werden oder noch nicht erprobte Lösungen Anwendung finden sollen, da

- bei diesen Sachverständigen vielerorts gesammelte Erfahrungen (auch aus Schadensfällen) zusammenlaufen,

- Grundlagenkenntnisse und nicht herkömmliche und geläufige Ausführungsregeln im Vordergrund stehen und

- weil diesem Personenkreis neben Berechnungsmethoden auch meist die Möglichkeiten zur Verfügung stehen, durch Laboratoriumsversuche ihre Beurteilungen nicht nur theoretisch abzusichern, sondern auch praktisch durch Messungen zu untermauern.

Die folgenden Abschnitte sollen daher auf den Stand der Versuchstechnik sowie auf bisher nicht oder nur wenig genutzte Möglichkeiten hinweisen.

3.1. Thermische Veränderungen

3.1.1. Temperatur

Die Einheit der Temperatur, das Kelvin (K) ist im SI-System als der 273,16te Teil der thermodynamischen Temperatur des Tripelpunktes des Wassers definiert. Es entspricht dem °C, das nach wie vor für Angaben von Temperaturen zugelassen bleibt (DIN 1304) und mit diesem nach der Gleichung

$$T_K = 273{,}15 + T_{°C} \quad \text{in K} \tag{15}$$

in Zusammenhang steht. Temperaturunterschiede sind in Kelvin und nicht in °C anzugeben /11/.

Die früher in Temperaturbereichen der Bautechnik üblichen Berührungsthermometer beruhen auf einem Wärmeaustausch, der von der Masse des Fühlers, der Kontaktfläche und den Wärmeübergangsverhältnissen zeitlich abhängig ist. Genaugenommmen wird dadurch die Temperatur des Meßobjektes gleichzeitig örtlich verändert. Der Wärmeaustausch mit dem Meßobjekt ist zwar bei flüssigen Stoffen verhältnismäßig rasch, bei gasförmigen und festen jedoch sehr träge. Die dem Thermometer je Zeiteinheit zuströmende Wärmemenge Q ist

$$\frac{dQ}{dt} = \alpha A (T_W - T_A) \quad \text{in W} \tag{16}$$

die aufgenommene

$$Q = mc (T_A - T_0) \quad \text{in J} \tag{17}$$

Darin bedeuten

α ... Wärmeübergangszahl in W/m² K
A ... Fläche in m²
T_W ... Temperatur des Meßgegenstandes in K
T_A ... augenblickliche Temperatur des Thermometers in K
m ... Masse des Meßfühlers in kg
c ... spezifische Wärmekapazität des Meßfühlers in J/kg K
T_0 ... Anfangstemperatur des Thermometers in K

Durch Differentiation der Gleichung (17) nach der Zeit t ergibt sich

$$\frac{dQ}{dt} = m\,c\,\frac{dT_A}{dt} \quad \text{in W} \qquad (18)$$

und durch Gleichsetzen von (16) und (18), da die in der Zeiteinheit aufgenommene Wärmemenge Q gleich der in der Zeiteinheit gespeicherten sein muß

$$\frac{dT_A}{dt} = \frac{\alpha A\,(T_W - T_A)}{m\,c} \quad \text{in K/s} \qquad (19)$$

oder in üblicher Schreibweise als Differentialgleichung

$$t_1\,\frac{dT_A}{dt} + T_A = T_W \quad \text{in K} \qquad (20)$$

t_1 ist darin die Zeitkonstante des Thermometers, die von den Wärmeübertragungsmöglichkeiten, gekennzeichnet durch α und A abhängig ist.

Mit der bekannten Ausgangs- und Endbedingung

$$t = 0 \qquad T_A = T_0$$
$$t = \infty \qquad T_A = T_W$$

ist die Lösung der Differentialgleichung

$$T_A = (T_W - T_0)\left(1 - e^{-\frac{t}{t_1}}\right) + T_0 \quad \text{in K} \qquad (21)$$

Der Meßvorgang mit einem Berührungsthermometer gleich welcher Art ist demnach genaugenommen ein unendlich lang dauernder und abklingender Ausgleichsvorgang. Früher abgebrochen, wird er um so genauer, je kleiner die Zeitkonstante

$$t_1 = \frac{m\,c}{\alpha A} \quad \text{in s} \qquad (22)$$

ist.

Zur Erzielung einer angebbaren definierten Meßunsicherheit sind praktisch zwei Verfahrensweisen üblich geworden. Man wartet so lange, bis der durch die e-Funktion verursachte Fehler den Thermometerfehler (etwa 2 %) erreicht hat. Dann wird

$$t_{98} = t_1 \ln 50 \triangleq 4 t_1 \qquad (23)$$

sein. Oder man gibt die sogenannte Halbwertszeit H an, die der Zeitdauer (s) entspricht, die zur Anzeige des halben Temperaturwertes nötig ist. Aus Gleichung (21) ergibt sich mit $T_a = T_W/2$ und $T_0 = 0$

$$H = 0{,}6932\ t_1 \text{ in s} \qquad (24)$$

Die Zeitkonstante kann je nach Thermometerart zwischen 2 und 800 Sekunden liegen. Bei Berührungsthermometern wird man daher eine möglichst gute Wärmeübertragung (z. B. durch eine Silikonpaste als Zwischenschicht, handelsüblich in Tubenform) und massearme Fühler anstreben, die auch eine durch Wärmeableitung verursachte Störung des zu beurteilenden Temperaturfeldes klein halten.

Flüssigkeitsausdehnungsthermometer nutzen den Unterschied des räumlichen Ausdehnungskoeffizienten γ_T (m^3/m^3K) mancher Flüssigkeiten gegenüber dem von Thermometerglas für die Verschiebung des Meniskus in der Kapillare. Zur Verfügung stehen u. a. die besonders großen γ_T -Werte von

Quecksilber 18×10^{-5} in 1/K
Äthylalkohol 110×10^{-5} in 1/K
Thermometerglas (zum Vergleich) etwa 2×10^{-6} in 1/K

Quecksilber ist zwischen -30 °C und +280 °C, Äthylalkohol zwischen -110 °C und +50 °C verwendbar.

Der Meßunsicherheit und Empfindlichkeit

$$E = \frac{V \gamma_T}{A_K} \quad \text{in m/K} \qquad (25)$$

sind durch Abweichungen der Kapillarquerschnittsfläche A_K und des möglichst klein zu haltenden Volumens des Flüssigkeitsinhaltes V Grenzen gesetzt.

Bei bauphysikalischen Messungen geht der absolute Fehler eines Ausdehnungsthermometers nur zu einem Bruchteil in das Ergebnis ein, weil es sich immer um Temperaturunterschiede handelt, die in der Regel mit dem gleichen Gerät gemessen werden.

Eine beachtliche Verbesserung in der Halbwertszeit und auch in der Wärmeübertragung brachten die mit Halbleitern (Thermistoren) arbeitenden Berührungsthermometer. Eine an Masse denkbar kleine Oxidkeramik oder ein Teilchen aus reinem Germanium, verwendbar im Bereich von -50 °C bis 450 °C, ändert den elektrischen Widerstand um etwa 3 %/K. Der nichtlineare Zusammenhang wird in der Anzeige berichtigt. Wegen des dünnen Hüllrohres sind Punktmessungen, die das Temperaturfeld praktisch nicht verändern, möglich.

Die gleiche Entwicklungsrichtung zeigten die bereits seit langem bekannten Thermoelemente (DIN 43710). Drahtdicken von 0,1 mm ergeben neuerdings edelstahlummantelte Paare mit 0,25 mm Außendurchmesser, die außerordentlich massearm sind.

Die thermoelektrische Spannung entsteht an den beiden Berührungsstellen (Lötstellen) zweier metallischer Werkstoffe, wenn diese dort eine unterschiedliche Temperatur aufweisen (Seebeck-Effekt). Die am meisten verwendeten Paarungen ergeben bei einem Temperaturunterschied von 100 Kelvin folgende Thermospannungen (Richtwerte):

Cu-CuNi (Kupfer-Konstantan)	4,25 mV
Fe-CuNi (Eisen-Konstantan)	5,37 mV
NiCr-Ni	4,04 mV
PtRh-Pt	0,64 mV

Konstantan-Thermoelemente liegen demnach im Spannungswert hoch. Die "kalte Lötstelle" wird in handelsüblichen Thermostaten auf 0° oder +50 °C konstant gehalten, und die anfallende Spannung zeigt ein in Kompensationsschaltung arbeitendes, schreibendes oder druckendes Spannungsmeßgerät in °C oder Kelvin an. Die Spannungskompensation hat den Vorteil, daß im Draht der Thermoelemente kein Strom fließt und die Anzeige daher vom Widerstand der Zuleitungen unabhängig ist.

Die Kennlinien von Thermoelementen sind nicht ganz linear. Für genauere Messungen, als sie in der Bautechnik in der Regel erforderlich sind, kann der angezeigte Wert der Temperatur berichtigt werden. Der allgemeine Zusammenhang zwischen Temperatur und Thermospannung

$$U_T = A\Delta T + B\Delta T^2 + C\Delta T^3 \quad in\ V \tag{26}$$

ist in DIN 43710 unter Berücksichtigung der gewählten Bezugstemperatur (kalte Lötstelle) tabelliert.

Für besondere Anwendungen gibt es auch seit einigen Jahren Thermoelemente in Form aufklebbarer, etwa 7 x 4 mm großer Folien. Die dabei üblichen Paarungen Fe-Konstantan, Cu-Konstantan und Nickelchrom-Nickel ergeben Thermospannungen gemäß DIN 43710 und eignen sich für Temperaturen zwischen - und +100 °C. Die Folien sind nur 0,1 mm dick und ermöglichen daher Zeitkonstanten unter 100 ms. Ihr Ohmscher Widerstand liegt unter 0,085 Ohm. Sie werden mit Ausgleichsleitungen angeschlossen oder arbeiten mit Spannungskompensatoren.

Widerstandsthermometer beruhen in ihrer Wirkungsweise auf der in Abhängigkeit von der Temperatur eintretenden Änderung des ohmschen Widerstandes eines Leiters aus Platin oder Nickel (DIN 43709). Diese Metalle weisen im Bereich von 0 bis 100 °C eine weitgehend lineare Widerstandskennlinie auf.

$$R_{Pt} = R_0\,(1 + 0{,}385 \cdot 10^{-2}\,T + \beta_{Pt}\,T^2) \quad in\ Ohm \tag{27}$$

und

$$R_{Ni} = R_0\,(1 + 0{,}617 \cdot 10^{-2}\,T + \beta_{Ni}\,T^2) \quad in\ Ohm \tag{28}$$

Das quadratische Glied kann in der Regel bei bauphysikalischen Untersuchungen vernachlässigt werden. Die Beiwerte sind etwas legierungsabhängig und werden daher vom Lieferwerk angegeben. R_0 wird nach Vereinbarung meist 100 Ohm gewählt und die Widerstandsänderung über eine Brückenschaltung auf einem hochohmigen Spannungsanzeiger abgelesen. Ein zu beachtender Nachteil der Widerstandsthermometer ist die durch das Schutzrohr und den keramischen Wicklungsträger vergrößerte Zeitkonstante t_l.

Für Sonderaufgaben steht auch eine weitere, noch kaum genutzte Möglichkeit zur Verfügung, Temperaturverteilungen an Bauteiloberflächen durch Temperaturfarben, -kreiden, -Meßstreifen oder -Meßpunkte zu ermitteln. Bei diesen wird die Eigenschaft von Schwermetallsalzen, bei Abgabe von Feuchtigkeit die Farbe deutlich sichtbar zu verändern, zur Temperaturanzeige benutzt. Derartige Farbpigmente werden mit Harz und verschiedenen Trägersubstanzen staubfein vermahlen und in Spiritus verrührt aufgestrichen oder in Form von Kreidestrichen aufgetragen. Die Meßunsicherheit des durch Wasserabspaltung bewirkten Farbumschlages ist zwar nicht besonders klein (± 5 K), das Verfahren ist aber billig (10 bis 14 m^2/kg) und narrensicher. Es stehen Meßstreifen ab 40 °C in Stufen von etwa 5 Kelvin zur Verfügung. Durch Einwirkenlassen von Luftfeuchtigkeit oder absichtliches Annässen können derartige Farbmarken mehrmals benutzt werden. Der Umschlag bei steigender Temperatur dauert 2 Sekunden bis 30 Minuten und hält je nach Luftfeuchtigkeit Stunden oder Tage an. Der Untergrund kann ein beliebiger Baustoff mit oder ohne Anstrich sein. Temperaturverteilungen können durch vollflächiges Anstreichen sichtbar gemacht werden, und das Entfernen der Farben ist nachträglich möglich.

Die Temperatur-Meßstreifen besitzen in der Regel 8 bis 9 kleine Felder in 3 bis 5 Kelvinstufen, die bezeichnet und aneinandergereiht bei Erreichen des betreffenden Wertes irreversibel von grau in schwarz umschlagen. Diese etwa 20 x 60 mm großen Streifen bestreichen Temperaturbereiche von 37 bis 65 °C, 71 bis 110 °C und höher. Die Ansprechzeit liegt innerhalb einer Sekunde, ihre Genauigkeit wird mit ± 1 % des jeweiligen Temperaturwertes angegeben.

Temperaturmeßpunkte schlagen wählbar bei bestimmten Temperaturen zwischen 37 und 260 °C, in 41 Stufen unterteilt, um. Sie haben eine 12 x 12 mm große oder 10 mm runde Klebefläche und werden in Heftchen gebunden, ablösbar und selbstklebend hergestellt.

Diese neuartige Möglichkeit der Temperaturüberprüfung kann bei Bauwerken dort Vorteile bringen, wo z. B. Wärmebrücken im Sommer oder thermische Überbeanspruchungen an Dächern mit einfachen

Mitteln rasch nachzuweisen sind.

Einen wesentlichen Fortschritt für die Temperaturmeßtechnik am Bau brachten die berührungsfrei arbeitenden Temperaturmeßgeräte. Sie nutzen die Infraroteigenstrahlung der Bauteiloberflächen.

Die Infrarotstrahlung ist schom im Jahre 1800 vom Astronomen F. H. Herschel erkannt worden. Jeder über den absoluten Nullpunkt erwärmte Körper sendet einen Strahlungsfluß von

$$\Phi = A \varepsilon \sigma T^4 \quad in\ W \tag{29}$$

aus. Darin bedeuten

A ... Oberfläche in m² mit der absoluten Temperatur T in K
ε ... Emissionsgrad (-)
$\sigma = 5{,}77 \cdot 10^{-8}$ in W/m² K die Stefan-Boltzmannsche Strahlungskonstante

Dieser Energiestrom erfolgt in Quanten (Photonen) mit einem Energieinhalt von

$$W = h \cdot f \quad in\ J \tag{30}$$

wobei $h = 6{,}62517 \times 10^{-34}$ in W s² das Plancksche Wirkungsquantum und f (s^{-1}) die Frequenz der Strahlung ist. Die Wellenlänge λ_1 und die Frequenz stehen mit der Lichtgeschwindigkeit c im Zusammenhang

$$\lambda_1 \cdot f = c \quad in\ m/s \tag{31}$$

und das Produkt

$$\lambda_{max.} \cdot T = w = konstant \quad in\ m\,K \tag{32}$$

stellt den Zusammenhang mit der Wienschen Verschiebungskonstanten $w = 2{,}89782 \cdot 10^{-3}$ m K her. Das bedeutet, daß ein "schwarzer Körper" seiner absoluten Temperatur T entsprechend eine größte Infrarotstrahlungsenergie bei einer ganz bestimmten Wellenlänge λ ausstrahlt. Je höher die Oberflächentemperatur ist, um so kleiner wird die Wellenlänge sein, die dem Hauptanteil der abgestrahlten Energie angehört.

Infrarotstrahlen werden je nach Wellenlänge vom Wasserdampf und dem Kohlendioxid der Luft mehr oder weniger absorbiert. Die gute Durchlässigkeit liegt in zwei Bereichen ("Fenstern"), in denen nur geringe Verluste zu messen sind: Zwischen 3 und 5 µm und zwischen 8 und 14 µm. Für diese Wellenlängenbereiche sind Halbleiter entwickelt worden, die den Einfall von Photonen in freigesetzte Elektronen umwandeln können.

Der reflektierte Strahlungsanteil besteht bei einer Bauteiloberfläche auch aus Strahlen von Körpern aus der Umgebung sowie aus direkter und gestreuter Sonnenstrahlung. Um diese Anteile klein zu halten, wird die Empfindlichkeit der Strahlungsthermometer durch Filter vorwiegend auf Wellenlängen oberhalb 4 bis 8 µm eingestellt. Eine weitere Berichtigung ist deshalb erforderlich, weil die Wärmestrahlung einer Oberfläche nur ein Teil von jener ist, die sie bei gleicher Temperatur als "schwarzer Körper" aussenden würde. Der Emissionsgrad, das Verhältnis von

$$\frac{\text{ausgesandte Infrarotstrahlung}}{\text{Infrarotstrahlung als "Schwarzer Körper"}} = \varepsilon < 1{,}0 \qquad (33)$$

kann entweder für die Oberfläche verschiedener Baustoffe anhand einer Liste am Gerät stufenlos eingestellt werden oder er wird nachträglich rechnerisch berücksichtigt. Bei fast allen nichtmetallischen Baustoffen liegt ε aber zwischen 0,8 und 1,0. Eine Regeleinstellung auf 0,9 ergibt nur einen Fehler von 2,5 %. Der Emissionsgrad einer grauen Fläche bei Nacht gegen den schwarzen Himmel ist mit 0,6 gemessen worden.

Die Vorteile dieses berührungsfreien Meßverfahrens sind, daß das Meßobjekt nicht durch Wärmeentzug beeinflußt wird, die Messung unabhängig von der Entfernung des Gerätes zwischen 0,1 und 1 m vorgenommen werden kann und daß auch ein kleiner Bereich gezielt erfaßt wird. Der Meßfelddurchmesser vergrößert sich, mit 15 mm beginnend, verhältnisgleich mit zunehmender Entfernung bis 170 mm. In diesem Bereich wird die Mitteltemperatur angezeigt. Bei Ermittlung des Temperaturfeldes kann eine Pilotlampe auf das Gerät aufgesteckt werden, die den Faden einer eingebauten Glühlampe im Meßpunkt sichtbar abbildet.

Die Meßunsicherheit von Infrarotthermometern liegt bei ±1 bis ±2 K. Mit vorhergehender Eichung erreicht man auch Werte unter ±1 Kelvin. Die Ansprechzeit ist mit etwa 0,7 Sekunden kurz. Eine Verbesserung des Auflösungsvermögens erzielen manche Geräte dadurch, daß sie für eine wählbare Bezugstemperatur auf einer zweiten Skala Differenzwerte mit gespreizter Teilung abzulesen gestatten. Für den bauphysikalischen Bedarf liegt der Meßbereich zwischen -20 und +70 °C.

Die allgemein übliche Zeigerablesung ist beim Suchen von Wärmebrücken in Wänden und Decken zeitraubend und kann durch ein aufsteckbares Zusatzgerät erübrigt werden. Dieses erzeugt einen Pfeifton, der mit der Temperatur seine Frequenz hörbar ändert. Die Überprüfung einer Decke ist dadurch rascher und bequemer möglich, weil die zu untersuchenden Bereiche nun ohne irgendeine Ablesung nur zügig abgeschritten zu werden brauchen. Die genauere Ortung von Wärmeleckstellen ist mit einem zum Gerät gehörenden optischen Sucher möglich. Andere Gerätetypen gestatten Temperaturmessungen aus 25 m Entfernung mit einem Meßstellendurchmesser von 125 mm und noch weiter, da der Öffnungswinkel nur 2,8° beträgt.

In den letzten Jahren sind in zunehmendem Maße Wärmebildkameras (Infrarotthermoskopie) bei der Suche nach Energieverlusten durch Wärmeleckstellen in Außenwänden empfohlen und eingesetzt worden. Dieses, bei Hochtemperaturprozessen und zur Überprüfung von elektronischen Schaltungen bereits früher mit Erfolg eingesetzte Temperaturmeßverfahren, scheint in der Bautechnik eine deutlich werdende Anwendungsgrenze zu haben. Die kaum gleich zu haltenden, durch Sonne und Wind verursachten sehr störenden und vor allem zeitlich sich verändernden Einflüsse sowie die unterschiedlichen Emissionsgrade einzelner in der Fassade liegender Baustoffoberflächen lassen das an sich sehr gute Auflösungsvermögen (0,2 K) nicht uneingeschränkt nutzen.

Die Arbeitsweise einer Wärmebildkamera beruht auf der Möglichkeit, die durch eine infrarot-durchlässige Optik eingedrungene Wärmestrahlung auf einen geeigneten Fühler zu leiten, der diese in ein elektrisches Signal umwandelt. Nach Verstärkung zeichnet dieses ein Wärmebild auf einem Bildschirm auf, bei dem die vom Meßobjekt erhaltenen Bildpunkte, in Zeilenform aufgelöst, je nach Temperatur verschieden hell erscheinen. Die Aufteilung in 100 Zeilen erfolgt dabei durch einen sich mit 16 Hertz drehenden Planspiegel und die Abbildung von 100 Bildpunkten auf jeder Zeile durch ein sich 200 mal je Sekunde drehendes Prisma, die hintereinander geschaltet sind. Die auf diese Weise entstehenden 10.000 Bildobjektpunkte ergeben 16 Thermogramme je Sekunde, so daß auf der 50 x 45 mm großen Monitorfläche ein den Oberflächentemperaturen entsprechendes, auch bei bewegten Objekten zu gewinnendes Schwarzweiß-Bild entsteht. Das Temperaturauflösungsvermögen von 0,2 Kelvin in einem Bereich zwischen -30 und +900 °C ist in Zukunft noch zu steigern, was allerdings für die Anwendung im Bauwesen zunächst noch keine Vorteile erkennen läßt.

Eine verbesserte Deutung brachte die Einblendung von Temperaturskalen im Grautonmuster in das Fernsehbild und schließlich der Einsatz von Farbmonitoren. Jeder Temperaturstufe wurde dabei ein eigener und gut unterscheidbarer Farbton zugeordnet.

Manche Geräte arbeiten mit einem Indium-Antimonid (InSb)-Infrarot-Strahlungsdetektor, der nur bei sehr niedriger Temperatur einen ausreichend kleinen Rauschpegel besitzt und daher an einem Dewargefäß angeordnet ist, das für die Messung mit flüssigem Stickstoff (- 195 °C) gefüllt wird. Diese Erschwernis vermeidet eine pyroelektrische Fernsehkamera, die für 8 bis 14 µm-Wellen am empfindlichsten ist und mit einem Schwarzweiß-Sichtschirm arbeitet. Sie nutzt die Eigenschaft einer pyroelektrischen Aufnahmeröhre, bei Änderung der einfallenden Infrarotstrahlung eine entsprechende Spannung abzugeben. Diese unerläßliche Veränderung der einfallenden Strahlung wird entweder durch Schwenken der Kamera oder durch ein eingebautes Fächerrad (Shuttler) vorgenommen, das den Strahlengang mit 16 Hertz unterbricht. Gemessen werden kann aus Entfernungen zwischen 1 m und unendlich bei einer Auflösung von 0,5 Kelvin.

Alle Geräte sind auch für Innenaufnahmen gedacht. Sie liefern nur qualitative Aussagen über Temperaturunterschiede an der Oberfläche, die für eine quantitative Überprüfung der Wärmedämmung zur Zeit noch nicht genau genug auswertbar sind. Die Schwierigkeit besteht hauptsächlich darin, Bau- und Dämmfehler von umweltbedingten Zufälligkeiten sicher am Infrarotbild zu unterscheiden. Arge Planungs- oder Ausführungsfehler, wie z. B. das völlige Fehlen einer Wärmedämmung, müssen meist nicht erst mit teuren Geräten gesucht werden. Sie sind viel einfacher bereits an ihren Auswirkungen erkennbar. Es ist daher empfehlenswert, thermoskopische Bilder nur im Zusammenhang mit nachfolgenden örtlichen Untersuchungen verbindlich auszuwerten, um Fehlschlüsse zu vermeiden. Als Hilfe für die Auffindung von Leckstellen ist der Einsatz dieser Geräte durchaus brauchbar. Wegen des hohen Preises ist auch ein Anmieten oder ein Lohnauftrag möglich und von Vorteil.

Die Auswahl aus den zur Zeit bestehenden technischen Möglichkeiten, die an Bauteilen vorhandenen Temperaturen im Laboratorium oder am Bau festzustellen, soll hinsichtlich des Meßverfahrens Tabelle 1 erleichtern.

In bauphysikalischen Laboratorien ist es zweckmäßig, die voraussichtlich für Temperaturmessungen erforderlichen Thermoelemente und die zugehörigen Geräte so auf einem Wagen zusammenzubauen, daß sie als fahrbare Einheit für raschen Einsatz bereitstehen. Zwei Typen haben sich bewährt:

Wagen für stationäre Temperaturverteilungen (Abb. 5):
24 Thermoelemente zu je 5 m
1 Wählschalter für Einzelabfrage
1 digitales Anzeigegerät (kompensiert)
1 24-Kanal-Punktschreiber (kompensiert)
2 digitale Anzeigegeräte mit zwei Thermoelementen und zwei 10A-Regeleinrichtungen

Wagen für Aufheizvorgänge (Abb. 6):
24 Thermoelemente zu je 5 m
1 X-Y-t-Schreiber (kompensiert)
1 6-Kanal-Punktschreiber (kompensiert)
2 digitale Anzeigegeräte mit zwei Thermoelementen und zwei 10A-Regeleinrichtungen

Tab. 1. Einsatzbereich der Temperaturmeßgeräte

\+ { erforderlich, groß

− { nicht möglich, nicht empfehlenswert, klein

X { anwendbar, möglich

		wenige Meßstellen	viele Meßstellen	Zeitkonstante	Temperatur rasch veränderlich	Temperatur langsam veränderlich	Dokumentation: Zeiger	Dokumentation: digital	Dokumentation: Schreiber	Dokumentation: Drucker	Dokumentation: Abfragen	Dokumentation: Fernübertragung	Anzeige speicherfähig	Hilfsenergie erforderlich	Preis
Berührungsthermometer	Flüssigkeitsthermometer	X	-	+	-	+	X	-	-	-	X	-	X	-	-
	Widerstandsthermometer	-	X	+	-	+	X	X	X	X	X	X	-	+	+
	Thermoelemente und -streifen	X	X	-	X	X	X	X	X	X	X	X	-	+	−
	Temperaturmeßfarben	X	X	+	-	X	-	-	-	-	X	-	X	-	-
	Temperaturmeßstreifen	X	X	+	-	X	-	-	-	-	X	-	X	-	-
	Temperaturmeßpunkte	X	X	+	-	X	-	-	-	-	X	-	X	-	-
Berührungsfreie Temperatur = messung	Infrarot-Zeigermeßgerät	X	X	-	X	X	X	X	X	X	X	X	X	-	+
	Infrarotgerät mit akustischer Anzeige	X	X	-	X	X	X	X	X	X	X	X	X	-	+
	Wärmebildkamera	X	X	-	-	X	-	-	-	-	X	-	X	X	+

Abb. 5. Meßgerätewagen zur Ermittlung von Temperaturverteilungen

Abb. 6. Meßgerätewagen zur Verfolgung von Aufheizvorgängen

Wärmetechnische Messungen am Bau und auch im Laboratorium weisen in erhöhtem Maße Fehlermöglichkeiten dadurch auf, daß Verluste nicht unmittelbar meßbar sind und die Temperatur-Ausgleichsvorgänge sehr langsam nach e-Funktionen abklingen. In manchen Fällen ist dagegen eine zu genaue Meßwerterfassung lästig. Bei der Messung von Lufttemperaturen werden die massearmen Thermoelemente, ungeschützt verwendet, nachteilig sein, weil sie jede geringste, durch Luftwirbel hergerufene Schwankung im Schreiber mit aufzeichnen und am Bau jede Bewölkungsveränderung mit erfassen, zumal der Strahlungsanteil der Sonne mitwirkt. In diesen Fällen ist es richtig, nur den allein interessierenden Mittelwert durch "Beschwerung" des Thermoelementes mit einer kleinen Kupfermasse zu erfassen und im Freien grundsätzlich auch eine Abschirmung gegen die Sonnenstrahlung mit einem in Abstand umhüllenden Stückchen Aluminiumfolie vorzusehen.

Eine übertriebene Genauigkeit ist bei Temperaturmessungen ohnehin sinnlos. Der empfehlenswerte Grundsatz, immer auf eine Dezimalstelle genauer zu messen, als man bei der späteren Auswertung braucht, sollte aber beibehalten werden. In der Regel genügt es, bei Temperaturverteilungen in Bauteilen ganze Kelvin zu messen. In Berechnungen kann ein 0,1 Kelvin noch anzugeben zweckmäßig sein. Mit den heute zur Verfügung stehenden elektronischen Handrechnern bedeutet es kaum eine Mehrarbeit, noch 0,01 Kelvin jeweils einzugeben und anzeigen zu lassen. Man erspart sich am Schluß der Rechnung das mühsame Suchen von Aufrundungsfehlern und überträgt nur die vorletzte Dezimale in das Endergebnis.

3.1.2. Stationäre Temperaturverteilung

Die stationäre Temperaturverteilung in einem Bauteil, bei dem die gleichbleibend gedachte Innen- und Außenraumtemperatur eine Wärmestromdichte q (W/m²) bewirkt und der eine Wärmedurchgangszahl k (W/m² K) hat, wird gemäß DIN 4108 /12/ durch Aufteilen des Temperatursprungs $T_a - T_i$ auf die einzelnen Schichten entsprechend ihren jeweiligen Wärmedurchlaß- bzw. Wärmeübergangswiderständen $\left(\frac{d_n}{\lambda_n} \text{ u. } \frac{1}{\alpha}\right)$ rechnerisch bestimmt

$$q = k\,(T_a - T_i) \quad \text{in } W/m^2 \tag{34}$$

und

$$T_n - T_{n+1} = (T_a - T_i)\,\frac{d_n}{\lambda_n}\,k \quad \text{in } K \tag{35}$$

$$= (T_a - T_i)\,\frac{1}{\alpha}\,k \quad \text{in } K \tag{36}$$

Im Wert k sind auch die Wärmeübergangswiderstände $1/\alpha_i$ und $1/\alpha_a$ (m²K/W) an den beiden Oberflächen berücksichtigt.

$$\frac{1}{k} = \frac{1}{\alpha_i} + \sum \frac{d_n}{\lambda_n} + \frac{1}{\alpha_a} \quad \text{in } m^2\,K/W \tag{37}$$

Bei der zeichnerischen Darstellung des Ergebnisses (Abb. 7) entspricht die Neigung der Temperaturlinie dem Kehrwert $1/\lambda$ der betreffenden Schicht. Je steiler sie ist, um so größer ist die Dämmwirkung und daher auch der Temperaturunterschied zwischen ihren beiden Begrenzungsflächen (bei gleicher Dicke).

Etwas weniger anschaulich, aber zeichnerisch einfacher ist die Darstellung des Temperaturverlaufes über den Wärmedurchlaßwiderständen der einzelnen Schichten, die statt der Schichtdicken auf der waagerechten Achse aneinandergereiht aufgetragen werden. Die Temperaturlinie wird dann, wie rechts in Abb. 7 zu sehen ist, eine Gerade, an deren Schnittpunkten mit den einzelnen Schichtgrenzen die örtlichen Temperaturen abzulesen sind.

Nicht immer werden die Bauteile aber aus homogenen hintereinander liegenden Schichten bestehen. Bei Decken wechseln beispielsweise nebeneinander liegend Stahlbetonträger und Hohlkörper ab und auch bei Mauerwerk haben die Mörtelfugen eine andere Wärmeleitzahl als die Ziegel oder Steine.

Dem Rechnung zu tragen, ist verhältnismäßig einfach. Man multipliziert die Wärmedurchlaßzahlen λ/d (W/m²K) der stofflich unterschiedlichen Wandbereiche (z. B. Mörtel, Ziegel) mit ihrem Flächenanteil A (m²) und setzt sie in ihrer Summe der mittleren Wärmedurchlaßzahl mal der Gesamtfläche gleich. Den Wärmedurchlaßwiderstand ergibt dann der Reziprokwert

$$\frac{d}{\lambda_m} = \frac{A_1 + A_2 + \ldots + A_i}{A_1 \frac{\lambda_1}{d_1} + A_2 \frac{\lambda_2}{d_2} + \ldots + A_i \frac{\lambda_i}{d_i}} \quad \text{in } m^2 K / W \qquad (38)$$

Bei gut wärmeleitenden aber dünnen Querschnitten (Durchbrechungen), wie sie beispielsweise mit Mörtel vollgelaufene Dämmplattenfugen oder Verankerungsnadeln bei im Kern gedämmten Außenwandplatten darstellen, wird die Umrechnung durch Berücksichtigung der Rauminhaltsanteile empfohlen /13/. Die Durchbrechung sei dabei über die ganze Schichtdicke d gehend angenommen:

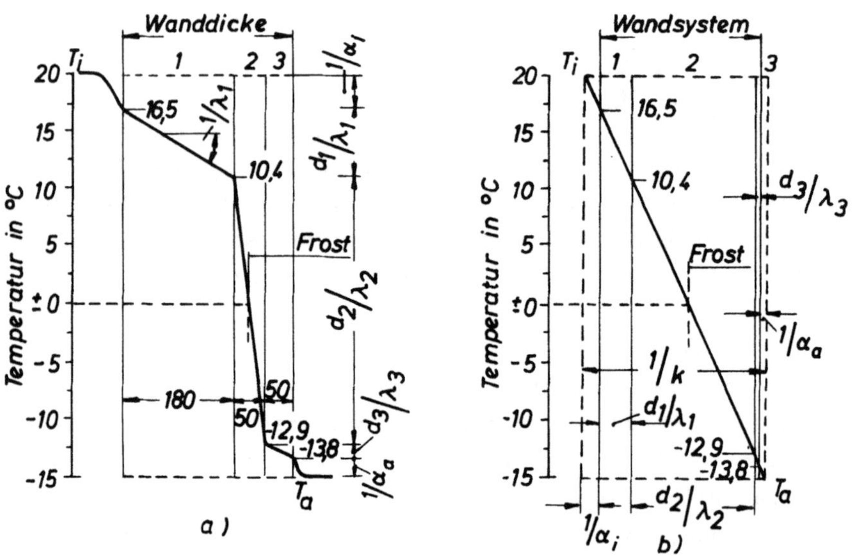

Abb. 7. Ermittlung der stationären Temperaturverteilung in einer dreischichtigen Wand a) nach DIN 4108 b) unter Verwendung der Wärmedurchlaßwiderstände

$$\lambda_m = \frac{\lambda_1 V_1 + \lambda_2 V_2}{V_1 + V_2} \quad \text{in } W/mK \tag{39}$$

und

$$\frac{d}{\lambda_m} = \frac{V_1 + V_2}{\frac{\lambda_1}{d} V_1 + \frac{\lambda_2}{d} V_2} \quad \text{in } m^2K/W \tag{40}$$

Beide Berechnungsverfahren können dem wirklichen Verhalten nicht ganz Rechnung tragen, weil von der DIN 4108 ein linearer Wärmefluß vorausgesetzt wird, der an einer Wärmebrücke mit kleinem Querschnitt sicher nicht mehr gegeben ist. Eine gut leitende Stahlnadel nimmt z. B. in Querrichtung laufend Wärme aus ihrer Umgebung auf und vergleichmäßigt bis zur Plattenoberfläche weitgehend die theoretisch dort zu erwartende Temperatursenke.

Versuche des Verfassers ergaben auch an 12 mm dicken runden Stahlankern, die eine Betonplatte von 15 cm Dicke durchsetzten, eine Oberflächentemperatur, die an der ungünstigsten Stelle um nicht mehr als ein Kelvin abwich. Das Temperaturgefälle zwischen den Plattenoberflächen betrug bei diesem Versuch 30 Kelvin. Offenbar wird erst bei größeren Querschnitten und durch Löcher massearm gewordenen Nachbarbereichen, wie es z. B. bei Lochziegelmauerwerk zutrifft, an durchgehenden Mörtelfugen ein größerer Temperaturabfall und damit eine sich abzeichnende Wärmebrücke eintreten.

Ausspringende Wand- und Raumecken sowie T-förmiges Einmünden von Trennwänden in äußere Umschließungen ergeben im Winter ebenfalls so wie grundsätzlich alle in kalten Bereichen liegenden "Kühlrippen" eine zusätzliche Abkühlung von Außenwänden. Die ausspringende Wandecke berechtigt zu der Annahme, daß dort der außenliegende Wärmeübergangswiderstand $1/\alpha_a$ entfällt, dafür aber der innere $1/\alpha_i$ sich etwa verdreifacht. Die Raumtemperatur in der Wandecke kann näherungsweise daher aus der Gleichung

$$T_{i\,Eck} = T_i - \frac{T_i - T_a}{\frac{1}{\Lambda} + \frac{1}{\alpha_i}} \cdot \frac{3}{\alpha_i} \tag{41}$$

errechnet werden /14/. $1/\Lambda$ ist darin der Wärmedurchlaßwiderstand der Wand.

Ein weiteres Beispiel für eine außenliegende "Kühlrippe" gibt eine Stahlbetonplatte, die als Treppenpodest mit der Kellerdekke monolithisch hergestellt worden ist und ins Freie auskragt. Sie leitet durch ihre große Oberfläche sehr viel Wärme laufend aus der Decke und aus der aufsteigenden Wand ab, so daß sich im Winter dort nachweisbar ein kühlerer Wandbereich mit allen seinen nachteiligen Auswirkungen einstellt.

An derartigen Stellen wird an der inneren Wandfläche zeitweilig der Taupunkt (Anlage 3) unterschritten, was zu den ersten Feuchtigkeitsschäden führt und meist an einer Schwärzung durch Schimmelbildung erkennbar wird. Große Oberflächen im Warmbereich können dagegen eine Wärmebrücke harmlos machen, weil sie - wenn man vom Energieverlust absieht - dauernd ausreichend Wärme vom Innenraum zugeführt erhalten und sich dadurch nicht unter den Taupunkt abkühlen.

In Hallenbauten kommen Konstruktionen vor, bei denen eine Nachrechnung der Temperaturverteilung erforderlich wird. Als Beispiel diene der Kastenquerschnitt eines außenliegenden Tragwerkes, dessen kleinerer Teil durch die Dachdecke in den Innenraum hineinreicht (Abb. 8). Da die Wärmedämmung des äußeren Bereiches zwar eine rasche Erwärmung des tragenden Querschnittsteiles durch Sonnenanstrahlung verhindert, gegen die langsame Abkühlung durch Winterkälte aber unwirksam ist, muß mit einem Temperaturunterschied zwischen oberem und unterem Kastenblech gerechnet werden. Um die durch Temperaturunterschiede verursachte Verkrümmung gering zu halten, sollte daher den außenliegenden kälteren Teilen über die Querschnitte der Seitenbleche Innenraumwärme laufend zugeführt werden. Die Wärmedämmung im Inneren entfiel deshalb, und lediglich ein Brandschutz wurde beibehalten.

Die Temperaturverteilung im stationärem Fall ergibt sich bei diesem Kastenbinder aus der Überlegung, daß sich die im Stegquerschnitt fließende Wärmestromdichte je m Binderlänge (W/m²) entsprechend der Wärmedurchgangszahl k_a (W/m² K) und dem örtlich zur Verfügung stehenden Temperaturgefälle (T_a - T) (K) vermindern muß. Es ist daher

$$b \cdot s \frac{dq}{dx} = k_a (T_a - T)\, b \qquad \text{in } W/m \tag{42}$$

Darin bedeuten s die Blechdicke und b = 1 m die Breite des herausgeschnitten gedachten Kastenträgerstückes.

Mit der Fourierschen Wärmeleitungsgleichung

$$q = -\lambda \frac{dT}{dx} \quad \text{in } W/m^2 \tag{43}$$

ergibt sich aus (42) und (43), die den Vorgang beschreibende Differentialgleichung

$$\frac{d^2T}{dx^2} - \frac{k}{s\lambda} \cdot T = -\frac{k}{s\lambda} \cdot T_a \tag{44}$$

und mit

$$\omega = \sqrt{\frac{k}{s\lambda}} \quad \text{in } 1/m \tag{45}$$

in vereinfachter Schreibweise

$$T'' - \omega^2 T = -\omega^2 T_a \tag{46}$$

Die allgemeine Lösung dieser Gleichung lautet

$$T = T_{(x)} = T_a + A \cosh \omega x + B \sinh \omega x \tag{47}$$

Die Rand- und Übergangsbedingungen lassen sich zur Bestimmung der Werte A und B bei der Berechnung nach dieser Gleichung wie folgt angeben:

An den Punkten 1 und 4 muß aus Symmetriegründen

$\frac{dT}{dx} = 0$ sein.

An den Übergangspunkten 2 und 3 müssen die Temperaturen und deren Tangentenneigungen gleich sein.

Der errechnete Temperaturverlauf ist in Abb. 8 gestrichelt eingezeichnet.

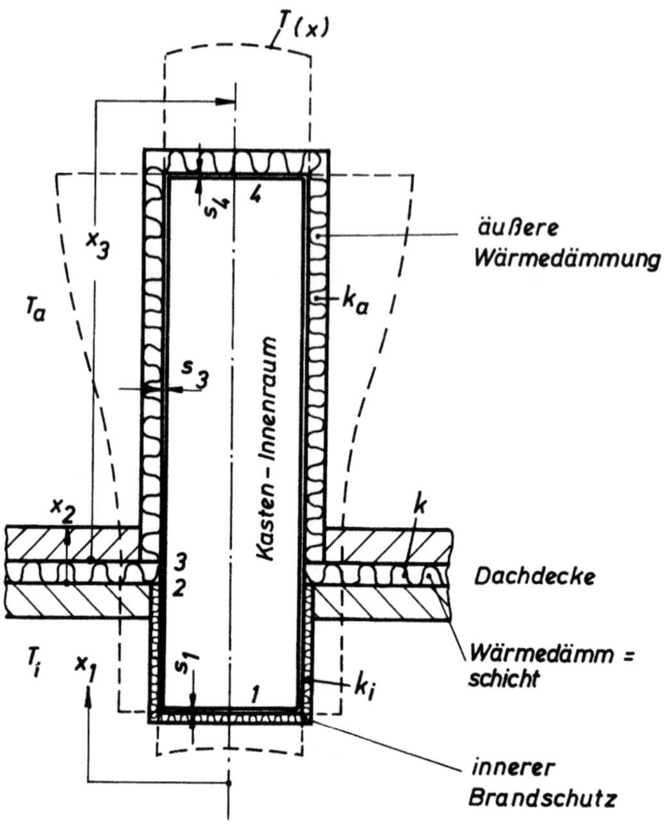

Abb. 8. Errechnete Temperaturverteilung in einem stählernen Kastenträger

3.1.3. Zeitabhängige Temperaturverteilung

Durch die Jahreszeit bedingte, langsam verlaufende Temperaturänderungen können, wie schon begründet, durch Wärmedämmschichten in ihrer Auswirkung auf den Bauteil nur etwas verzögert, nicht aber unwirksam gemacht werden. Für die täglich auftretenden Temperaturspitzen, insbesondere, wenn sie durch die Sonnenstrahlung noch erheblich vergrößert wurden, ist es in manchen Fällen wissenswert, ob diese in ihrer Wirkung auf den Bauteil abgemindert werden müssen. Wie die periodisch veränderliche Temperatur der Umgebung in die Oberfläche eines Bauteiles eindringt und rechnerisch zu erfassen ist, klärt die Theorie der Wärmeübertragung /6/.

Geht man zunächst vereinfachend davon aus, daß die Oberflächentemperatur eines unendlich ausgedehnten Körpers zu periodischen Schwankungen um den Wert Null gezwungen wird, und vernachlässigt man den Einfluß der Wärmeübergangszahl, dann lautet die Gleichung des Temperaturfeldes

$$T_{(x,t)} = T_{OM}\, e^{-x\sqrt{\frac{\pi}{a\,t_0}}} \cos\left(x\sqrt{\frac{\pi}{a t_0}} - \frac{2\pi}{t_0}t\right) + 273 \quad \text{in K} \tag{48}$$

Darin bedeuten:

x ... Abstand der betrachteten Ebene von der Oberfläche, in der die Temperatur T zur Zeit t herrscht in m

T_{OM} ... Größtwert der Oberflächentemperatur in °C

e ... 2,71828

a ... $\frac{3{,}6\,\lambda}{\rho c}$ Temperaturleitzahl in m²/h

λ ... Wärmeleitzahl in W/m K

ρ ... Dichte in kg/m³

c ... spezifische Wärmekapazität in kJ/kg K

t ... Schwingungsdauer in Stunden

t_o ... Zeitkoordinate in Stunden

Die Gleichung enthält eine Exponentialfunktion als Dämpfungsglied, das ein rasches Kleinerwerden des Temperaturausschlages mit wachsender Eindringtiefe x bewirkt. Aus dem cos-Glied läßt sich die Wellenlänge X errechnen, wenn

$$\sqrt{\frac{\pi}{a t_0}} = 2\pi \quad \text{gesetzt und} \quad X = 2\sqrt{\pi a t_0} \quad \text{in m} \tag{49}$$

wird. Die zeitabhängige Phasenverschiebung ergibt sich durch das Glied in der Klammer $\frac{2\pi}{t_0}t$. Die Temperaturwelle (Tab. 2) wandert demnach als Wellenstrahl mit unveränderlicher Wellenlänge in den Stoff hinein und verkleinert dabei nach der e-Funktion rasch ihre Amplitude. Die Wanderungsgeschwindigkeit w folgt aus dem Zusammenhang:

Fortpflanzungsgeschwindigkeit · Schwingungsdauer = Wellenlänge

$$w = \frac{2\sqrt{\pi a t_0}}{t_0} = 2\sqrt{\frac{\pi a}{t_0}} \quad \text{in m/h} \tag{50}$$

Tab. 2. Eindringen einer Temperaturwelle in einen unendlichen Halbraum /6/

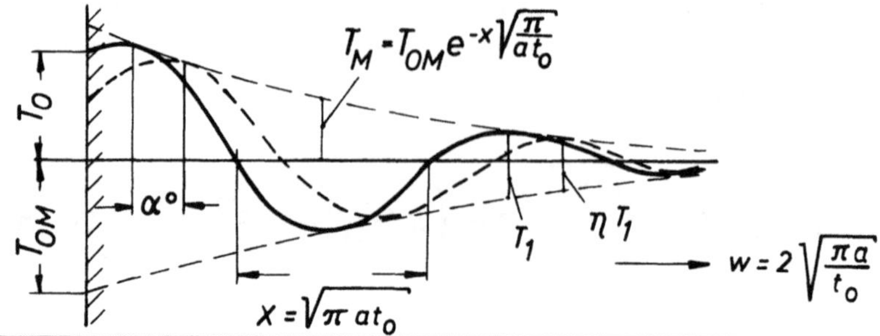

Stoff	a 10^3 m^2/h	X m $t_0=24\,h$	w m/h	x m bei ν = 10	15	20	α Grad	η –
Beton	2,86	0,93	0,039	0,34	0,40	0,44	31° 35'	0,329
Leichtbeton	1,15	0,59	0,025	0,22	0,25	0,28	16°17'	0,679
Ziegel	2,08	0,79	0,033	0,29	0,34	0,38	17° 34'	0,650
Naturstein	5,00	1,23	0,051	0,45	0,53	0,59	33°43'	0,278
Dämmplatte	0,80	0,49	0,020	0,18	0,21	0,23	3°00'	0,945
Stahl	55	4,07	0,170	1,49	1,76	1,94	42°25'	0,065
Aluminium	296	9,45	0,394	3,46	4,07	4,50	43°10'	0,046
Luft (stehend)	67	4,50	0,187	1,65	1,94	2,14	0	1,0
Holz	0,31	0,31	0,013	0,11	0,13	0,15	14°16'	0,726
Bitumen	0,28	0,29	0,012	0,11	0,13	0,14	16°03'	0,684
Keramik	2,40	0,85	0,035	0,31	0,37	0,41	26°43'	0,443

Die Dämpfungsfunktion lassen im Bild die beiden Einhüllenden erkennen, innerhalb deren Bereich die einwandernden Amplituden der Temperatur liegen müssen.

$$T_{(x)M} = T_{OM}\, e^{-x\sqrt{\frac{\pi}{at_0}}} \quad \text{in } K \tag{51}$$

Es ist üblich geworden, als Maß für die Dämpfung der Temperaturwelle danach zu fragen, in welcher Tiefe die Amplitude nur noch den *ν-ten* Teil ihrer Anfangsgröße im Außenraum besitzt. Am Bau dagegen sind die Temperaturschwankungen von Interesse, die im Innenraum an der Wandoberfläche noch auftreten.

Aus

$$\frac{1}{\nu} = e^{-x\sqrt{\frac{\pi}{at_0}}} \tag{52}$$

ergibt sich

$$x = \sqrt{\frac{at_0}{\pi}}\ \ln \nu \qquad \text{in m} \tag{53}$$

Führt man die Wellenlänge X nach Gleichung (49) ein, dann wird

$$x = X\ \frac{\ln \nu}{2\pi} \qquad \text{in m} \tag{54}$$

Da danach die Eindringtiefe von der Wellenlänge abhängig ist, die ihrerseits um so kürzer wird, je kleiner die Temperaturleitzahl a ausfällt und je schneller die Schwankungen stattfinden, werden rasche Schwingungen mit wachsender Tiefe unwirksamer.

In der Fachliteratur hält man folgende Mindestwerte für ν als erforderlich:

einschalige Dachdecken (Warmdächer)	25
zweischalige Dachdecken (Kaltdächer)	15
Außenwände (außer Nordwände)	15
Außenwände mit Hinterlüftung	10 - 12
Nord- und Schattenwände	10

Berücksichtigt man auch, daß sich in Wirklichkeit die Oberfläche durch die periodisch veränderliche Umgebungstemperatur erwärmt, so ergibt ein etwas schwierigerer Rechnungsgang:

Die Schwingungsdauer der Temperaturen in der Umgebung und in der Oberfläche des Bauteiles bleibt gleich.

Die Oberflächentemperatur hinkt hinter der Umgebungstemperatur um den Winkel α (Tabelle 2) bis zu etwa einem 1/8 der Wellenlänge nach.

Der größte Temperaturausschlag an der Oberfläche ist um η kleiner als der der Umgebung. Der Grad der Abminderung ist vom Wert des Ausdruckes

$$\eta = \frac{\alpha_a^2\, at_0}{\lambda^2} \tag{55}$$

abhängig und in Tab. 2 für einige Baustoffe ausgerechnet. In diesem bedeuten

α_a ... Wärmeübergangszahl in W/m² K
λ ... Wärmeleitzahl in W/m K
a ... Temperaturleitzahl in m²/h
t_0 ... Schwingungsdauer in Stunden

3.1.4. Spezifische Wärmekapazität c

Die Wärmemenge (J), die zur Erhöhung der Temperatur von 1 kg Masse um 1 Kelvin bei einem Stoff erforderlich ist, nennt man seine spezifische Wärmekapazität (DIN 1345). Sie war früher über die Kalorie als die benötigte Wärmemenge für die Erwärmung von 1 g Wasser von 14,5 auf 15,5 °C anschaulich definiert. Wasser hat bekanntlich mit 1 kcal/kg °C die größte spezifische Wärmekapazität unter allen Flüssigkeiten, die nun im neuen Maßsystem 4,187 kJ/kg K entspricht. Die alten, auf Wasser bezogenen Werte sind demnach (gerundet) jeweils durch Multiplikation mit 4,2 in kJ/kcal umrechenbar.

Die spezifische Wärmekapazität wird bei den meisten festen Stoffen mit einem Kalorimeter gemessen, so lange die dabei einzusetzenden verhältnismäßig kleinen Proben ausreichend homogen sind und daher als repräsentativ gelten können. Bei Wandbauelementen, die diese Eigenschaft durch das Herstellungsverfahren nicht erwarten lassen, wie z. B. Betonsteine oder Holzbetonschalungssteine, ist der Einsatz eines adiabatischen Großkalorimeters erforderlich.

Dieses besitzt einen ausreichenden, etwa 600 x 600 x 600 mm großen Füllraum, in dem beispielsweise ein ganzer Holzbetonschalungsstein (500 x 250 x 250 mm) Platz findet. Das in einem temperaturgeregelten Kellerraum stehende Gerät ist aus 80 mm dicken und doppelt liegenden Schaumstoffplatten zusammengesetzt. Im Deckel und in den fünf Wänden liegt zwischen den beiden Dämmplatten jeweils ein mäanderförmig geführter Kupferheizdraht. Sowohl an der Innenfläche wie in der Klebefuge, zwischen den beiden Schaumstoff-Mänteln verteilt, sind insgesamt 220 in Reihe geschaltete Kupfer-Konstantan-Thermoelemente, die ihre summierten Thermospannungen einem P-Regler vermitteln. Dieser schaltet eine proportionale Heizspannung zu oder ab, wenn der Unterschied der beiden angezeigten Thermospannungen von ± 0,00 mV mehr oder weniger abweicht.

Die Ist-Temperatur wird von 14 Thermoelementen, die im Nutzraum und in den Mittelebenen der Wandungen verteilt angebracht sind, gemessen. Außerdem stehen fünf Thermoelemente zur Verfügung, die an verschiedenen Stellen am Probekörper befestigt werden.

Der als Meßraum dienende Nutzraum kann über einen eingesetzten Heizkörper eine mit Präzisions-Wattmeter genau erfaßbare Wärmemenge elektrisch zugeführt erhalten, sobald die Temperaturverteilung stationär geworden ist. Das Schaltschema zeigt Abb. 9. Die Kalorimeterkonstante ist bereits aus einem Vorversuch bekannt, bei dem jene Leistung bestimmt wurde, die zur Aufrechterhaltung eines gegenüber dem Bedienungsraum vorhandenen Temperaturunterschiedes von 8 K zur Deckung vorhandener Verluste zuzuführen notwendig war (etwa 0,35 W). Der etwa 10 Tage dauernde Versuch gestattet es, eine bekannte Wärmemenge in den Meßraum einzubringen und die dadurch erzielte Temperaturerhöhung des Probekörpers aufzuzeichnen. Für den eingesetzten Holzbetonschalungsstein ergab sich beispielsweise eine spezifische Wärmekapazität von c = 1,06 kJ/kg K. Die Meßunsicherheit dieses Verfahrens hängt in erster Linie von der Empfindlichkeit des Temperaturmeßgerätes ab und ist, wie bei den meisten thermischen Messungen, mit ± 10 % verhältnismäßig groß.

3.1.5. Wärmeleitzahl λ

Die Wärmeleitzahl (W/m K) von Baustoffen wächst in der Regel mit zunehmender Temperatur, größerer Rohdichte und, bei Vorhandensein von Poren, auch mit der Feuchtigkeit. Die Schwierigkeit bei der Messung entsteht durch die Abhängigkeit des gesuchten Meßwertes von dem Feuchtigkeitsgehalt.

Poensgen hatte bereits 1912 ein stationäres Meßverfahren vorgeschlagen, dessen Grundgedanke auch heute noch in der DIN E 52612 (Februar 1978) beibehalten worden ist. Das nur für das Laboratorium gedachte Gerät sieht eine oder zwei Platten von 500 x 500 mm Größe vor, die mit der gleichgroßen Probe in einem Behälter zu lagern sind, der mit Wärmedämmstoff (z. B. Korkschrot) gefüllt wird. Nach dem Normenentwurf sind auch 120 mm große runde Proben zulässig, die aber bei inhomogenen Baustoffen für zu klein gehalten werden. Da der zwischen den Platten auftretende Temperaturunterschied im Beharrungszustand zu messen ist, dauert eine Messung in der Regel 4 bis 7 Tage. In dieser Zeit hätte sich auch ein anfangs vorhandener Feuchtigkeitszustand merklich verändert und man bevorzugt daher trockene Proben.

Da einerseits die Meßunsicherheit beim stationären Verfahren nur durch ein möglichst großes Temperaturgefälle (8 bis 30 Kelvin) ausreichend klein gehalten werden kann, andererseits aber die Feuchtigkeit sich gerade dadurch besonders stark durch kapillares Strömen oder Diffussion zur kalten Seite hin verlagert und auf diese Weise die Messung stört, wäre eine instationäre Erfassung ein Ausweg aus dieser physikalischen Sackgasse.

Die sogenannten Wärmeflußmesser waren zunächst auch nur für das Laboratorium gedacht und dienten zur Ermittlung des Wärmedurchlaßwiderstandes von geschichteten oder homogenen Baustoffproben. Im letztgenannten Fall geht der Wärmedurchlaßwiderstand in den Wert d/λ über und ermöglicht dadurch auch die Bestimmung der Wärmeleitzahl λ .

Wärmeflußmesser besitzen 2 Thermosäulen, die aus mehreren, in Reihe geschalteten Thermoelementen bestehen, deren Thermospannungen sich dadurch summieren. Sie sind durch eine definierte Zwischenschicht getrennt und gestatten nach dem Zusammenhang

$$q = \frac{1}{\Lambda} (T_1 - T_2) \qquad \text{in } W/m^2 \tag{56}$$

die hindurchdringende Wärmestromdichte durch Erfassung des Temperaturunterschiedes zu ermitteln. Am Bauobjekt selbst erfolgt die Befestigung an der Oberfläche durch schlecht wärmeleitende Befestigungselemente. Dieses Verfahren erfuhr im Laufe der Zeit einige Verbesserungen, um die für Wärmemessungen so kennzeichnenden störenden Einflüsse (seitliche Verluste, wechselnde Außentemperaturen und Luftkonvektion) klein zu halten. Dazu gehören Schutzringe, die einen seitlichen Wärmeabfluß verhindern sollen, kastenförmige Abdeckungen innen und außen gegen die Temperaturveränderungen und eine Schreibeinrichtung nebst Milliampere-Stundenzähler, mit deren Hilfe ein zeitlicher Mittelwert gebildet werden kann.

Neuere k-Wert-Meßgeräte sind wesentlich handlicher geworden. Sie arbeiten mit Wärmestromfühlern, die mit einer gut die Wärme leitenden Silikonpaste auch auf rauhe Wandflächen geklebt werden können. Die Wärmeabschirmung gegen die Umgebung besteht erforderlichenfalls nurmehr aus einer dünnen Metallfolie. Gemessen wird möglichst über Nacht, ein Schreibgerät zeichnet die Innen- und Außentemperatur der Baustoffschicht oder des Bauteiles auf, gibt auch den bei Messungen am Ort veränderlichen Wärmefluß an und schreibt den jeweils errechneten k-Wert mit. Durch Integration wird dann aus dem Schreibstreifen ein maßgebender Mittelwert gewonnen. Der Bereich erfaßt einen Wärmefluß bis zu 100 W/m², die Meßunsicherheit beim k-Wert wird mit 0,5 % angegeben, wenn der Temperaturunterschied zwischen Innen- und Außenfläche 5 bis 50 K beträgt. Die bei diesem Gerät vorgesehene Fühlergröße von etwa 50 x 60 mm wird von einem anderen Gerät noch unterschritten. Der bei diesem Wärmeflußmesser mit Sensor bezeichnete Fühler ist nur eine 34 x 15 x 0,4 mm große Folie, die je 10 in Dünnfilmtechnik hergestellte Thermoelemente als Thermosäule enthält. Die Empfindlichkeit wird mit 0,6 W/m² angegeben. Als Einsatzbereich kommen nur weitgehend homogene Baustoffe in Frage.

Die Forschung bemüht sich zur Zeit weiter um Meßtechniken, die nicht nur trockene, in der Bautechnik praktisch nicht vorkommende Baustoffe nachzumessen gestatten, sondern auch Proben beliebiger Feuchtigkeit /15/ /16/.

Die genaue Kenntnis der Wärmeleitzahl einzelner Schichten einer Wand unter baupraktischen Feuchtigkeitsbedingungen ist vorwiegend für die Bemessung der Wärmedämmschichtdicke von Bedeutung. Eine andere Wärmeleitzahl verändert zwar die Temperaturverteilung in der Wand, die Auswirkungen auf die Temperaturdehnung sind jedoch nicht so groß, daß sie z. B. bei einer Fugenbemessung eine erhebliche Rolle spielen könnten. Ausreichend genaue Rechenwerte für die Wärmeleitzahl der wichtigsten Baustoffe sind in der Anlage 1 enthalten.

3.1.6. Längen-Ausdehnungskoeffizient α_T

Fast alle Stoffe vergrößern bei Erwärmung ihren Rauminhalt. Soweit sie hinreichend isotrop sind, besteht dann zwischen dem räumlichen (γ_T) und dem linearen (α_T) Ausdehnungskoeffizienten der Zusammenhang $\gamma_T = 3\alpha_T \quad in\ 1/K$

Innerhalb des in der Bautechnik durch das Klima bestimmten Temperaturbereiches von - 30 °C bis + 90 °C ist α_T zwar veränderlich, doch sind Tabellen- und Rechenwerte (Anlage 1) für die Einschätzung der größtmöglichen Längenänderungen in der Regel ausreichend genau.

Erhebliche und in Sonderfällen zu berücksichtigende Abweichungen können sich beispielsweise bei Beton ergeben, wenn die Art der Zuschläge, der Zement- und der Feuchtigkeitsgehalt sowie das Alter aus dem üblichen Rahmen fallen.

Die DIN 1045 setzt zwar in Ziff. 16.5 den Rechenwert mit 10 x 10^{-6} /K fest und schreibt auch der Berechnung zugrundezulegende Temperaturbereiche vor, die je nach Bauteildicke und Umgebung zwischen ± 7,5 °C und ± 20 °C liegen können, doch gilt dies nur für den Regelfall. Bei Fugen werden gemäß Ziff. 14.4.2 auch die Temperaturen eines Brandfalles zu berücksichtigen sein.

Die Längenänderung eines unbehinderten Bauteiles infolge der Temperatur T läßt sich aus dem Zusammenhang

$$\Delta L_T = L_E \, \alpha_T \, (T - T_E) \quad in\ m \qquad (57)$$

errechnen. L_E ist dabei die Ausgangslänge, die bei der Einbautemperatur T_E gemessen wurde und die in der Regel nach den klimatischen Gegebenheiten geschätzt werden muß.

Die zu erwartende Temperaturdehnung ε_T ist demnach

$$\varepsilon_T = \frac{\Delta L_T}{L_E} = \alpha_T \, (T - T_E) \qquad (58)$$

Bei der Messung von α_T und γ_T muß berücksichtigt werden, daß sich diese Kennwerte bei porenhaltigen Stoffen genaugenommen aus einer "wahren" Wärmedehnung, die auf kinetischer Molekularbewegung beruht, und aus einer "scheinbaren" Wärmedehnung, die durch absorptive Massenanziehungskräfte und kapillare Spannungen hervorgerufen wird, zusammensetzen. Besonders bei Beton wurde dies eingehend untersucht /17/ und der α_T -Wert ergab sich je nach Feuchtigkeitsgehalt sehr unterschiedlich. Trocken und gesättigt zeigte er Kleinstwerte, bei etwa 65 % relativer Luftfeuchtigkeit gelagert, einen Größtwert. Einem Vorschlag, aus den bekannten Ausdehnungskoeffizienten der Zuschläge und des Bindemittels für eine bestimmte Lagerungsart den mittleren α_T -Wert des Betons zu errechnen, kommt wohl mehr theoretische Bedeutung zu. Der α_T -Wert kann verläßlich jeweils nur im Versuch bestimmt werden.

Hierfür stehen 2 Möglichkeiten zur Verfügung. Wenn sich der Baustoff dafür eignet, ist der Umweg über den räumlichen Ausdehnungsbeiwert einfach. Die zerkleinerte Probe wird in einem Glasgefäß bekannten Inhalts z. B. in Wasser oder Toluol mit Hilfe von Unterdruck von eingeschlossener Luft befreit. In einem Kalorimeter erfolgt dann die durch Regelung auf 0,1 °C genau eingehaltene Erwärmung auf zwei etwa um 20 Kelvin unterschiedliche Temperaturen bis zum Gleichgewichtszustand. Die Ausdehnung kann dabei an einem kalibrierten Kapillarrohr abgelesen werden. Dieses Verfahren wird vor allem bei dichten oder porenarmen Stoffen anwendbar sein, deren Verhalten in wassergesättigtem Zustand von Interesse ist (z. B. bei Zuschlägen für Beton).

Bei dem zweiten Verfahren wird der α_T-Wert direkt aus der Längenänderung durch Erwärmen oder Abkühlen mit einem Dilatometer bestimmt. Die Schwierigkeit hierbei besteht darin, daß Stoffe in baupraktischem Zustand meist Feuchtigkeit enthalten, die bei Erwärmung entweicht und den Wärmedehnwert verfälscht. Es muß daher durch eine dichtende Plastikhülle oder einen diffusionsdichten Anstrich des Probekörpers dafür gesorgt werden, daß während der Messungen keinerlei Feuchtigkeitsaustausch mit der Umgebung erfolgen kann.

Eine einfache Dilatometerbauart zeigt Abb. 10. Handelsübliche Meßuhren halten erfahrungsgemäß ohne weiteres Temperaturen bis 100 °C aus. Es ist jedoch empfehlenswert, an ihrer Statt in-

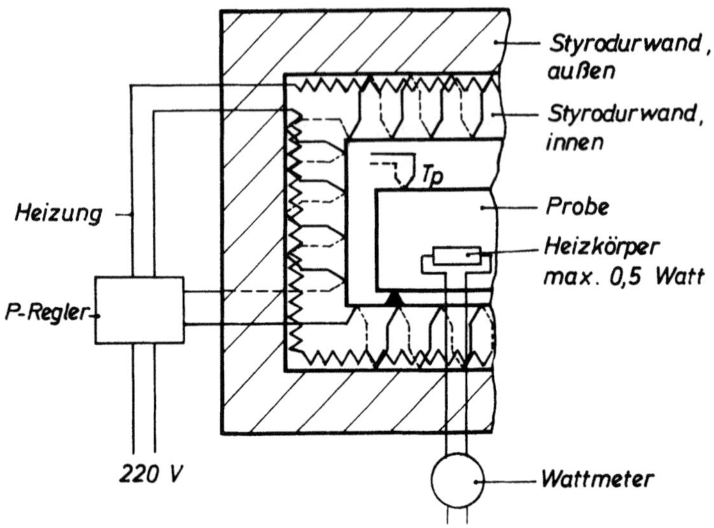

Abb. 9. Adiabatisches Kalorimeter

Abb. 10. Dilatometer mit Quarzstäben

duktive Weggeber zu verwenden, denen ebenso 100 °C Umgebungstemperatur zugemutet werden kann, um dadurch ein Mitschreiben des Meßwertes zu ermöglichen. Bei beiden Meßgeräten wird eine Ablesbarkeit von 0,002 mm erreicht.

Der Abstand der beiden, an aufgeklebte Glasplättchen tastenden Bolzen in den Querhäuptern wird durch die zwei seitlichen Quarzstäbe beibehalten, die bei Erwärmung nur eine geringe Temperaturdehnung (α_T = 0,5 x 10^{-6} 1/K) aufweisen. In einem Vorversuch kann dies mit einem Eichstab, dessen Wärmedehnung bekannt ist, auch nachgeprüft und rechnerisch berücksichtigt werden. Die federnden Füße des Rahmens sind in Längsrichtung der Probe so nachgiebig, daß eine Behinderung der Temperaturverformung ausgeschlossen bleibt.

Ein Sonderfall ist die Messung der Wärmedehnung von weichen Baustoffen (z. B. Dichtungsbahnen oder Dämmstoffen). Durch ein Fernrohr mit Fadenkreuzokular werden durch das Glasfenster eines Wärmeschrankes die an hängenden Proben aufgeklebten Meßmarken berührungsfrei auf 0,001 mm genau anvisiert. Derartige digital anzeigende handelsübliche Geräte (Kathedometer, Abb. 11) sind dafür leicht umzubauen.

Alle Messungen dieser Art sollten so durchgeführt werden, daß die Probe während der Erwärmung und Ablesung nicht berührt zu werden braucht. Anzusetzende Meßgeräte, z. B. Setzdehnungsmesser, scheiden daher für diesen Zweck aus.

3.1.7. Temperaturleitfähigkeit a

In der DIN 1341 ist die Temperaturleitfähigkeit a eines Stoffes definiert,

$$a = \frac{3{,}6\,\lambda}{\rho c} \quad \text{in } m^2/h \tag{59}$$

die als ein Maß für die Wärmespeicherung bei der Berechnung zeitabhängiger Temperaturverteilungen gebraucht wird. Sie entspricht dem Verhältnis der Wärmeleitzahl zum Wärmeinhalt je m^3 und berücksichtigt bei Baustoffen auch den etwaigen Zeitbedarf für die eintretende Erwärmung der Wände. Die Zahl 3,6 im Zähler ergibt

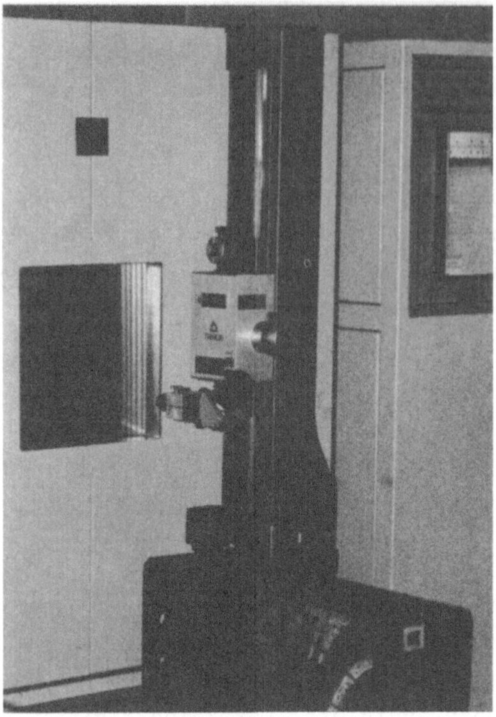

Abb. 11. Digitalanzeigendes Kathedometer vor einem Wärmeschrank

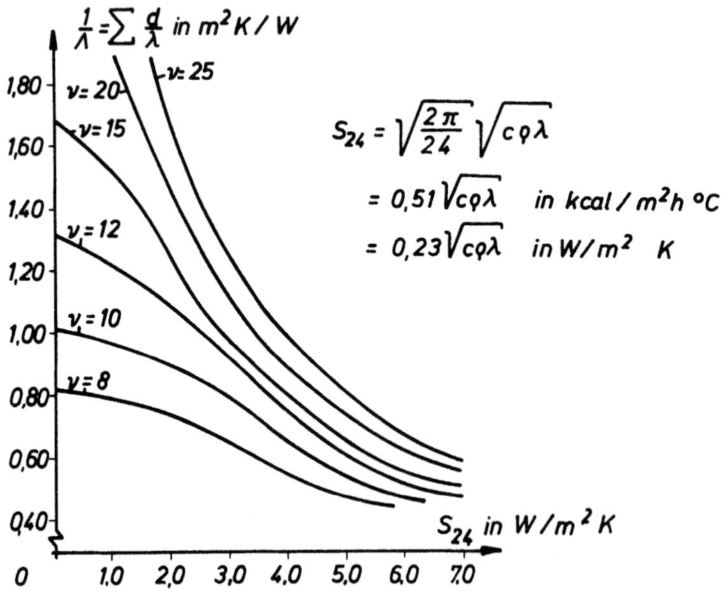

Abb. 12. Zusammenhang zwischen Wärmespeicherkennwert S_{24} und Wärmedurchlaßwiderstand $1/\Lambda$ in Abhängigkeit von der Dämpfung ν

sich gegenüber der DIN daraus, daß die einzelnen Größen, jetzt in SI-Einheiten eingesetzt, die Zahlenwerte für a nicht verändern sollen. In der Gleichung bedeuten

λ ... Wärmeleitzahl (W/m K)
ρ ... Rohdichte (kg/m^3)
c ... spezifische Wärmekapazität (kJ/kg K)

Die Temperaturleitfähigkeit a nimmt für die wichtigsten Baustoffe die in Tab. 2 eingetragenen Werte an.

3.1.8. Wärmespeicherkennwert S

Bei der Beurteilung und Überprüfung der Wechselwirkung zwischen dem Temperaturzustand der Raumwände und der Innenraumtemperatur war weder die vereinfachte Modellvorstellung eines durch die Raumumschließung dringenden linearen Wärmestromes noch allein die Angabe der Temperaturleitfähigkeit a ausreichend wirklichkeitsgetreu. Es sind daher weitere Kenngrößen (b und S) eingeführt worden, die für den Beitrag der Temperatur zur Behaglichkeit von bewohnten oder nur zeitweise genutzten Räumen eine gewisse Bedeutung erlangt haben, in ihrer Auswirkung auf die Rißbildung oder das Fugenverhalten aber kaum eine Rolle spielen. Sie werden der Vollständigkeit halber kurz besprochen.

Die Wärmeeindringfähigkeit b und der Wärmespeicherkennwert S sind als ein Maß für die Kennzeichnung der Wärmeträgheit gedacht und hängen daher vom spezifischen Wärmebedarf ab, den 1 m^3 des jeweiligen Baustoffes oder einer aus mehreren Schichten bestehenden Wand oder Decke zur Erwärmung um 1 Kelvin benötigen.

$$b = \sqrt{c\lambda\rho} = \sqrt{\lambda S} \quad \text{in } W s^{0,5}/m^2 K \tag{60}$$

$$S = c\rho \quad \text{in } kJ/m^3 K \tag{61}$$

Das Wärmeangebot von außen wird durch schwere Baustoffe in der zeitlichen Veränderung infolge der täglichen Temperaturschwankungen, wie zu erwarten, in seiner Auswirkung auf die Raumtemperatur stärker gedämpft. Der Dämpfungswert ν kann der Abb. 12 entnommen werden. Er wird im Abschnitt 3.1.3. über die zeitabhängige Temperaturverteilung auf Grund anderer thermodynamischer

Zusammenhänge rechnerisch hergeleitet.

Die ergänzenden Bestimmungen zu DIN 4108 schreiben daher für leichte Außenwände und Decken unter nichtausgebauten Dachgeschossen und Dächern in Ziff. 2.2.2 je nach Flächengewicht unter 300 kg/m² zum Ausgleich erhöhte Wärmedämmwerte vor.

Als ein anschauliches Maß /18/ für das einseitige Auskühlen einer Wand oder eines Bauteiles in Stunden gilt das Verhältnis der Wärmespeicherfähigkeit S · d zur Wärmedurchlaßzahl

$$\frac{Sd}{3{,}6\,\Lambda} = \frac{c\,\rho\,d}{3{,}6\,\Lambda} \quad \text{in h} \tag{62}$$

Die Zahl 3,6 im Nenner ergibt sich wieder dadurch, daß c in kJ/kg K und

$$\Lambda = \sum \frac{\lambda}{d} \quad \text{in } m^2\,K/W \tag{63}$$

einzusetzen sind und ein 1 W = 3,6 kJ/h entspricht. Je größer dieser Wert (Gleichung 62) wird, um so langsamer kühlt der Bauteil aus. Schichtwände sind dabei besonders träge, wenn die schlecht wärmeleitende Dämmung an der Oberfläche liegt.

Eine Weiterentwicklung erfuhr der S-Wert durch das Einbeziehen des Zeiteinflusses. Der Wärmespeicherkennwert S_{24} bedeutet die Speicherfähigkeit eines Baustoffes je Stunde während einer Erwärmungsperiode von 24 Stunden, bezogen auf ein m² Oberfläche, wenn ein Temperaturunterschied von einem Kelvin vorhanden ist. Er errechnet sich unter Beachtung, daß die Wärmeleitzahl in W/m K und die spezifische Wärmekapazität in kJ/kg K einzusetzen sind, sein Zahlenwert aber unverändert bleiben soll, aus

$$S_{24} = 0{,}23\sqrt{c\lambda\rho} \quad \text{in } W/m^2\,K \tag{64}$$

Dieser Wärmespeicher-Kennwert S_{24} (Anlage 1) gestattet es, die je nach Wärmedurchlaßwiderstand vorhandenen Dämpfung ν einer von außen kommenden Temperaturwelle in Abb. 12 abzulesen /19/.

Bei mehrschichtigen Bauteilen kann die Dämpfung nur mit Näherungsformeln abgeschätzt werden. Eine genauere Berechnung würde bei mehreren Schichten bereits mathematisch sehr aufwendig und scheint im Zeitbedarf und Ergebnis nicht mehr vertretbar.

3.2. Hygrische Veränderungen

In der Bautechnik ist von alters her der Feuchtigkeit in Baustoffen wenig Beachtung geschenkt worden. Die Querschnitte der Wände waren früher dick, Abdichtungen (z. B. Bleifolien) teuer und die Bauzeiten lang (Überwintern des Rohbaues). Die Vorsorge gegen Witterungsschutz von oben war allerdings wohl durchdacht. Zum allgemeinen Sorgenfall wurde die den Baustoff durchdringende Feuchtigkeit erst, als die Querschnitte aus wirtschaftlichen Gründen kleiner ausfielen, die Aufgabe der Wärmedämmung einer besonderen Schicht übertragen und die Fassadengestaltung architektonisch gewagter wurde. Der lange Zeitabschnitt, in dem man mit Schwinden beim Putz und Beton und "Setzen" beim Mauerwerk die nachträglichen Längenänderungen als ausreichend berücksichtigt glaubte, wich einer sich langsam, aber unaufhaltsam durchsetzenden Bauschaffensperiode, die den Formänderungen durch Feuchtigkeit neben den durch Temperatureinfluß bewirkten einen gleichrangigen Platz einräumt. Böse Erfahrungen wurden gemacht, und auch die Normenausschüsse zogen Lehre daraus und verankerten in Neubearbeitungen Abschnitte, die dann auf feuchtigkeitsbedingte Verformungen Rücksicht zu nehmen zwangen (z. B. DIN 1053 (November 1974) Ziff. 7.3.1 oder die Vornorm DIN 18530 (Dezember 1974) Ziff. 3.1). Bauherren großer Bauvorhaben entschlossen sich, u. a. in Fragen von Dehnungsfugen, bauphysikalische Berater miteinzuschalten, die rechtzeitig die Gefahr von Rissen z. B. infolge von Feuchtigkeitsanfall (Tauwasser in Querschnitten) oder durch Wärmestau erkennen konnten.

Dieses Umdenken ging keineswegs sehr rasch vor sich. Auch die Normenausschüsse waren wie die Baupraktiker eher zurückhaltend, weil die Erfassung der Auswirkungen von Feuchtigkeit in Baustoffen auf erheblich größere Schwierigkeiten stößt als die fast jedem Laien bereits aus der Erfahrung geläufige Temperaturdehnung. Zu viele Gesetzmäßigkeiten wirken bei der Feuchtigkeitswanderung zusammen, so daß eine klare und eindeutige Angabe über das Maß der in Rechnung zu stellenden Feuchtigkeitsdehnungen oft schwer fällt.

Zu Beginn muß auch hier eine Klarstellung der Begriffe stehen, die zur Zeit noch manchmal recht widersprüchlich verwendet werden. Das ursprünglich allein beachtete Schwinden und Quellen sollte der nachträglichen Wasserabgabe bzw. Wasseraufnahme des eingebrachten und später erhärteten Betons vorbehalten bleiben. Frischbeton erfährt bis zum Erstarren eine bis zu 10 % betragende Raumverminderung durch Zugabewasser-Verluste, die Schrumpfen genannt wird /20/. Für Schwinden sei eine durch monoton ablaufendes Trocknen verursachte Raumverminderung kennzeichnend, für Quellen eine durch Wasserlagerung oder sonstige Durchfeuchtung bewirkte Raumvergrößerung. Als Oberbegriff für durch Schwinden oder Quellen verursachte lineare spezifische Verformung wird die Bezeichnung "Feuchtigkeitsdehnung" verwendet. Diese betrifft demnach alle durch Änderung des Wassergehaltes verursachten Dehnungsanteile dieser Art. Sie kann positiv oder negativ sein.

3.2.1. Feuchtigkeitsdehnung

Baustoffe, die ihrer Natur nach offenen Porenraum enthalten, ändern bei Feuchtigkeitsaufnahme ihren Rauminhalt und damit auch ihre Abmessungen. Die Ursache für dieses Verhalten ist der in den feinsten Poren auftretende Kapillardruck, der durch die Oberflächenspannung an stark gekrümmten Menisken der Wasserfüllungen entsteht und das Stoffgerüst zusammendrückt. Beim Trocknen wandern diese durch Verdunstung immer mehr in das Innere und gewinnen wegen der dabei in engeren Räumen zunehmenden Krümmung an Wirksamkeit. Bei Wasseraufnahme erfolgt eine Raumvergrößerung, die nur durch hohe Druckspannungen verhindert werden kann, weil durch Verminderung des Kapillardruckes die elastische Rückverformung des Stoffgerüstes eintritt /21/.

Dieser Ursache überlagert sich bei Wassersättigung noch eine zweite. Der meist größere Wärmeausdehnungskoeffizient des Wassers führt dann bei Erwärmung zu zusätzlichen inneren Spannungen, die Verformungen ergeben müssen. Sie sind aber von untergeordneter Bedeutung.

Obwohl die lineare Feuchtigkeitsdehnung bei Baustoffen Werte erreichen kann, die größenordnungsmäßig Dehnungen aus Nutzlast oder Temperatur erreichen, hat man in der Vergangenheit diese in den DIN-Normen, wenn überhaupt, nur als "Schwinden" berücksichtigt und damit allzusehr vereinfachend als gleichsinnig verlaufende, abklingende negative Dehnung aufgefaßt. Bei Beton hatte die DIN 1045 (November 1959) gemäß § 16 Punkt 3 eine äquivalente Abkühlung von 15 bzw. 20 °C, entsprechend 0,15 und 0,20 mm/m Schwindmaß, vorgesehen. In der Neufassung (1972) ist dann bereits die Lage des Bauteiles (unter Wasser bis trocken) und dessen Dicke berücksichtigt worden. Die zur Zeit gültige Ausgabe (Dezember 1978) weist im Abschnitt 16.4 nur auf die DIN 4227 Teil 1 hin, in der das zu berücksichtigende Schwindverhalten bereits eingehend behandelt wird und die das Betonalter, die Bauteillage und dessen Dicke dabei zu berücksichtigen gestattet. Das Schwinden kann danach nach dem dritten Tag je nach Feuchtigkeit der Umgebungsluft zwischen 0,23 und 0,43 mm/m betragen. Darüber hinaus findet man in der Fachliteratur auch Schwindformeln, die von der Betonzusammensetzung und dem Bewehrungsgrad ausgehen /22/.

$$\varepsilon_s = \frac{11-m}{40} \cdot \frac{\sqrt{25-(5-t_a)^2}}{0{,}35n+1} \quad \text{in mm/m} \tag{65}$$

Darin bedeuten

ε_s ... Schwindmaß nach t_a Jahren
m ... Zement : Zuschlag in Raumteilen ($2 < m < 8$)
n ... Bewehrungsverhältnis in %

Oder eine andere Formel

$$\varepsilon_s = 0{,}05 \, \frac{\sqrt[3]{t}}{w^2} \quad \text{in mm./m} \tag{66}$$

in der

t ... das Alter des Betons in Monaten (< 48) und
w ... den Wasserzementwert

bedeuten.

Bei allen Angaben kann es sich nur um Richt- und Grenzwerte handeln. Da Schwinden Feuchtigkeitsabgabe zur Voraussetzung hat, verspricht die DIN-gemäße Einschätzung, die den Zustand der Umgebungsluft berücksichtigt, eine bessere Übereinstimmung mit der Wirklichkeit. Eine entscheidende Erschwernis bei der Erfassung ist dadurch gegeben, daß auch eine Feuchtigkeitswanderung von großen in kleinere Poren durch Kapillarkondensation die Rauminhaltsveränderung beeinflußt, ohne daß dadurch eine gravimetrische Feuchtigkeitsgehaltsänderung eintritt. Der naheliegende und auch versuchte Vorschlag, ähnlich wie den Längen-Ausdehnungskoeffizienten auch einen α_F -Wert zu definieren, der vom Wassergehalt des Baustoffes unabhängig ist, ließ sich daher nicht mit Erfolg verwirklichen. Ebenso war aber der Vorschlag /17/, von wahrer und scheinbarer Wärmedehnung zu sprechen, von denen die letzte den feuchtigkeitsbedingten Anteil mit berücksichtigt, äußerst unbefriedigend.

Die Trennung beider Einflüsse auf die Rauminhaltsänderung ist in Laboratoriumsmessungen einwandfrei und am Bauwerk mit hinreichender Genauigkeit möglich. Im Wärmeschrank wird ein prismatischer, etwa 100 x 100 x 500 mm großer Probekörper zwischen zwei wählbaren Temperaturgrenzen so lange erwärmt bzw. abgekühlt und an den Umkehrpunkten gewogen, bis sich ein unveränderlicher unterer Feuchtigkeitsgrenzwert eingestellt hat. Die gleichzeitige Beobachtung der Längenänderungen mit µm-Genauigkeit durch einen temperaturkompensierten Geber (auf DMS-Basis arbeitend) mit induktiver oder mechanischer Meßwertaufnahme gestattet dann die Zuordnung von Dehnung und Temperatur bei bestimmten Feuchtigkeitsgehalten als Parameter (Abb. 13). Zwischen den zwei Feuchtigkeitsgrenzen, von denen die untere auch Null (Trockenzustand) gewählt werden könnte, ist dann der Anteil der Feuchtigkeitsdehnung, wie im Bild vermerkt, ablesbar /21/.

Am Bauwerk kann man den Beitrag der Feuchtigkeitsdehnung nur feststellen, wenn der Wärmeausdehnungskoeffizient bekannt oder an einer Probe gleicher stofflicher Zusammensetzung im Laboratorium bestimmt worden ist. Da sich in Bauteilen in der Regel auch ein Feuchtigkeitsgefälle einstellt, ergeben Messungen an Bauteilen jene abgeminderten Dehnwerte, die eine Grundlage für die Fugenbemessung sein können. Voraussetzung für das richtige Messen ist dabei, daß es sich bei der Auswahl der Meßstrecken um sicher spannungsfrei bleibende Bereiche handelt, deren mittlere Querschnittstemperatur durch mehrere Thermoelemente verläßlich ermittelt wird /10/.

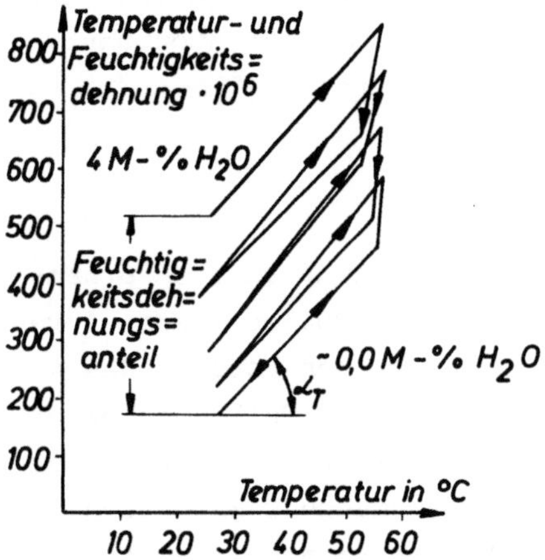

Abb. 13. Temperatur- und Feuchtigkeitsdehnung von Beton /21/

Abb. 14. Pyknometer

Das ebenfalls positive oder negative Längenänderungen erzeugende Kriechen wirkt sich auf die Beanspruchung von Bauteilen meist vorteilhaft aus, weil es Spannungen infolge von Temperatur und Feuchtigkeit abmindert und dadurch die Rißgefahr verkleinert. Andererseits entsteht aber bei Beton eine Verlagerung der Spannungen auf den Bewehrungsstahl, und die Durchbiegungen von Stahlbetonbalken und -decken vergrößern sich. Beim Spannbeton baut es einen (einrechenbaren) Teil der Vorspannung ab.

3.2.2. Wasseraufnahme

Die Wasseraufnahme ist bei Baustoffen naturgemäß an das Vorhandensein von offenem Porenraum gebunden. Beim Füllen dieser Poren handelt es sich aber keineswegs um den einfachen Vorgang des Volllaufens, es spielen vielmehr sehr viele und zum Teil noch nicht erschöpfend geklärte Vorgänge eine Rolle, die zur Erklärung der Feuchtigkeitswanderung herangezogen werden müssen. Bei Beton hat dies nach vielen vorangegangenen Forschungsarbeiten (die erste war 1806 von Dalton durchgeführt worden) Anlaß zu sehr gründlichen Untersuchungen gegeben / 23 /. Je nach Baustoff sind folgende physikalische oder chemische Gesetzmäßigkeiten bei der Aufnahme von Feuchtigkeit beteiligt:

Porenraum, -größe, -art und -verteilung
Kapillarität
Diffusion und Dampfdruckgefälle
Temperatur und Temperaturgefälle
Adhäsion
Sorption
Desorption
Oberflächenspannung und
chemische Bindung

Bei Feuchtigkeitsabgabe (Trocknungsvorgang) kommen noch weitere Einflußgrößen hinzu, nämlich

Luftgeschwindigkeit und -richtung an der Oberfläche
Strömungsart der Luft (turbulent oder laminar)
Feuchtigkeitsgehalt (Knickpunktfeuchtigkeit, Gleichgewichtsfeuchtigkeit) und

Strahlungswärme.

Für die Beurteilung der Auswirkungen einer Durchfeuchtung auf die Verformung eines Bauteiles ist es nicht erforderlich, den letzten Stand der Erkenntnis über die im einzelnen wirksamen gesetzmäßigen Abhängigkeiten zu erfassen und zu berücksichtigen. Wie in ähnlichen Fällen begnügt man sich in der Praxis mit empirischen Methoden, die ausreichend verläßlichen Aufschluß über das Verhalten bestimmter Baustoffe erbringen können.

Zur Beurteilung, welches Ausmaß der Durchfeuchtung ein Baustoff oder Bauteil im Bauwerk erreicht hat, ist neben der Bestimmung des auf seine Trockenmasse bezogenen Feuchtigkeitsgehaltes auch die Kenntnis der bei Sättigung zu erwartenden Wasseraufnahme von Interesse. Auch bei dieser werden nicht alle offenen Poren gefüllt sein, weil tropfbar flüssiges Wasser wegen seiner Oberflächenspannung nicht in beliebig kleine Kapillarräume eindringen kann. Trotzdem ergibt diese angenäherte Sättigung einen brauchbaren Richtwert. Sie wird auf die Trockenmasse bezogen und in der Regel in Masseprozenten ausgedrückt. Diese Angabe ist aber insofern keine gerechte Maßzahl, weil sie bei Stoffen je nach Dichte des Stoffgerüstes einen anderen Wert annimmt. Hinsichtlich des füllbaren Porenraumes, der die Voraussetzung für die Wasseraufnahme bildet, gibt der in Raumprozenten gemessene Hohlraum einen besser vergleichbaren Grenzwert der Durchfeuchtung an. Es ist demnach

$$W = m_G - m_{tr} \quad \text{in g} \tag{67}$$

$$W^M = \frac{m_G - m_{tr}}{m_{tr}} \cdot 100 \quad \text{in M-\%} \tag{68}$$

$$W^R = \frac{m_G - m_{tr}}{m_{tr}} \cdot \frac{\rho_{tr}}{\rho_F} \cdot 100 \quad \text{in R-\%} \tag{69}$$

$$W^R = \frac{\rho_{tr}}{\rho_F} \cdot W^M \quad \text{in R-\%} \tag{70}$$

Darin bedeuten

W ... Masse der aufgenommenen Flüssigkeit in g

W^M ... Wasseraufnahme in Masseprozenten

W^R ... Wasseraufnahme in Raumprozenten

ρ_{tr} ... Rohdichte des trockenen, aufnehmenden Stoffes in g/cm³

ρ_F ... Dichte der aufgenommenen Flüssigkeit in g/cm³

m_G, m_{tr} .... Probenmasse gesättigt und trocken in g

Für die Umrechnung der Masseprozente in Raumprozente benötigt man die Trockenrohdichte des Baustoffes, zu deren Bestimmung bei beliebig gestalteter Probe geeignete Verfahren zur Verfügung stehen.

Der füllbare Porenraum beschreibt aber das Verhalten eines Baustoffes bei Feuchtigkeitsanfall noch nicht eindeutig. Je nach der Porenart und -größe wird z. B. das Wasserhaltevermögen sehr unterschiedlich sein. In weiteren Abschnitten muß daher auch auf die Aufsaugfähigkeit, das Wassereindringvermögen und auf die Möglichkeit einer weitgehenden Durchfeuchtung durch Dampfdiffusion eingegangen werden.

Bis etwa 1960 war man noch der Meinung, die Wasseraufnahme sei eine für Baustoffe so kennzeichnende Eigenschaft, daß deren Messung als Gütemerkmal in einer eigenen DIN-Norm verankert werden sollte. Auch in einem bis heute noch nicht gültigen Normblatt DIN 4110 Blatt 1 (Entwurf April 1967) über die Prüfung neuer Baustoffe war in Ziff. 4.2.5 die Wasseraufnahme noch als Prüfung porenhaltiger Stoffe vorgesehen. Heute wird sie nur bei Natursteinen (DIN 52103 (November 1972)), in Anlehnung an Naturstein bei Betonwerkstein (DIN 18500 (August 1976)) und bei organischen Baustoffen, wie Holzfaserplatten (DIN 52351 (September 1956)), verlangt. Eine Norm über eine allgemein gültige Verfahrensweise gibt es wegen der Unterschiedlichkeit der Stoffstrukturen und des dadurch jeweils angepaßten Versuchsablaufes nicht.

Durch die zunehmende Bedeutung der Bauphysik ist sowohl die Kenntnis des Wasseraufnahmevermögens als auch die dabei anzuwendende Versuchstechnik in einen anderen Blickwinkel gerückt. Während Normblätter darauf abgestimmt sind, Merkmale von Baustoffen, durch die sie sich im Einsatz als tauglich erwiesen haben, nachprüfbar festzulegen, geht es im Bereich der Gutachtertätigkeit um eine meist nachträgliche Beurteilung und die Feststellung eines Ist-Zustandes. Die in Normen üblicherweise und mit Berechtigung geforderten großen Probezahlen und -mengen, durch die repräsentative Ergebnisse gewährleistet sein sollen, werden bei

Schadensuntersuchungen nur in seltenen Fällen ohne Schwierigkeiten zur Verfügung stehen. Hier wird auch meist nicht ein quantitatives, mit Streubereich abgrenzbares Ergebnis gefordert, sondern es genügt in vielen Fällen eine verläßliche qualitative Aussage. Beispielsweise ist der Grad der Durchfeuchtung im Vergleich zum Sättigungszustand oder zur Gleichgewichtsfeuchtigkeit von Interesse, weil daraus auf die größtmögliche Fugenverbreiterung infolge der noch zu erwartenden Feuchtigkeitsaufnahme bei zeitlicher Koinzidenz zwischen Fugenbreitenveränderung, Niederschlag oder Bewölkung geschlossen werden kann.

Durch diese andersartige Zielsetzung schwindet auch die sonst berechtigte Angst vor zu kleinen Proben. Es ist nämlich ein großer Unterschied, ob über einen Meßwert eine Aussage mit engem Vertrauensbereich zu machen oder aber bloß eine Verhaltenstendenz nachzuweisen ist. Im Arbeitsfeld eines Gutachters sind jene Aussagen weitaus in der Überzahl, bei denen zu entscheiden ist, ob etwas überhaupt vorhanden war oder ein seiner Größe nach bekannter Verformungsweg allein durch Temperatur- oder Feuchtigkeitseinfluß zustande gekommen sein konnte.

Für die Messung des Wassergehaltes eines Baustoffes ist der Darrversuch nach wie vor das verläßlichste Verfahren. Die Probenentnahme sollte immer mit Meißel und Hammer oder bei weichen Baustoffen mit dem Messer erfolgen, da Kernbohrer schlecht trocken arbeiten und auch reichlich Wärme erzeugen, die den Feuchtigkeitsgehalt verändert. In einem Plastikbeutel verpackt und verknotet, bleibt der Feuchtigkeitsverlust der Probe bis zum Laboratorium vernachlässigbar klein. Bei Kälte wird sich Tauwasser an der Innenfläche dieser Verpackung niederschlagen. Sie muß daher mit eingewogen und ihr Trockengewicht später berücksichtigt werden. Die Trockentemperatur im Wärmeschrank richtet sich nach der Art des Baustoffes:

Mörtel und Beton mit gesintertem Bindemittel 105 °C
(DIN 1048, Blatt 1)
Gipsgestein und -bauteile 40 ± 2 °C
Holzwerkstoffe 103 ± 2 °C
(DIN 52183, 52351)
(DIN 52361) 105 ± 2 °C

Natursteine 110 ±5 °C
(DIN 52103, 52104)

Für den Darrversuch spricht, daß seine Beendung durch die einwandfreie Massenunveränderlichkeit unstrittig ist, wobei die zulässige Abweichung durch unvermeidbare Wägefehler von der Norm meist auf 0,1 % innerhalb von 4 oder auch 24 Stunden begrenzt wird.

Nicht uninteressant ist, daß bei zementgebundenen Baustoffen das in den Gelporen befindliche und chemisch gebundene Wasser zwischen 500 °C und 1000 °C, je nach Bindung auch zum Teil später, entweichen würde. Der Trocknungsvorgang darf daher nicht durch Erhitzen über einer Flamme erfolgen. Bei Gipserzeugnissen liegt die Grenze für das Entweichen von chemisch gebundenem Wasser, wie die Tabelle zeigt, erheblich niedriger.

Baustoffe, die Feuchtigkeit verhältnismäßig rasch aus der Luft aufnehmen können, dürfen nach dem Trocknen zum Abkühlen auf Raumtemperatur nicht offen gelagert werden. Warm zu wiegen ist insbesondere bei kleinen Proben zu vermeiden, da dann über der Schale einer Waage ein Aufwind und Unterdruck entsteht, der - mit der Schalenfläche multipliziert - einen Masseverlust vortäuscht.
Für das Abkühlen auf Raumtemperatur muß ein Exsikkator verwendet werden. Um Restfeuchtigkeit der Umgebungsluft zu binden, sieht man darin eine Bodenschicht aus Silicagel, Phosphorpentoxid oder Kalziumchlorid vor.

Das Trocknen in üblichen belüfteten Wärmeschränken benötigt in der Regel mindestens 48 Stunden Zeit, weil die Masseunveränderlichkeit nachgeprüft werden muß. Einen beachtlichen Zeitgewinn erbringt ein Mikrowellenherd (600 Watt, 2450 MHz), wie er im Handel für die Küche angeboten wird. Bei Beachtung einiger Regeln dauert darin das Trocknen je nach Probengröße (bis 2000 g) und Feuchtigkeitsgehalt nur höchstens 30 Minuten, weil die für die Verdampfung des Wassers erforderliche Wärme nicht durch die träge Wärmeleitung zugeführt zu werden braucht. In jedem Punkt der Feuchtigkeit entsteht vielmehr durch das hochfrequent wechselnde Feld ein in sich kurzgeschlossener Strom, von dem Joulesche Wärme anfällt, durch die das Wasser verdampft. Zu beachten ist aber, daß

keine metallischen, sondern nur aus elektrisch nicht leitenden Stoffen hergestellte Gefäße (Glas oder Porzellan) miteingesetzt werden dürfen,

die Proben ein Mindestmaß an offenen Kapillarporen besitzen müssen, durch die entstehender Dampf ohne zu großen Widerstand entweichen kann und daß

die Proben allseitig freiliegen, damit sich kein Wärmestau an der Gefäßauflage bildet.

Dichter Zementmörtel kann durch inneren Überdruck beim Trocknen zersprengt werden und sollte daher in etwa 16 mm-Stücke zerkleinert werden.

Andere Feuchtigkeitsermittlungsverfahren, wie sie beispielsweise für das Handwerk entwickelt worden sind (CM-Gerät mit Kalziumkarbid-Phiole arbeitend, die Drucksteigerung wird gemessen), sind für den Laboratoriumsbetrieb zu ungenau und lassen auch nur kleine Probenmengen, die vorher noch zerkleinert werden müssen, zu.

Die Feuchtigkeit eines Bauteiles, an herausgearbeiteten Proben ermittelt, gibt noch keine Auskunft über deren Verteilung. Ist eine spätere Untersuchung bereits vor Erstellung des Bauwerkes geplant, dann können herausnehmbare Zylinder oder Prismen gleichen Baustoffes vorgesehen werden, von denen bei zuverlässiger äußerer Abdichtung des Trennspaltes und guter spielarmer Einpassung erwartet werden kann, daß sie ebenso wie der ungestörte Bereich in der unmittelbaren Umgebung durchfeuchtet werden. Herausgenommen und in Stücke geteilt, ergeben die einzelnen Darrversuche Aufschluß über die vorhandene Feuchtigkeitsverteilung und deren Werte im einzelnen.

Für Langzeitmessungen gibt es ein einfaches, von Altmann /24/ entwickeltes und 5 Jahre erprobtes Verfahren, das den elektrischen Widerstand zwischen zwei in porösem Ton eingebetteten Platinelektroden eines Feuchtigkeitsgebers (20 mm Durchmesser, 20 mm lang) an herausgeführten Anschlüssen mißt. Dieser wird in eine beliebig tiefe Bohrung eingesetzt. Nach Verschließen des verbliebenen Hohlraumes mit dampfdiffusionsdichtem Füllmaterial nimmt der Geber in kurzer Zeit eine Gleichgewichtsfeuchte an, die je nach umgebendem Baustoff und Feuchtigkeitsgrad verschieden groß ist. Der Zusammenhang zwischen angezeigtem ohmschen Widerstand und vorhandener Baustoffeuchtigkeit wird am gleichen Baustoff vorher oder nachher im Laboratorium durch Eichen festgestellt. Das Verfahren hat seine Grenze bei sehr hohen Durchfeuchtungen, wie sie bei Kondenswasserbildung eintreten können, und besitzt eine Meßunsicherheit bei Beton von ± 1 % Wassergehalt.

Der im Darrversuch ermittelte relative Feuchtigkeitsgehalt gestattet zwar durch Vergleich mit üblicherweise vorkommenden Werten eine grobe Einschätzung des erreichten Grades der Durchfeuchtung eines Bauteiles. Eine wichtige Ergänzung dazu stellt aber die Kenntnis des im betreffenden Baustoff vorhandenen offenen Porenraumes dar. Die Gesamtporosität nach DIN 52102 umfaßt auch den geschlossenen Porenraum und ist in diesem Zusammenhang nur am Rande von Interessse. Diese bildet nämlich nur den obersten Grenzwert, der auch bei Anwendung besonders wirksamer, nur im Laboratorium verwirklichbarer Sättigungsverfahren nicht überschritten werden kann.

Die Sättigung einer Probe kann auf sehr verschiedene Art erfolgen und man weiß, daß sie immer nur unvollkommen erreicht wird. Die Größe der Poren ist bei Baustoffen sehr unterschiedlich und reicht von einigen tausendstel Millimetern Durchmesser bis zu mehreren Millimetern. Da Wasser, wenn es als Flüssigkeit eindringt, durch seine Oberflächenspannung die kleinsten Poren zu füllen nicht in der Lage ist, ergibt sich bei wiederholtem Trocknen und anschließendem Sättigen eine Irreversibilität. Das langsame Füllen der kleinsten Poren geschieht im Bauwerk zum großen Teil auf dem Wege der Kapillarkondensation. Das Wasser dringt dabei zunächst in Gasform (Dampf) ein und schlägt sich dann an den Porenwänden nieder. Die Krümmung dieser Wände beeinflußt den entstehenden Dampfdruck. Kleine Poren trocknen daher auch erst viel später aus, wenn bereits in allen großen der Wassergehalt verdampft und entwichen ist. Sie füllen sich nur dann zuerst, wenn die Durchfeuchtung in Dampfform erfolgt. Flüssiges Wasser dringt zuerst in die größeren Poren und Kapillaren ein und läßt zu kleine Poren unter Umständen ungefüllt.

Bei der Messung des in einem Bauteil erreichten Feuchtigkeitsgehaltes wird man aus diesem Grund nach dem Wägen zuerst die Masse bei Sättigung bestimmen und dann erst im Trockenzustand. Umgekehrt würde sich ein scheinbar geringerer Sättigungsgrad unter sonst gleichen Umständen einstellen.

Um die zahlreichen mancherorts angewandten Sättigungsverfahren zu vergleichen, sind 4 x 4 x 5 cm große Prismen aus Mörtel der Gruppe III (DIN 1053) hergestellt worden, an denen der jeweils erreichte Sättigungsgrad untersucht wurde. Das Füllen vorhandener Poren mit destilliertem Wasser wurde dabei auf folgende Weise vorgenommen. Die erreichten Sättigungsgrade sind dabei in Klammern gesetzt:

1. einfache Wasserlagerung nach dem Entschalen (Alter 1 Tag) (0,75)
2. stufenweise steigender Wasserspiegel (0,71)
3. Wasserlagerung und Entlüftung bei 10 mbar (0,77)
4. Entlüftung bei 10 mbar und anschließend Wasserlagerung (0,78)
5. Wasser unter 150 bar nach vorangegangenem Entlüften bei 10 mbar (0,96)
6. Kochen in Wasser und anschließendes Erkalten unter Wasser (0,77)

Die angegebenen Klammerwerte wurden auf den mit dem Pyknometerverfahren festgestellten Gesamtporenraum bezogen (1,00) und sind der Mittelwert aus 5 Versuchen an Proben aus verschiedenen Mischungen gleicher Zusammensetzung. Die Trockenrohdichten lagen innerhalb von 1,99 ± 0,02 g/cm³, und die Gleichmäßigkeit bei diesen Versuchen kennzeichnet auch der durch sofortige Wasserlagerung erzielte Feuchtigkeitsgehalt, dessen Mittelwert und Streuung 20,7 ± 0,45 Raumprozente betrug.

Die Sättigungsverfahren 3, 4 und 6 sind daher im Ergebnis etwa gleichwertig.

Das zur Bestimmung des Gesamtporenraumes verwendete Pyknometerverfahren setzt die Beachtung mehrerer Fehlermöglichkeiten voraus. Eine weitgehende Zerkleinerung der porenhaltigen Probe im Mörser von Hand aus oder besser noch durch eine Analysenreibmaschine muß tatsächlich alle geschlossenen Poren sicher öffnen. Eine große Hilfe beim verläßlichen luftfreien Füllen aller noch versteckten, aber zugänglichen Porenräume ist die Verwendung von gut benetzenden Flüssigkeiten, da diese eine wesentlich geringere Oberflächenspannung als Wasser aufweisen:

Wasser (destilliert 20 °C)	$72{,}6 \times 10^{-3}$ N/m
Toluol (20 °C)	$27{,}4 \times 10^{-3}$ N/m
Benzol (20 °C)	$28{,}9 \times 10^{-3}$ N/m
Petroleum (25 °C)	$26{,}4 \times 10^{-3}$ N/m
Terpentinöl (18 °C)	$26{,}8 \times 10^{-3}$ N/m
m-Xylol (25 °C)	$27{,}4 \times 10^{-3}$ N/m

Wegen der raschen Verdunstung und zum Teil auch wegen der Feuergefährlichkeit verzichtet man aber meist auf diesen Vorteil und nimmt Wasser bei gleichzeitiger Vakuumentlüftung.

Pyknometergefäße sind bis etwa 200 cm³ Inhalt handelsüblich (Abb. 14). Bei der Wägung ist zu beachten, daß Wasser seine Dichte im praktisch vorkommenden Temperaturbereich zwar nur wenig ändert, aber einen vermeidbaren Fehler folgender Größe verursachen kann:

Temperatur in °C	Dichte in kg/m³	Abweichung in %
18	998,59	+ 0,04
19	998,40	+ 0,02
20	998,20	0
21	997,90	- 0,03
22	997,77	- 0,04
23	997,54	- 0,07

Bei Verwendung von kaltem Wasser und kleinen Proben kann sich der Fehler durch die ebenfalls bewirkte Verringerung des Pyknometerrauminhaltes noch in unerfaßbarer Weise ändern. Bei genaueren Messungen sind daher die Pyknometer in einem Thermostaten zu lagern.

Der porenfreie Probenrauminhalt V und die Dichte ϱ_0 ergeben sich aus vier Wägungen. Bei der bekannten Pyknometer-Flüssigkeitsdichte ϱ_F (g/cm³) und den Massen in g

- m_1 ... leeres Pyknometer
- m_2 ... mit Flüssigkeit gefülltes Pyknometer
- m_3 ... Pyknometer mit der Probe
- m_4 ... Pyknometer mit der Probe und der Flüssigkeit gefüllt, luftblasenfrei,

ist der Pyknometerrauminhalt

$$V_0 = \frac{m_2 - m_1}{\varrho_F} \quad \text{in } cm^3 \tag{71}$$

Die gesuchte Dichte ergibt sich aus

$$\varrho_0 = \frac{m_3 - m_1}{(m_2 - m_1) - (m_4 - m_3)} \varrho_F \quad \text{in } g/cm^3 \tag{72}$$

und der porenfreie Probenrauminhalt beträgt als Nebenergebnis

$$V = V_0 - \frac{m_4 - m_3}{\varrho_F} = \frac{1}{\varrho_F}\left[(m_2 - m_1) - (m_4 - m_3)\right] \quad \text{in } cm^3 \tag{73}$$

Zur Bestimmung des Porenraumes muß neben der nunmehr ermittelten Dichte auch die Rohdichte der Probe bekannt sein. Nur selten besteht die Möglichkeit, aus einem Baustoff einen auf 0,1 mm genau mit der Schublehre ausmeßbaren geometrisch einfachen Körper herauszuarbeiten, wie es beispielsweise die DIN 52102 bei der Prüfung von Naturstein verlangt. Der Rauminhalt unregelmäßig geformter Proben wird am besten durch eine Unterwasserwägung nach dem Auftriebsverfahren bestimmt. Es beruht auf dem Archimedischen Prinzip, nach dem jeder Körper in einer Flüssigkeit so viel an Gewicht verliert, wie er an Flüssigkeitsmasse verdrängt. Bei porösen Baustoffen mit offenen Poren an der Oberfläche wird der Rauminhalt etwas willkürlich, aber ausreichend genau durch die sich unter der Oberfläche zurückziehenden Menisken der Sättigungsflüssigkeit abgegrenzt. Diese Aussage ist deshalb erforderlich, weil auch die Masse der nach Wasserlagerung an der Luft gewogenen Probe mit in die Rechnung eingeht, wobei mindestens alle oberflächlich gelegenen offenen Poren mit Flüssigkeit gefüllt sind. Eine auch nur annähernde Sättigung ist in diesem Fall nicht notwendig. Es empfiehlt sich jedoch einfachheitshalber, jedes Risiko durch eine verspätet entweichende Luftblase durch vorhergehendes Aufbringen eines Unterdruckes (10 mbar) in der ohnehin meist vorhandenen Vakuumanlage zu vermeiden und den Porenraum weitgehend zu füllen.

Unklarheit besteht oft darüber, welchen Fehler das u. a. von der DIN 52102 empfohlene Abtupfen mit einem feuchten ausgedrückten Naturschwamm oder einem feuchten Tuch verursacht. Messungen ergaben bei mineralischen rauhen Baustoffoberflächen, wie z. B. bei Zementmörtel, daß durch bloßes Abtropfenlassen und Abwarten des letzten fallenden Tropfens auf der Oberfläche 4,1 $\pm$0,5 mg/cm² Haftwasser mehr zurückbleiben als nach der normgemäßen Behandlung. Bei ungünstiger Tetraederform und 50 g Probengewicht bedeutet dies rechnerisch einen Fehler von $\pm$ 0,3 %.

Die Unterwasserwägung erfolgt am einfachsten in einer dauernd unter Wasser hängenden Schale aus rostfreiem Stahl, die an einem dünnen Drahtbügel in den Haken einer dafür eingerichteten Waage eingehängt ist. Der Eigengewichtsbeitrag der Schale wird durch die eingestellte Tara in dieser Lage ausgeglichen, so daß die Masse der am oberen Wägeteller liegenden Probe und danach in der unter Wasser befindlichen Schale an der Anzeige der nunmehr hydrostatisch arbeitenden Waage unmittelbar abgelesen werden kann (Abb. 15).

Aus beiden Wägungen ergibt sich der Rauminhalt V der beliebig geformten Probe mit

$$V = (m' - m_u) \frac{1}{\rho_F} \quad \text{in cm}^3 \qquad (74)$$

wobei

m' ... die Masse der Probe ist, nachdem ihre Poren an der Oberfläche durch ausreichend lange Wasserlagerung oder Unterdruck mit Wasser gefüllt worden sind (g)
m_u ... die unter Wasser gewogene Masse m' in g
ρ_F ... die Dichte des Wassers in g/cm³

ist und die Rohdichte, nach Feststellung der Masse m_{tr} durch Wägen nach dem Trocknen durch Mikrowelle oder Wärmeschrank

$$\rho = \frac{m_{tr}}{V} \quad \text{in g/cm}^3 \qquad (75)$$

Der Gesamtporengehalt, ermittelt durch das Pyknometerverfahren beträgt dann

$$P_{ges} = \frac{\rho_0 - \rho_{tr}}{\rho_0} \cdot 100 \quad \text{in R-\%} \tag{76}$$

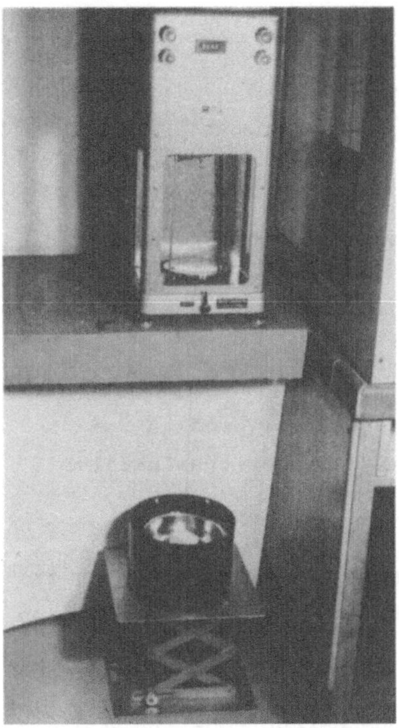

Abb. 15. Unterwasserwägung

Den füllbaren Porenraum, der für den Zustand und das Verhalten eines durchfeuchteten Bauteiles von Wichtigkeit ist, liefert das Sättigungsverfahren. Zweifellos wird die an zweiter Stelle genannte Art, durch stufenweise ansteigenden Wasserspiegel das Füllen der Poren vorzunehmen, den Verhältnissen im Bauobjekt am nächsten kommen. Die dabei erzielten 71 % der Sättigung liegen jedoch nicht allzusehr unter dem Ergebnis der Verfahrensweise 3 (77 %), bei der durch eine zweckentsprechende Vakuumanlage im Laboratorium sehr zügig gearbeitet werden kann. Ihr ist daher aus diesem Grund der Vorzug zu geben.

Wenn sowohl für das Sättigen wie für die Auftriebsmessung Wasser benutzt wird, dann ergibt sich der Porenraum von der Dichte der Flüssigkeit unabhängig mit

$$P = \frac{m_G - m_{tr}}{m_G - m_u} \cdot 100 \quad \text{in R-\%} \tag{77}$$

Ist dies nicht der Fall, dann muß mit dem Verhältnis der Flüssigkeitsdichten multipliziert werden

$$P = \frac{m_G - m_{tr}}{m_G - m_u} \cdot \frac{\varrho_u}{\varrho_F} \cdot 100 \quad \text{in R-\%} \tag{78}$$

Darin ist

ϱ_u ... Dichte der bei der Unterwasserwägung verwendeten Flüssigkeit in g/cm^3

ϱ_F ... Dichte der zur Sättigung verwendeten Flüssigkeit in g/cm^3

Meist wird man aber zur Verminderung unklarer Verhältnisse an den Grenzflächen der Oberfläche besser gleiche Flüssigkeiten wählen.

Bei Proben einfacher geometrischer Gestalt erspart man sich die Unterwasserwägung zur Rauminhaltsbestimmung, da sich diese dann einfacher durch Ausmessen ergibt.

Ist aber die Trockenrohdichte der Probe bekannt oder nach Gleichung (75) errechnet, so läßt sich aus der Sättigungsmasse m_G und der Dichte ϱ_u der bei der hydrostatischen Wägung verwendeten Flüssigkeit der Porenraum aus dem Zusammenhang

$$P = \frac{m_o - m_{tr}}{m_{tr}} \cdot \frac{\varrho_{tr}}{\varrho_u} \cdot 100 \quad \text{in R-\%} \tag{79}$$

berechnen.

Kann die Dichte ϱ_o aus einer Pyknometermessung als bekannt vorausgesetzt werden, dann benutzt man den Zusammenhang

$$P = \frac{(m_G - m_{tr})\,\varrho_o}{m_{tr} \cdot \varrho_F + (m_G - m_{tr})\,\varrho_o} \cdot 100 \quad \text{in R-\%} \tag{80}$$

für die Errechnung des Porenraumes.

Die Wasseraufnahme von Normalbeton kann im praktisch vorkommenden Bereich zwischen 2 und 12 Raumprozenten liegen und erreicht bei Zementmörtel Werte von 8 bis 21 Raumprozenten. Sie nimmt mit steigendem Wasserzementwert und kleinerem Zementgehalt zu. Eine günstige Sieblinie vermindert sie. Ebenso wirken sich Luftporenbildner und trikalziumarme Zemente günstig aus. Bei schlechter Verdichtung sind Werte über 30 R-% nachgewiesen worden.

Leichtbeton nimmt zwischen 6 und 60 Raumprozenten Wasser auf.

Je nach Porengrößenverteilung besitzt jeder Baustoff neben der Sättigung auch einen hygroskopischen Gleichgewichtszustand, der von der relativen Luftfeuchtigkeit der Umgebung abhängig ist, weil er aus dem Wasserdampfgehalt der Luft gespeist wird. Gleichgewichts-Wassergehalte, wie sie sich mit zunehmender relativer Luftfeuchtigkeit jeweils einstellen, liegen auf einer Absorptionskurve und die bei abnehmender relativer Luftfeuchtigkeit - in der Regel etwas höher ausfallenden Werte - auf der Desorptionskurve. Mit steigender Temperatur sinkt die Gleichgewichtsfeuchte etwas ab.

In der Fachliteratur der Bautechnik sind Sorptionswerte für Baustoffe, vergleichsweise zu den zahlreichen Angaben über das Verhalten von Stoffen, bei denen die Trocknungstechnik eine wichtige Rolle spielt (z. B. bei Papier, Seide, Wollstoff), selten zu finden. Einen Einblick in bekanntgewordene, nach längerer Zeit eintretende Feuchtigkeitsgleichgewichte von Baustoffen in Abhängigkeit von der (als unveränderlich angenommenen) relativen Luftfeuchtigkeit der Umgebung gibt Tab. 3.

Schaumkunststoffe liegen mit ihrer Gleichgewichtsfeuchtigkeit unter 5 Masseprozenten. Bei Holzwerkstoffen wird in den zugehörigen DIN-Blättern der Feuchtigkeitsgehalt für den Einbauzustand so begrenzt, daß er etwa der Gleichgewichtsfeuchtigkeit im normalen Klima entspricht:

Parkett DIN 280 Blatt 3	9 ± 2 %
Holzspanplatten DIN 68761 Blatt 1	9 ± 3 %
Holzfaserplatten DIN 68750 bis 68752	-
Sperrholz DIN 68705 Blatt 2	12 %
Blatt 3 und 4	6 %

Holz allgemein gem. DIN 1052 Blatt 1	
in geheizten Bauwerken	9 ± 2 %
in ungeheizten Bauwerken	12 ± 3 %
in offenen Bauwerken	15 ± 3 %
allseitig der Witterung ausgesetzt	18 %

Tab. 3. Gleichgewichtsfeuchtigkeit von Baustoffen in M-% bei verschiedenen relativen Luftfeuchtigkeiten

Baustoff in Raumteilen	Rohdichte	Relative Luftfeuchtigkeit in %							
	kg/m^3	30	40	50	60	70	80	90	100
Beton	2300	0,75	0,9	1,1	1,3	1,5	1,75	2,0	-
Gasbeton	510	2,0	2,2	2,4	2,6	2,8	3,7	6,5	-
Zementmörtel (1:3)	2040	2,35	2,9	3,4	4,0	4,7	5,5	6,4	6,9
Kalk-Zement-Mörtel (1:2:9)	1960	1,9	2,3	2,8	3,4	4,1	5,1	6,3	7,5
Kalk-Zement-Mörtel (2:1:9)	1750	0,7	0,7	0,7	0,8	1,1	1,5	2,6	-
Kalkmörtel (1:3)	1800	-	-	-	1,1	1,4	1,7	2,2	-
Gips	1340	-	-	-	-	-	0,4	1,6	-
Ziegel	1840	0,1	0,1	0,1	0,1	0,1	0,2	0,2	0,4
	1600	0,2	0,2	0,2	0,3	0,3	0,4	0,4	-
Kalksandstein (1:8)	2120	0,2	0,2	0,2	0,2	0,3	0,5	1,3	-
Fichtenholz	410	7,8	9,0	10,2	11,7	13,7	16,3	21,2	31,0
Trockenmittel									
Silicagel N	-	16,9	22,2	27,8	32,5	36,9	39,1	39,9	-
Silicagel WS	-	10,7	15,9	24,4	27,8	30,6	31,9	33,1	-

Neben dem Feuchtigkeitszuwachs, der sich aufgrund von Kapillarkondensation bei Baustoffen und Bauteilen bis zum Erreichen des hygroskopischen Gleichgewichtes einstellt, definierte man aus baupraktischen Erfahrungen heraus auch den sogenannten praktischen Feuchtigkeitsgehalt, der z. B. im Wohnungsbau auch den bei normalen Wohnverhältnissen entstehenden Tauwasseranfall mit berücksichtigt (DIN 52612 Bl. 2). Er ist in dieser Norm als jener Feuchtigkeitsgehalt definiert, der bei der Untersuchung genügend ausgetrockneter Bauten, die zum dauernden Aufenthalt von Menschen dienen, in 90 % aller Fälle nicht überschritten wird. Andere umfangreiche Untersuchungen an Wohnungsbau-Außenwänden ergaben, daß dieser nur wenig von der Himmelsrichtung der Wand abhängt, sondern mehr von der Art der Raumnutzung.

3.2.3. Wasseraufsaugfähigkeit

Die Eigenschaft poröser Stoffe, auch entgegen der Schwerkraftrichtung Flüssigkeit weiterzuleiten, beruht auf der Kapillarwirkung enger Röhren oder Spalten. Für die kapillare Steighöhe kann der Ansatz

$$H = \frac{2\sigma \cos \vartheta}{g \varrho r} \quad \text{in m} \tag{81}$$

gemacht werden. Darin bedeuten

σ ... Oberflächenspannung gegen Luft in N/m

ϑ ... Randwinkel, der sich bei Benetzbarkeit der Kapillarwand zwischen dem Flüssigkeitsspiegel und der Wand einstellt

g ... = 9,81 m/s² die Erdbeschleunigung

ϱ ... die Dichte der Flüssigkeit in kg/m³

r ... Halbmesser der Kapillare in m

Diese Steighöhe entspricht einem Unterdruck über dem Meniskus von

$$p = Hg\varrho = \frac{2\sigma \cos \vartheta}{r} \quad \text{in N/m}^2 \tag{82}$$

der Ausdruck $\cos \vartheta / r$ bedeutet die größtmögliche Krümmung bei gegebenem Randwinkel.

Dieser Randwinkel ist jedoch keine Stoffeigenschaft und ändert sich bei der Durchführung je nach der vorher stattgefundenen Sorption von Flüssigkeitsmolekülen durch die Porenwände. Nur beim Trocknungsvorgang bleibt er bis zum Entleeren der Kapillare gleich groß. Obwohl die Saughöhe theoretisch von den veränderlichen Querschnittsformen unterhalb des Meniskus unabhängig ist, können praktisch verwendbare Aussagen über den Grad der Durchfeuchtung bei oberflächlichem Wasserangebot aufgrund von diesen, auf Stoffwerten beruhenden mathematischen Zusammenhängen nicht gemacht werden. Man ist auf Versuche angewiesen, die im betreffenden Fall Aufschluß über Durchfeuchtungshöhen und -zeiten bringen. Dazu zwingt auch die Tatsache, daß sich noch andere Gesetzmäßigkeiten im Zusammenhang mit dem Wärmeeinfluß überlagern.

Von praktischer Bedeutung sind Wasseraufsaugwerte dann, wenn verschiedene Baustoffe hinsichtlich ihrer Durchfeuchtungsneigung verglichen werden, um eine objektive Entscheidungsgrundlage zu erhalten.

Für die Vorausberechnung des zeitlichen Verlaufes von Saughöhe und des von einem m^2 aufgenommenen Wassergewichtes bewährten sich die Ansätze /25/

$$H = H' \cdot t^m \text{ in m} \quad (83)$$

$$W = W' \cdot t^n \text{ in kg/m}^2, \quad (84)$$

die einen Zusammenhang zwischen der nach einer Stunde erreichten Saughöhe H' und der Endhöhe H in ihrer Abhängigkeit von der Zeit t seit Beginn des Saugens darstellen. W' ist die nach einer Stunde aufgenommene Wassermasse (kg/m^2) und die Exponenten m und n sind Stoffwerte, die im doppelt logarithmischen Koordinatensystem der Neigung von Graden entsprechen, die den zeitlichen Verlauf der Saugwirkung W (kg/m^2) gleich kommen.

Für einige Mauerwerksbaustoffe sind die H'- und W'- sowie die m- und n-Werte bekannt. Sie erreichen im Mittel folgende Größe:

Baustoff	Rohdichte in kg/m^3	m	H' in m/h	n	W' in kg/m^2
Mauerziegel	1875	0,58	0,102	0,59	14,4
Mauerziegel	1650	0,55	0,063	0,59	14,3
Lochziegel	1140	0,52	0,040	0,50	6,5
Gips	1055	0,55	0,910	-	-
Kalksandstein	1675	0,36	0,121	0,34	28,4
Kalksandstein	1820	0,36	0,086	0,32	14,6
Kalksandstein	905	0,34	0,023	0,40	3,4
Schaumbeton	1000	0,47	0,019	-	-
Gasbeton	681	0,27	0,028	0,45	3,9

Baustoff	Rohdichte in kg/m³	m	H' in m/h	n	W' in kg/m²
Putzmörtel					
Gruppe I (1:3 RT)	1900	-	-	0,73	8,5
GR I hydr. Kalk (1:3 RT)	1950	-	-	0,52	11,0
GR III (1:3 RT)	2064	-	-	0,62	2,1

Für Normalbeton liegen die Werte bei einwandfreier Verdichtung sicher unterhalb der in der Tabelle genannten, die in erster Linie eine vergleichsweise Wertung ermöglichen sollen.

Die große Streuung, die sich auch bei Erzeugnissen gleicher Art zeigt, spricht allerdings für die Durchführung von Vergleichsversuchen, wenn es um eine genauere Beurteilung und Auswahl äußerlich gleichwertiger Baustoffe geht.

Die Wasseraufsaugfähigkeit wird am besten an Prismen geprüft, deren Abmessungen sich nach dem Größtkorn richten (4 x 4 x 16 cm bei Mörtel, 10 x 10 x 50 cm bei Beton und ganze Mauersteine bzw. Ziegel). Der Prüfkörper wird dabei am Gehänge einer für Unterflurwägung eingerichteten Waage befestigt (Abb. 16). Er taucht mit seiner Stirnfläche in den Wasserspiegel eines Gefäßes, der durch eine Vorratsflasche trotz aller Verluste immer auf gleicher Höhe gehalten wird. Die erste Höheneinstellung erfolgt durch einen Hubtisch mit Nürnberger Schere. Der Weg des Wägetellers, der der Gewichtsänderung entspricht, wird mit einem induktiv arbeitenden elektrischen Weggeber üblicher Bauart abgetastet und in Abhängigkeit von der Zeit aufgezeichnet.

Die Zusammenhänge nach Gleichung (83) und (84) sind für den Anfangsbereich nur bis etwa 1000 Stunden sinnvoll und geben für längere Zeiträume keine ausreichend zutreffenden und verwertbaren Aufschlüsse.

Für Wärmedämmstoffe wird manchmal zur Kennzeichnung des baupraktischen Verhaltens die Saughöhe bis zur Masseunveränderlichkeit der Probe angegeben, die z. B. bei Holzwolle-Leichtbauplatten (magnesitgebunden, Rohdichte 355 kg/m³) über 0,30 m liegen kann.

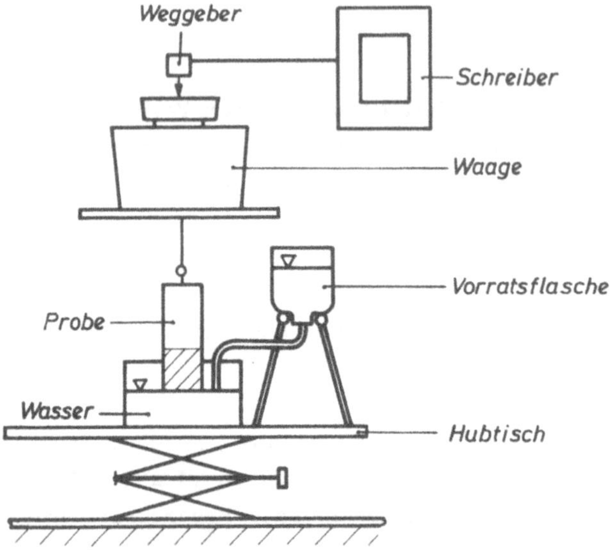

Abb. 16. Messung der Wasseraufsaugfähigkeit von Baustoffen

3.2.4. Wassereindringvermögen

Eine der Wasseraufsaugfähigkeit sehr verwandte Baustoffeigenschaft ist das Wassereindringvermögen. Es kennzeichnet im besonderen das Verhalten von Baustoffen an Außenflächen von Bauwerken bei erheblichem Wasseranfall, wie er durch Niederschläge je nach Windrichtung gegeben ist. Die Schlagregenmenge an Außenwandflächen liegt in der Größenordnung von 30 bis 45 l/m^2 und Monat. Bei Fassaden, die zum Teil wasserdichte Flächenanteile besitzen (z. B. keramische Bekleidung), führt das sich sammelnde und im Schwall herabrinnende Wasser sogar zu einem lückenlosen, wenn auch zeitlich vorübergehenden Wasserangebot, das zum Teil durch kapillare Saugwirkung vom Fugenmörtel aufgenommen wird. Auch der durch Wind verursachte Staudruck fördert dies, denn er erreicht in ungünstigsten Fällen bei Hochhäusern gemäß DIN 1055 Teil 4, Tabelle 1 etwa 13 mbar, unter deren Einwirkung Regenwasser bekanntlich auch 120 mm senkrecht nach oben getrieben werden kann.

Um trotz des kaum erfaßbaren Einflusses kapillarer Widerstände ein Maß für das an einer Baustoffoberfläche vorhandene Eindringvermögen zu bekommen, befestigt man an Wänden oder auf der zu prüfenden waagerechten Fläche ein entsprechend geformtes, in einer Erweiterung endendes Glasröhrchen, das eine cm^3-Teilung trägt. Der dichte Anschluß ist durch handelsübliche Dichtstoffe (Silikonkautschuk) leicht zu erzielen (Abb. 17).

Abb. 17. Meßröhrchen zur Ermittlung des Wassereindringvermögens

Für den Versuch füllt man Wasser bis zum obersten Teilstrich, der 10 bis 12 cm über dem Meßpunkt liegt. Wenn das Röhrchen $1 cm^2$ lichte Querschnittsfläche besitzt, entspricht 1 cm Absinken des Wasserspiegels dem Eindringen von $1 cm^3$. Die beaufschlagte Wandfläche ist von bekannter Größe. Angegeben wird als Ergebnis, wieviel cm^3 Wasser je cm^2 Wandfläche in 10 Minuten eingedrungen sind (Wasser-Penetration). Für verschiedene Baustoffe liegen einige Werte vor /25/:

Baustoff	cm^3/cm^2 10 min
Normalbeton	0,3 bis 0,7
Zementmörtel (1:3 GT)	3,0 bis 3,5

Baustoff	cm^3/cm^2 10 min
Zementmörtel (1:4 GT)	4,1 bis 4,5
Betonwerkstein (geschliffen)	0,1 bis 0,3
Fugenmörtel	2,1 bis 5,6
Porenbeton (Bruchfläche)	0,8 bis 1,0
Lecabeton	4,2 bis 5,4
Asbestzementplatte	0,6
Klinker	0,1
Klinker mit Haarrissen	3,0 bis 8,0
Kalksandstein	0,3 bis 0,5
Sandstein	0,2
Granit	0 bis 0,1
Kalkputz	3,4 bis 4,5
Kalkzementputz	3,0 bis 4,0
Polystyrolschaum	0 bis 0,1
Holz	0 bis 0,1

Den Meßwerten kommt bei diesem einfachen Verfahren auch mehr Vergleichscharakter zu, da sich bei größerer Penetration das Absinken der Wassersäule auf das Ergebnis verzerrend auswirken muß. Von manchen Herstellern der Röhrchen wird deshalb ein Nachfüllen je 2 cm Absinken des Wasserspiegels empfohlen. Eine weitere Ungenauigkeit stellt die Veränderlichkeit der vom Dichtstoff tatsächlich freigelassenen Oberfläche dar, denn ein teilweises Hinterkriechen kann nicht ausgeschlossen werden.

Bei Laboratoriumsuntersuchungen wählt man daher besser Glasröhrchen, die satt mit ihrer plangeschliffenen Stirnfläche aufsitzen und mit 2-Komponenten-Kunstharzkleber dicht aufgeklebt werden. Deren Wasserspiegel wird an einem getrennten Maßstab in Zeitabständen abgelesen. Zur Berücksichtigung der Verdunstung bei langdauernden Versuchen kann ein Nullversuch, bei dem ein gleiches Röhrchen auf eine Glasplatte aufgeklebt ist, mitlaufen, dessen Spiegelabsenkung erforderlichenfalls bei den anderen Werten in Abzug gebracht wird.

In noch weiter vereinfachter Weise läßt sich das drucklose Wassereindringvermögen an Baustoffen feststellen, wenn man auf die waagerechte, möglichst ebene Bruchfläche mit einer 0,5 cm^3-Pipette Wasser auftropft und die Zeit bis zum Eindringen (Mattwerden der Oberfläche) in Sekunden stoppt. Da bei dichten Oberflächen Werte bis 3600 Sekunden festgestellt werden (empfohlener Höchstwert), ist das Auflösungvermögen dieses Verfahrens recht gut. Folgende Werte werden berichtet /25/:

Baustoff	Eindringzeit in s
Beton (Schalungsfläche)	90
Beton (Bruchfläche)	10 bis 14
Lecabeton	6
Porenbeton	4
Zementmörtel (1:3 GT)	5
Zementmörtel (1:4 GT)	2
Kalkzementputz	3
Kalkputz (1:3,5 RT)	2 bis 3
Klinker	1737
Vormauerziegel	11
Kalksandstein	6 bis 8
Asbestbeton	40 bis 67
Holz	470 bis 3600

3.2.5. Wasserundurchlässigkeit

Der Begriff der Wasserundurchlässigkeit (DIN 1048, Bl. 1), in diesem Sonderfall von Beton, gibt in der Praxis oft Anlaß zu Meinungsverschiedenheiten, denn wasserdichten Beton oder Mörtel gibt es genaugenommen nicht. Da bei jedweder Verarbeitung mehr Zugabewasser erforderlich ist, als der Zement chemisch binden kann, wird in jedem Fall ein Porenraum zurückbleiben müssen, aus dem in der Regel ein Großteil des nicht benötigten Wassers wieder herausverdunstet. Die zurückbleibenden Kapillarräume stehen für durchdringendes Wasser zur Verfügung. Da diese aber sehr eng sind, ist der Durchsatz je Flächeneinheit ($m^3/s\ m^2$) außerordentlich klein und überdies von der Bauteildicke abhängig.

Nach DIN 1048 Bl. 1, Ziff. 4.7 und DIN 1045 Ziff. 6.5.7.2 ist ein Beton dann wasserundurchlässig, wenn unter 3 Druckstufen zwischen 1 und 7 bar nach insgesamt 96 Stunden eine Wassereindringtiefe von 5 cm nicht überschritten worden ist.

In der Baupraxis spricht man aber von Wasserundurchlässigkeit, wenn die Luftseite eines vom Wasser einseitig beaufschlagten Bauteils augenscheinlich trocken bleibt. Dies kann aber auch darauf beruhen, daß dort mehr Wasser wegverdunstet, als in den Beton auf der anderen Seite eindringt.

Die Versuchsdurchführung nach DIN 1048 sieht eine kurzzeitige Beanspruchung vor, die zwar für den Beton kennzeichnend ist, die aber nicht vorbehaltlos im Ergebnis auf praktisches Bauverhalten übertragen werden darf. Man wird daher bei der Bemessung von Fugenbreiten auf der sicheren Seite liegen, wenn bei der Berechnung eine vollständige Durchfeuchtung der beiden angrenzenden Bauteile angenommen worden ist.

3.2.6. Wasserdampfdiffusion

Es lag nahe, bei der Beurteilung dieses Feuchtigkeitstransportes ebenso wie beim Wärmeschutz von den physikalischen Gesetzmäßigkeiten auszugehen und darauf die Durchrechnung einer Wand oder Decke aufzubauen. Die Zusammenhänge sind hierbei jedoch erheblich vielgestaltiger, weil zum Teil Gesetzmäßigkeiten hineinwirken, deren Erfassung auch heute noch auf einige Schwierigkeiten stößt. Während die Wärmestromdichte nur vom Temperaturgefälle und einer Stoffkonstanten (Wärmeleitzahl) abhängig ist, wird das Verhalten von Baustoffen bei einem einseitigen Feuchtigkeitsangebot nicht nur von dem Dampfteildruckgefälle bestimmt. Es spielen gerade dann, wenn es interessant wird und Kondenswasserbildung eingetreten ist, Kapillarkondensation und kapillare Fortleitung sowie Absorption eine wichtige Rolle, die mit der Rechnung nicht erfaßt wird. Eine weitere Erschwernis drohte dadurch einzutreten, daß auch ein Einfluß des Temperaturgefälles zunächst nicht auszuschließen war. Entsprechend den im allgemeinen Fall an den beiden Oberflächen unterschiedlichen Luftfeuchtigkeiten bildet sich neben der reinen Diffusion ein Feuchtigkeitsgefälle aus, das zu einem unerfaßbaren Flüssigkeitstransport von der feuchten zur trockenen Seite hin führt.

Rückschauend betrachtet entwickelten sich die bekanntgewordenen Berechnungsverfahren für die Erfassung des Feuchtigkeitsverhaltens wie bei vielen anderen Aufgabenstellungen der Technik vom

Zu-Einfachen über ein immer schwerer durchschaubares Zwischenstadium zum Praktisch-gut-Anwendbaren. Vielerorts durchgeführte Versuche klärten u. a., daß der Einfluß des Temperaturgefälles vernachlässigbar war und manche logisch richtig eingeführten Einflußgrößen (z. B. die Wasserdampf-Übergangswiderstände) später wieder in Anbetracht ihrer Bedeutungslosigkeit vernachlässigt werden konnten. Die Bedenken, daß Luftbewegungen auf den im Laboratorium zu ermittelnden Durchdringungswiderstand einer Baustoffschicht großen Einfluß haben könnten, erwiesen sich ebenfalls als unberechtigt.

Die im Juni 1973 erschienene DIN 52615 Bl. 1 hat daher durch Festlegen der Temperatur mit 23 ± 5 °C, der relativen Luftfeuchtigkeitsschwankungen mit ± 2 % und der höchstzulässigen Luftbewegungen von 0,5 m/s im Laboratorium einzuhaltende Prüfvoraussetzungen geschaffen, so daß der Ermittlung weiterer, in Fachbüchern noch nicht ausgewiesener Dampfdiffusionskoeffizienten der Weg gebahnt war.

Häufig beobachtbare Fehldeutungen in Fragen des Feuchtigkeitsverhaltens in Bauteilen bedürfen einer Richtigstellung. Der Dampfdruck wird manchmal z. B. als echter Überdruck verstanden, der auch Abdichtungen und ähnliches mit großer Kraft abzudrükken imstande wäre. Es wird dabei trotz des Hinweises in der DIN 52615 Bl. 1 (Juni 1973) Abschnitt 3. außer acht gelassen, daß es sich nur um einen Dampfteildruck handelt, der zusammen mit dem Teildruck der trockenen Luft den metereologischen Druck nicht überschreiten kann. Einseitige Kraftwirkungen sind deshalb gar nicht möglich. Auch die auf den ersten Blick unglaubhaft und widersprüchlich erscheinende Tatsache, daß Wasserdampf durch eben dieses Dampfdruckgefälle durch kleine Öffnungen hindurchdringt und durch Diffusion für einen Feuchtigkeitsausgleich in verhältnismäßig kurzer Zeit sorgt, bleibt unbeachtet. Hierbei handelt es sich tatsächlich um einen dem Ausströmen aus einer kleinen Öffnung infolge Überdruckes ähnlichen Vorgang, bei dem aber der Teildruck den vorhandenen Gesamtdruck nicht erhöht. Diese immer wieder auf Unglauben stoßende Tatsache ist im Laboratorium vom Verfasser experimentell nachgeprüft worden. In zwei etwa 1 m^3 großen zylindrischen Räumen, die über eine Blendenöffnung wahlweise mit 40, 20 und 10 cm^2 Lochfläche verbunden werden konnten, glich sich die unterschiedliche Luftfeuchtigkeit nach etwa 10, 20 und 40 Stunden (Halbzeitwerte 3, 5 und 15 Stunden) aus. Dabei waren nur die Halbzeitwerte deutlich vom anfänglichen Feuchtigkeitsunterschied abhängig und nahmen mit diesem rasch ab. Der Endausgleich wird asymptotisch erreicht.

Dadurch ist bestätigt, daß Feuchtigkeit durch den Dampfteildruck auch durch sehr kleine Öffnungen (wie sie beispielsweise durch Beschädigungen von Abdichtungen oder an nicht ganz dichten Klebefugen von Dampfsperren entstehen) in den Nachbarbereich gelangt. Sie verhält sich tatsächlich wie ein Gas unter Überdruck, das aus einem abgeschlossenen Raum durch eine Öffnung ausströmt.

Der rechnerischen Erfassung der Wasserdampfdiffusion in Baustoffen und Bauteilen /26/ liegen nun folgende Überlegungen zugrunde, wie sie auch in der DIN 52615 Bl. 1 (Bestimmung der Wasserdampfdurchlässigkeit von Bau- und Dämmstoffen) Eingang gefunden haben.

In Anlehnung an die Wärmeleitung wurde zunächst für den Wasserdampftransport ein formal gleicher Ansatz gemacht, der bei stationären Bedingungen die Wasserdampf-Diffusionsstromdichte in einer ebenen Platte mit

$$i = \Delta (p_1 - p_2) \qquad \text{in } kg/m^2h \tag{85}$$

und die zwischen den beidseitigen Lufträumen unter Berücksichtigung der Wasserdampf-Übergangszahlen an den beiden Oberflächen mit

$$i = k_D (p_{1L} - p_{2L}) \qquad \text{in } kg/m^2h \tag{86}$$

beschreibt. Darin bedeuten

Δ ... Wasserdampf-Durchlaßkoeffizient des betreffenden Baustoffes in kg/m²h Pa

p und p_L ... jeweilige Dampfteildrücke an den Oberflächen bzw. in den Lufträumen in Pa

k_D ... Wasserdampf-Durchgangskoeffizient zwischen den angrenzenden Räumen in kg/m²h Pa

Die Reziprokwerte heißen

$1/\Delta$ ... Wasserdampf-Durchlaßwiderstand in m^2h Pa/kg

und

$1/k_D$ ... Wasserdampf-Durchgangswiderstand in m^2h Pa/kg

Analog zur Wärmeleitzahl wird für die Fähigkeit der Dampfweiterleitung ein Stoffwert, die Diffusions-Leitzahl δ_i (kg/m h Pa) festgelegt. Bei mehreren verschiedenen Schichten der Dicke s_i (m) ist dann

$$\frac{1}{\Delta} = \sum_{1}^{i} \frac{s_i}{\delta_i} \quad \text{in } m^2 h \, Pa/kg \tag{87}$$

und der gesamte Wasserdampf-Durchgangswiderstand durch einen mehrschichtigen Bauteil

$$\frac{1}{k_D} = \frac{1}{\beta_1} + \sum_{1}^{i} \frac{s_i}{\delta_i} + \frac{1}{\beta_1} \quad \text{in } m^2 h \, Pa/kg \tag{88}$$

Die darin enthaltenen Wasserdampfübergangszahlen β_1 und β_2 sowie die Werte s_i/δ_i sind in Wirklichkeit nicht die in der Physik für derartige Stofftransporte bereits definierten Größen. Sie wurden vielmehr, um eine äußerlich formale Übereinstimmung mit der Wärmestromgleichung zu erzielen, mit den zugehörigen physikalischen Einflußgrößen umgerechnet, so daß diese in der Gleichung (88) nicht mehr offen in Erscheinung treten.

$$\beta_i = \frac{\beta}{R_D T} \quad \text{in } kg/m^2 h \, Pa \tag{89}$$

und

$$\delta_i = \frac{D}{\mu R_D T} \quad \text{in } kg/m \, h \, Pa \tag{90}$$

Darin bedeuten

R_D ... Gaskonstante für Wasserdampf (462 Nm/kg K)

T ... absolute Temperatur in K

β ... Stoffübergangszahl in m/h

D ... Diffusionskoeffizient von Wasserdampf in Luft in m^2/h

μ ... Wasserdampf-Diffusionswiderstandszahl des Baustoffes

Der Diffusionsleitkoeffizient δ_L von Wasserdampf in Luft ist nach Schirmer (DIN 52615, Bl. 1, Ziff. 7) mit $\mu = 1$ aus der Gleichung

$$\delta_L = \frac{0{,}083}{R_D T} \cdot \frac{p_0}{p} \left(\frac{T}{273} \right)^{1{,}81} \quad \text{in kg/m h Pa} \tag{91}$$

errechenbar. Darin bedeuten

p_0 ... atmosphärischer Druck beim Normzustand (101325 Pa)
p ... mittlerer Luftdruck im Raum in Pa
T ... absolute Temperatur des Raumes in K

Durch diese Temperatur- und Druckabhängigkeit ergibt sich bei der Berechnung scheinbar eine weitere Erschwernis, die jedoch aufgrund folgender Überlegungen vermieden werden konnte. Die Abhängigkeit gilt nicht nur für Luft in den Stoffporen, sondern auch für eine Luftschicht. Man führt eine Diffusionswiderstandszahl

$$\mu = \frac{\delta_L}{\delta_i} \tag{92}$$

ein, die von der Temperatur und dem Druck unabhängig macht, weil beiden Vorgängen die gleiche Veränderlichkeit zugrunde gelegt werden kann.

Der Wert $\mu \cdot s_i$ in m entspricht einer anschaulichen "gleichwertigen Luftschichtendicke", die den gleichen Diffusionswiderstand haben würde, wie die Stoffprobe der Dicke s_i (m) und der Diffusionsdurchlaßwiderstand der Wandschichten beträgt dann

$$\frac{1}{\Delta} = \sum_1^i \frac{s_i}{\delta_i} = \sum_1^i \mu_i \frac{s_i}{\delta_L} = \frac{1}{\delta_L} \sum_1^i \mu_i s_i \quad \text{in m}^2\text{h Pa/kg} \tag{93}$$

Laut DIN 4108 Teil 5, Abschnitt 10, ist $1/\delta_L$ darin als Rechenwert mit $1{,}5 \cdot 10^6$ m h Pa/kg einzusetzen. Die noch nicht berücksichtigten Dampfübergangswiderstände $1/\beta_1$ und $1/\beta_2$ sind bei Bauteilen fast ausnahmslos klein gegenüber dem Dampfdurchlaßwiderstand $1/\Delta$ der Baustoffschichten:

Temperaturunterschied zwischen Raum und Wand in K	$1/\beta_1$ in m²h Pa/kg bei Raumtemperatur von		
	0 °C	10 °C	20 °C
2	106	101	96
4	101	96	92

Windgeschwindigkeiten in m/s	$1/\beta_2$ in m²h Pa/kg im Freien zwischen - 20 °C und + 30 °C
0	31
5	16
25	4

Am Beispiel einer außen gedämmten Betonwand ergäbe die genauere Berechnung folgende Zahlen:

Baustoff	Dicke s in m	μ	μ · s in m
Kalkputz MG I	0,02	20	0,40
Wärmedämmung	0,06	30	1,80
Beton	0,15	70	10,50
			12,70

Mit $1/\beta_1$ = 92 und $1/\beta_2$ = 16 m²h Pa/kg wäre dann mit $1/\delta_L = 1,5 \cdot 10^6$ m h Pa/kg

$$1/k_D = 1/\beta_1 + 1,5 \cdot 10^6 \cdot 12,70 + 1/\beta_2 \text{ in m}^2\text{h Pa/kg}$$
$$= 92 + 19,05 \cdot 10^6 + 16$$
$$\hat{=} 19,05 \cdot 10^6 \text{ m}^2\text{h Pa/kg}$$

Der geringe Beitrag der beiden 1/ß-Werte hätte darin offensichtlich vernachlässigt werden können. Eine Berechnung der durch einen Bauteil hindurchdiffundierenden Wasserdampfmenge kann sich demnach auf den Durchlaßwiderstand der Schichten beschränken, wobei die Dampfstromdichte i anschaulichkeitshalber in g/m²h ausgewiesen wird.

$$i = k_D\,(p_{1L} - p_{2L}) \qquad \text{in kg/m}^2\text{h} \tag{94}$$

und

$$i = \frac{p_{1L} - p_{2L}}{1{,}5 \sum \mu_i\, s_i} \cdot 10^{-3} \qquad \text{in g/m}^2\text{h} \tag{95}$$

Durch Multiplikation mit der zu erwartenden Stundenzahl eines Kondensations- oder Austrocknungszeitraumes kann der mögliche Kondenswasseranfall in g/m² umgerechnet werden.

Die einzusetzenden Zeiträume wurden von Eichler /27/ auch ins einzelne gehend ermittelt. In den meisten Fällen der Praxis reicht es aus, wenn für die kalte und warme Jahreszeit folgende Werte für eine Tauwasserüberprüfungsrechnung angenommen werden, die auch dem Entwurf der DIN 4108 Teil 5 (Oktober 1979) zugrunde liegen:

Periode (Jahreszeit)	Tauperiode (Winter)	Verdunstungsperiode (Sommer)
Tage	60	90
Stunden	1440	2160
Wände und Flachdächer		
Lufttemperatur in °C	+ 20	+ 12
Dampfsättigungsdruck in Pa	2340	1403
relative Luftfeuchtigkeit in %	50	70
Dampfteildruck in Pa	1170	982
Lufttemperatur in °C	- 10	+ 12
Dampfsättigungsdruck in Pa	260	1403
relative Luftfeuchtigkeit in %	80	70
Dampfteildruck in Pa	208	982

Der verwendete Reziprokwert der Dampfleitzahl der Luft δ_L (kg/mh Pa) ist nach der Schirmerschen Formel vom Luftdruck und der Lufttemperatur abhängig. Er wurde aber gemäß dem Entwurf der DIN 4108 (Oktober 1979) Teil 5 Abschnitt 10.1.1 mit $1{,}5 \cdot 10^6$ eingesetzt und nicht genauer aus der Gleichung (91) berechnet. Gemäß dem DIN-E 4108-Vorschlag hat es sich bewährt, den auf der sicheren Seite liegenden δ L-Wert

$$1{,}5 \cdot 10^6 \text{ in m h Pa/kg}$$

als Konstante anzusehen. Auch die gleichfalls vorhandene Feuchtigkeitsabhängigkeit der Dampfstromdichte wird vernachlässigt.

In diesem Zusammenhang soll darauf hingewiesen werden, daß die Genauigkeit eines derartigen Berechnungsverfahrens nicht überschätzt werden darf. Die nur langsam verlaufende Wasserdampfwanderung berücksichtigt nämlich nicht die täglichen Temperaturschwankungen. Die Temperaturspitzen werden daher umso weniger von Einfluß sein, je dicker die betroffene Bauteilschicht ist.

Für diffusionstechnische Berechnungen können Mittelwerte der zu erwartenden Temperaturen für Sommer oder Winter zugrunde gelegt werden. Es sind auch nur Wasserbewegungen in Dampfform von der Rechnung erfaßt. Kapillare Bewegungen bleiben außer Betracht, denn sie sind nur bei extremen Beanspruchungen zu erwarten. Flüssiges Wasser kann sich dann durch kapillare Saugwirkung auch entgegen dem Temperaturgefälle (zur warmen Seite hin) ausbreiten. Wenn es bis an die Oberfläche vordringt, wird es zu früherer Austrocknung beitragen.

Wie im Laboratorium bei der Messung der diffusionsäquivalenten Luftschichten tritt auch im Bauwerk ein stationärer Wasserdampfstrom in einer Stoffschicht erst nach einiger Zeit ein. Die in der Rechnung eingesetzten Werte gelten genau genommen für den stationären Fall bei gleichbleibender Temperatur an beiden Wandoberflächen, was im Bauwerk kaum jemals der Fall ist. Eine bereits teilweise durchfeuchtete Wand nimmt durch Diffusion mehr Feuchtigkeit je Zeiteinheit auf als eine noch trockene.

Was das Formale betrifft, so sind die Bezeichnungsweisen zur Zeit noch nicht ganz einheitlich. In der gültigen Ausgabe der DIN 4108 (August 1969) wird beispielsweise die Wärmeleitfähigkeit mit der Wärmeleitzahl gekennzeichnet und die nach der DIN 5485 "Wortzusammensetzungen" richtige Bezeichnung Wärmeleitkoeffizient ist nur in Klammern beigefügt. Analog wurde daher in diesem Abschnitt auch der Dampfleitkoeffizient mit Dampfleitzahl bezeichnet. Der Entwurf DIN E 4108 (Oktober 1979) bezeichnet aber in allen Teilen den Rechenwert λ einheitlich mit Wärmeleitfähigkeit. Es bleibt abzuwarten, was sich in Zukunft allgemein durchsetzen wird.

Die keineswegs bereits zum Stillstand gekommene Entwicklung in der Anwendung von Wandbaustoffen und Deckschichten (Kunststoffspachtelungen oder -anstriche z. B.) läßt manchmal die Nachprüfung des Dampfdiffusionsverhaltens im Versuch geraten erscheinen. Die DIN 52615 Blatt 1 sieht im Abschnitt 4.2 dafür zweierlei Versuchsbedingungen vor, unter denen sowohl das Verhalten im Trockenbereich (Gefälle der relativen Luftfeuchtigkeit zwischen den Probenoberflächen 0 bis 3 % und 47 bis 53 %) als auch zur Beurteilung der Feuchtigkeitsabhängigkeit im Feuchtigkeitsbereich

(47 bis 53 % und 90 bis 95 %) gekennzeichnet werden soll. Die mindestens 50 cm² großen runden Prüfflächen der Proben bilden im Versuch die Wand eines dichtabgeschlossenen Gefäßes, in dem sich als Sorbentien Calziumchlorid (0 % relative Luftfeuchtigkeit), Natriumdichromat (52 %) oder Ammoniumdihydrogenphosphat (93 %) befinden. In einem Klimaraum geregelter Luftfeuchtigkeit und Temperatur stellt sich ein stationärer Wasserdampf-Diffusionsstrom ein, aus dessen gravimetrischer Erfassung die diffusionsäquivalente Luftschichtdicke

$$s_d = \delta_L A \cdot \frac{p_1 - p_2}{I} - s_L \quad \text{in m} \tag{96}$$

errechnet werden kann.

Darin bedeuten

δ_L ... Diffusionsleitzahl von Wasserdampf in Luft (kg/m h Pa)

A ... mittlere Prüffläche der Probe in m²

p_1, p_2 ... Wasserdampfteildrücke an den Probenoberflächen in Pa

I ... im Beharrungszustand durch die Probe diffundierender Wasserdampfdiffusionsstrom in kg/h

s_L ... mittlere Dicke der Luftschicht im Prüfgefäß unterhalb der Probe in m

Die Diffusionswiderstandszahl μ, die bei homogenen Stoffen anzugeben sinnvoll ist, ergibt sich bei einer Probendicke s (m) mit

$$\mu = \frac{1}{s}\left(\delta_L A \cdot \frac{p_1 - p_2}{I} - s_L\right) \tag{97}$$

bei Proben mit s_d größer als 1 m wird s_L in der Regel vernachlässigbar klein sein.

Die Diffusionsleitzahl von Wasserdampf in Luft δ_L, die von Luftdruck und Temperatur nach Gleichung (91) abhängig ist, kann auch aus dem Schaubild Nr. 2 der DIN 52615 Blatt 1 entnommen werden.

Nach Klärung der physikalischen Zusammenhänge soll nun auf die Bedingungen eingegangen werden, unter denen eine Durchfeuchtung von Bauteilen durch Kapillarkondensation eintritt. Sie ist vom ausreichend lange wirksamen Dampfdruckgefälle in der kalten Jahreszeit oder von besonderen Betriebsverhältnissen des Innenraumes (z. B. bei Kühlräumen) abhängig. Wie bereits erwähnt, wandert der Dampfstrom von der wärmeren zur kälteren Seite hin und kann, sobald an einer Stelle der Wand oder der Dachdecke der Dampfteildruck den Sättigungsdruck erreicht, zu Kondenswasserbildung führen. Tritt dies bereits an einer Oberfläche ein, so spricht man von Tauwasserbildung. Beide Bezeichnungen werden jedoch als gleichwertig angesehen.

Neben Kapillarkondensation können aber auch Kapillarität oder Risse zu einer Durchfeuchtung im Inneren einer Wand oder Decke führen und in gleichem Ausmaß zur Ursache eines Bauschadens werden. Diese beiden letzten Schadensursachen sind aber an ein Angebot von tropfbar flüssigem Wasser gebunden und somit augenfällig. Die Kapillarkondensation tritt im Inneren eines Bauteils dagegen völlig unvermittelt auf. Die sichtbaren Oberflächen bleiben zunächst noch augenscheinlich trocken. Der Feuchtigkeitsanfall entsteht aus der eingedrungenen feuchten Luft, da diese im Inneren unter ihren Taupunkt abgekühlt worden ist. Eine Vorausberechnung, ob eine Durchfeuchtung eintritt und wie sich diese in der warmen Jahreszeit (Verdunstungsperiode) wieder vermindert, war daher geboten.

Aufgrund des nach DIN 4108 errechneten Temperaturverlaufes war der Dampfteildruck in den einzelnen Kontaktebenen der Wandschichten aus den Dampfdurchlaßwiderständen der einzelnen Schichten zu berechnen und die so erhaltenen Punkte waren gerade zu verbinden (Abb. 18). Die diesem ersten Näherungsverfahren zugrunde liegende Annahme entsprach deshalb nicht der Wirklichkeit, weil sie nicht die veränderte Dampfdiffusionsstromdichte berücksichtigte, wie sie durch ausfallendes Kondenswasser hervorgerufen wird. Man begnügte sich jedoch zunächst mit der Feststellung, ob die den örtlichen Temperaturen entsprechende ebenfalls eingezeichnete gekrümmte Sättigungslinie des Wasserdampfes an einer oder mehreren Stellen von der Dampfdrucklinie geschnitten wurde. In diesem Fall war nämlich eine Durchfeuchtung zu erwarten. Ein höherer Dampfteildruck als der Sättigungsdruck konnte physikalisch gar nicht eintreten und ein Ausfallen von Kondenswasser an dieser Stelle ist somit die zwangsläufige Folge.

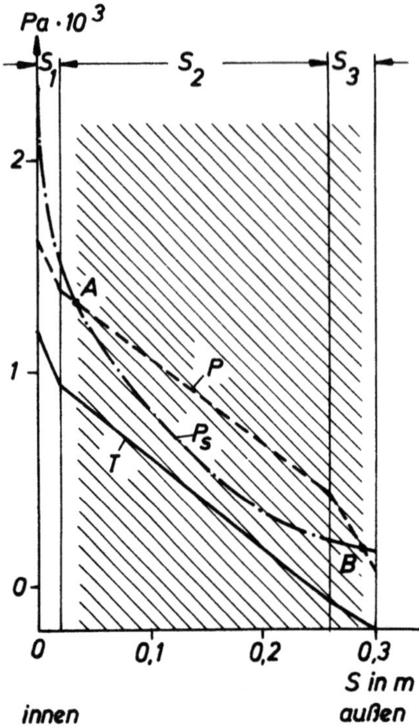

Abb. 18. Überholtes Verfahren zur Ermittlung der Durchfeuchtungsgrenzen A und B

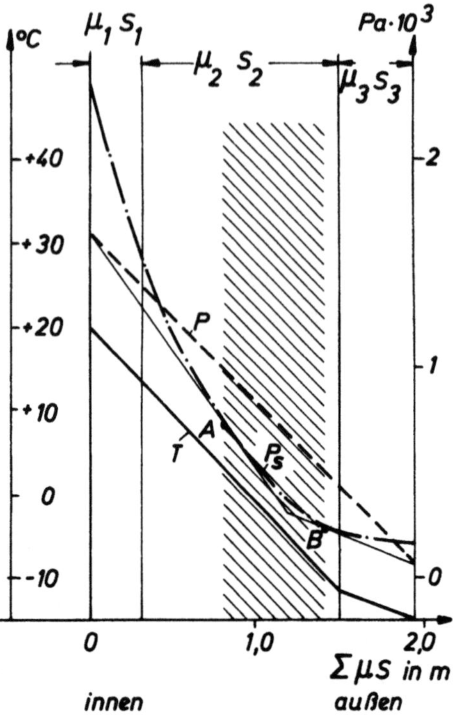

Abb. 19. Neues Verfahren nach DIN 4108 Teil 5

Bald gab man sich jedoch mit dieser sehr vereinfachenden Beurteilungsweise nicht zufrieden, denn sie führt in manchen Fällen zur Überschätzung des Durchfeuchtungsbereiches und berücksichtigte vor allem nicht das Wiederherausverdunsten von Teilen des entstandenen Kondenswassers in der warmen Jahreszeit. Von Glaser /28/ wurde, auf dem bis dahin üblichen Berechnungsverfahren /29/ aufbauend, eine verbesserte und wirklichkeitsgetreuere Erfassung des Feuchtigkeitsverhaltens von Bauteilen vorgeschlagen, die in der Fachwelt rasch größere Verbreitung erfuhr und auch dem Entwurf (Oktober 1979) der DIN 4108 Teil 5 zugrunde gelegt wurde. Gleichzeitig erkannte man bei der zeichnerischen Darstellung des Feuchtigkeitsgefälles eines Querschnittes analog zur Temperaturverteilungsermittlung als vorteilhaft, in waagerechter Richtung nicht die Schichtdicken, sondern die äquivalenten Luftschichtdicken aneinandergereiht aufzutragen (Abb. 19). Senkrecht war dabei je ein Maßstab für die Temperatur (C°) und den Dampfdruck (Pa) zu wählen.

Der Sättigungsdruck wird, entsprechend der in den einzelnen Schichten linear verlaufenden Temperatur, aus der Anlage 2 entnommen und als gekrümmte Linie eingezeichnet. Der Entwurf DIN 4108 Teil 5 läßt auch eine Berechnung aus der Gleichung

$$p = a \left(b + \frac{T}{100} \right)^n \quad \text{in Pa} \tag{98}$$

zu. Darin sind die Konstanten wie folgt einzusetzen:

Zwischen T = 0 °C bis 30 °C:
a = 288,68 Pa
b = 1,098
n = 8,02
Zwischen T = - 20 °C bis 0 °C
a = 4,689 Pa
b = 1,486
n = 12,30

Die Dampfteildrücke erscheinen in dieser Darstellungsweise als (gestrichelte) Gerade, deren Neigung der Dampfdiffusionsstromdichte

$$i = \frac{p_1 - p_2}{1/\Delta} \quad \text{in kg/m}^2\text{h} \tag{99}$$

entspricht.

Der Dampfdruck folgt im Durchfeuchtungsbereich der Sättigungslinie. Eine nennenswerte Abweichung vom Sättigungsdruck innerhalb einer zum Teil mit Wasser gefüllten Kapillare ist nämlich nicht denkbar. Die Dampfteildrucklinie wird daher soweit in ihrer Neigung verändert, daß sie von beiden Seiten kommend die Sättigungslinie berührt. Die Berührungspunkte sind jetzt gleichzeitig die Grenzpunkte beginnender Durchfeuchtung.

Die Dampfdrücke an den Oberflächen der Schicht bleiben dabei unverändert. Der Verlauf darf bei Berührung mit der Sättigungslinie keinen Knickpunkt aufweisen, weil dies einer plötzlichen Veränderung der Dampfstromdichte entspräche, die jeweils der Neigung der Linie verhältnisgleich ist. Ohne Kondensation wäre dies nicht möglich. Senken oder Quellen sind voraussetzungsgemäß nicht vorhanden. Daraus ergibt sich für den nicht durchfeuchteten Bereich ein Dampfteildruckverlauf, der mit der Tangente an die Sättigungslinie zusammenfällt.

Durch diese Erkenntnis läßt sich ein im Winter oder durch extremes Innenklima zur Durchfeuchtung neigender Querschnitt in drei Bereiche teilen: Der mittlere durchfeuchtete Bereich wird als gesättigt und daher für Wasser in Dampfform als undurchdringbar angesehen. Er kann auch zu einer Ebene degeneriert sein. Die beiden von Kondenswasserbildung nicht betroffenen Bereiche zwischen der Durchfeuchtungszone und der jeweiligen Bauteiloberfläche sorgen auf der Seite mit hohem Dampfteildruck für die Wasserzufuhr, auf der anderen Seite für das Austrocknen des gebildeten Kondenswassers. Der Unterschied der beiden Dampfdiffusionsstromdichten

$$i_1 - i_2 = (p_1 - p_A)\,\Delta_A - (p_B - p_2)\,\Delta_B \qquad \text{in } kg/m^2h \qquad (100)$$

ist nach Gleichung (100) die im Bauteil verbleibende Wassermenge (kg/m^2), die eine Durchfeuchtung verursacht.

Kondenswasser bewirkt, an die Oberfläche gedrungen, nicht nur stellenweise feuchte Flecken, die zur Schimmelbildung Anlaß geben, es vermindert im Querschnitt auch den Wärmedurchlaßwiderstand eines Bauteiles, setzt dadurch die Behaglichkeit im Raum herab und die Heizungsenergiekosten hinauf. Aus diesem Grund neigte man anfangs dazu, überhaupt jedwede Kondenswasserbildung zu verurteilen und den Querschnittsaufbau (Dampfsperre, Schichtenfolge und -dicken) entsprechend zu wählen. Nach einigen Erfahrungen ist man aber heute der Ansicht, daß eine Durchfeuchtung im Winter, wenn sie in der warmen Jahreszeit mit Sicherheit wieder heraustrocknen kann, aus wirtschaftlichen Gründen in Kauf zu nehmen ist. Hierzu stehen im Sommer drei Monate, im Winter zwei zur Verfügung. Die errechenbaren Dampfdiffusionsstromdichten gestatten eine entsprechende Überprüfung. Temperaturen und relative Luftfeuchtigkeiten sind bei der Berechnung als Mittelwerte der betreffenden Jahreszeit entsprechend zu wählen /30/.

Manche Fachleute gaben aufgrund ihrer Erfahrungen Richtwerte für den höchstzulässigen Kondenswasseranfall an, die zwischen

1 und 2 g/m²h lagen. In Wänden sollte die Durchfeuchtung auf 0,5 kg/m² und in Warmdächern auf 0,01 kg/m² begrenzt werden. Begründbarer wurden auch zulässige größte Feuchtigkeitswerte in Masseprozenten als Grenzwerte genannt /31/, die einschließlich der bereits vorher vorhandenen (rechnerischen) Feuchtigkeitsgehalte in den betreffenden Baustoffen erreicht werden durften. Mit zunehmender Rohdichte nehmen diese Werte z. B. bei Beton zu, bei Schaumstoffen ab.

Baustoff	Masse-Prozente
Ziegel	2,0 ... 2,5
Hochlochziegel	2,4 ... 2,8
Beton	1,7 ... 2,5
Gas- und Schaumbeton	6,5 ... 8,0
Porenbeton	6,0
Außenputze	
MG II	2,8
MG III	2,5
Innenputz	
MG II	3,0
MG IVa	4,0
MG IVc	4,0
Holz	
Holzwolle-Leichtbauplatten	8,0
Holzfaserplatten	12,0
Mineralfasermatten	5,0
Schaumpolystyrol	11 ... 20
Schaumpolyurethan	20
Schaumpolyvinylchlorid	5,0
Schaum-Harnstoff-Formaldehyd	8 ... 20

Bei allen Berechnungen dieser Art sollte nicht vergessen werden, daß neben den baustofflichen Ungleichmäßigkeiten und Bauausführungsunzulänglichkeiten auch verschiedene Vereinfachungen gemacht wurden, die dem Ergebnis nur den Rang eines Richt- oder Grenzwertes geben:

Die kapillare Feuchtigkeitsbildung und der Einfluß des bereits durch Kapillarkondensation ausgeschiedenen Wassers blieb außer Betracht,

die Wärme- und Dampfleitzahlen wurden als unveränderlich betrachtet und

die mit der Kondensation verbundene Veränderung des Wärmehaushaltes vom Bauteil und seine Auswirkung auf den Dampfdruck und die Temperatur wurde als vernachlässigbar klein betrachtet.

Unberücksichtigte Einflüsse dieser Art bewirken aber meist Fehler, die das Ergebnis erfreulicherweise zur sicheren Seite hin verschieben.

Für die Einschätzung der verbleibenden Feuchtigkeit bzw. den Nachweis, daß ein Austrocknen zu erwarten ist, gibt es sowohl im Versuch gemessene Richtwerte als auch ein Schaubild (Abb. 20), in dem neben der Temperatur und der relativen Luftfeuchtigkeit auch die Windgeschwindigkeit als Parameter berücksichtigt wird. Für das Wärmedämmgebiet II (DIN 4108) gibt Cammerer /32/ an Wandflächen folgende Wasserverdunstungen in den einzelnen Monaten in kg/m²Monat an:

Januar 3,0	Juli 27,6
Februar 3,3	August 22,6
März 8,8	September 15,2
April 15,2	Oktober 9,4
Mai 21,7	November 5,0
Juni 26,5	Dezember 3,3

Der Trocknungsverlauf an einer Oberfläche eines kapillarporösen Baustoffes unter gleichbleibenden Trocknungsbedingungen wurde von Krischer /33/ ausführlich untersucht. Er ist durch zwei Trocknungsabschnitte (I und II) gekennzeichnet, die über einen mehr oder weniger ausgeprägten Knickpunkt in Verbindung stehen (Abb. 21). Im ersten Abschnitt findet ein Verdunsten nur an der Oberfläche statt und der Feuchtigkeitsnachschub erfolgt durch den kapillaren Flüssigkeitstransport. Dieser reicht eine zeit-

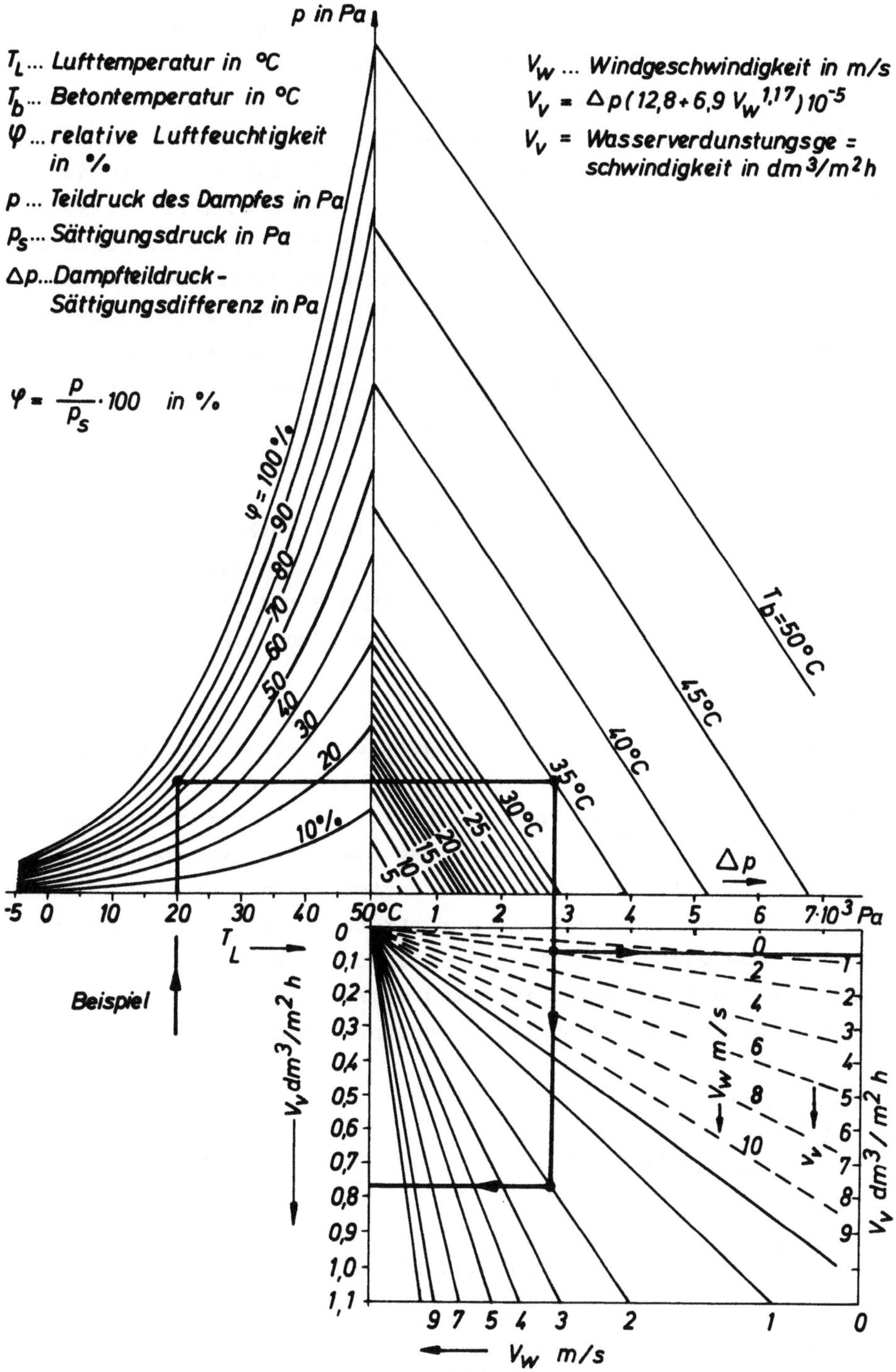

Abb. 20. Wasserverdunstung an Betonoberflächen (nach Lerch)

lang aus, den Feuchtigkeitsbedarf an der Oberfläche zu decken, wobei die Feuchtigkeitsabgabe weitgehend von den gleichbleibenden äußeren Stoffübergangsbedingungen bestimmt ist.
Der zweite Trocknungsabschnitt (II) beginnt, wenn der Feuchtigkeits-Nachschub aus dem Inneren nicht mehr ganz ausreichend ist. Der Verdunstungsspiegel verlagert sich dann immer mehr in das Baustoffinnere. An der Oberfläche herrscht nicht mehr der zu der dort vorhandenen Temperatur gehörende Sättigungsdruck. Statt der äußeren Stoffübergangsbedingungen bestimmen jetzt die stoffeigene Kapillarleitfähigkeit und das Dampfdiffusionsverhalten den Trocknungsverlauf. Nach Entleeren der größeren Poren geht die Austrocknung der kleineren Poren je nach Durchmesser immer langsamer vor sich, bis das hygroskopische Gleichgewicht schließlich annähernd erreicht ist.

Berücksichtigt man die damit im Endverlauf verbundenen Raumänderungen, so wird ein Verkrümmen ursprünglich gerader Bauteile wegen der Asymmetrie dieses Austrocknungsvorganges zu erwarten sein. Bei Behinderung kommt es zur Ausbildung eines Eigenspannungszustandes.

Man könnte der Meinung sein, die genaue Erfassung des Kondenswasseranfalls sei in Anbetracht der zahlreichen nur ungenau zu ermittelnden Einflußgrößen überflüssig, weil nicht handhabbar. Für die Bemessung von Fugen wird man zweifellos von den auf der sicheren Seite liegenden extremen Werten ausgehen können. Anders ist es aber bei der Erklärung aufgetretener Riß- und Zwängungsschäden, die einer genauen rechnerischen Abschätzung des im betreffenden Fall möglichen Feuchtigkeitsanfalles und damit der dadurch entstandenen Feuchtigkeitsdehnung bedürfen.

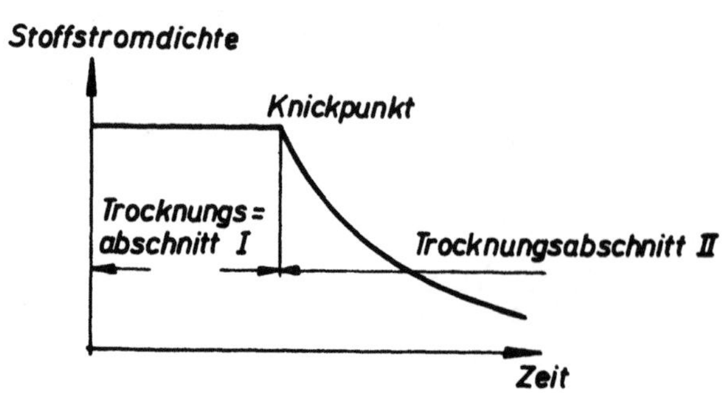

Abb. 21. Trocknungsverlauf bei porigen Stoffen

4. Risse

Risse haben Dehnungen oder Winkeländerungen zur Voraussetzung, die dem Baustoff durch aktive Kräfte (Lasten und Eigengewichte) oder aber durch behinderte Rauminhaltsänderungen aufgezwungen werden. Rauminhaltsänderungen, die sich ohne Zwänge abspielen, führen nicht zu Rissen, sondern nur zu Bewegungen an Kanten und Fugenrändern, die auch von verschlossenen Fugen schadensfrei aufgenommen werden müssen.

Da allseitiger Druck, der einem hydrostatischen Spannungszustand entspricht, erfahrungsgemäß zu keinen Rissen führt, ist das Vorhandensein positiver Dehnungen, durch die die Kohäsion eines Baustoffes überwunden wird, eine Voraussetzung für das Entstehen von Rissen. Bei reiner Schubbeanspruchung gilt diese Überlegung ebenso, denn - wie im Mohrschen Spannungskreis anschaulich darstellbar - entspricht im ebenen und räumlichen Spannungszustand auch reiner Schub einer Normalspannungsbeanspruchung, die in einer um 45° verdrehten Schnittführung positive und negative Hauptspannungen aufweist (Abb. 22). Auch hierbei wird bei Überbeanspruchung ein Trennbruch, etwa im rechten Winkel zur Zugbeanspruchung verlaufend, entstehen. Auf Verdrehung beanspruchte Stahlbetonprismen weisen demnach auf gegenüberliegenden Seitenflächen unter 45° geneigte Schubrisse auf, deren Gefälle in entgegengesetzter Richtung verläuft. Für bautechnische Betrachtungen ist die Unterstellung eines ebenen Spannungszustandes meist ausreichend.

Der Anteil jener Risse, die zwangsläufig und unmittelbar darauffolgend zu einer Zerstörung eines Bauteils oder Bauwerkes führen, ist gering. Trotzdem wird diese Schadensform von der Allgemeinheit schlichtweg für den Beginn zur Zerstörung führender Mängel gehalten und vom Bauherrn meist ungeprüft als erheblicher Mangel empfunden. Der Fachmann weiß aber, daß es bei Bauwerken aus

Stahlbeton nur eine Frage des ausreichend sorgfältigen Suchens ist, Risse zu entdecken. Er wünscht sich daher einen zuverlässigen Maßstab, der die Gefährlichkeit eines Risses ermessensfrei einzuschätzen gestattet. Dazu gehört vor allem der unanfechtbare Ursachennachweis. Nur dann kann entschieden werden, ob Risse wirklich den Beginn einer Minderung der Gebrauchsfähigkeit darstellen, zu einem kaum zu vermeidenden Dauerschaden werden, leicht beseitigbar oder das Bauwerk nur in ästhetischer Hinsicht unansehnlicher machen und dann unter Umständen in Kauf zu nehmen sind.

Die Rißursachenermittlung wird um so verläßlicher, je mehr Informationsmöglichkeiten über Rißaussehen und -verhalten ausgeschöpft werden. Davon ist aber bisher nur in beschränktem Umfang Gebrauch gemacht worden /34/ /35/: Nicht unerwähnt darf die im Zusammenhang mit Rissen noch manchmal im argen liegende verwendete Bezeichnungsweise bleiben. Veraltete, mißverständliche oder anderwärts vergebene Begriffe, wie Schwundriß, Armierung und Reißfestigkeit sterben anscheinend nur sehr langsam aus.

4.1. Rißursachen

Beanspruchungen, die sich aus einem Eigenspannungszustand ergeben, sind durch die übliche statische Berechnung eines Bauwerkes nicht erfaßt. Ein Versagen des Baustoffes kann daher in manchen Fällen auch dann eintreten, wenn die Standsicherheit rechnerisch gewährleistet ist. Eigenspannungen, deren Resultierende keine nach außen wirkende Kraft ergeben, wirken sich zwar auf die Standsicherheit weit weniger aus als lastabhängige Spannungen, sie können aber zu Rissen führen.

Zwänge entstehen auch durch den Bauteil selbst, wenn die Temperatur- oder Feuchtigkeitsverteilung in ihm ungleichmäßig ist. Die damit meist einhergehende Verkrümmung führt bei formschlüssigem Einbau ebenfalls zu Spannungen.

Die Erfassung und Berücksichtigung von derartigen Eigenspannungen wird durch mehrere Umstände erheblich erschwert:

Die Temperatur und der Feuchtigkeitsgehalt des Bauteiles ist im voraus meist nicht genau bekannt, der zeitliche Verlauf schwer erfaßbar.

Die Einbautemperatur und -feuchtigkeit wird durch Maßnahmen bestimmt, die kaum vorhersehbar und praktisch nicht zu gewährleisten sind.

Die Baustoffeigenschaften (Temperatur- und Feuchtigkeitsverhalten, Elastizitätsmodul, Kriechen) können auch bei sorgfältigster Bauausführung in beachtlichen Bereichen schwanken.

Die Temperatur- und Feuchtigkeitsgrenzen während der Baunutzung werden meist nicht gewährleistbar sein.

Allem überlagert sich noch die Ungewißheit über den Grad der Behinderung. Er hängt von der Steifigkeit der zwängenden Nachbarbauteile ab und wird mit der Zeit durch das Relaxationsverhalten des Baustoffes in meist unbekanntem Ausmaß zum Teil wieder abgebaut. Auch die Temperatur- und Feuchtigkeitsverhältnisse angrenzender Bauteile spielen bei der Behinderung mit eine Rolle. Nicht zuletzt ist es der nur sehr unsicher einschätzbare zeitliche Ablauf, der zu einer wesentlichen Erschwernis der rechnerischen Erfassung beiträgt.

Daß trotz aller dieser zahlreichen Vorbehalte überhaupt noch eine rechnerische Behandlung sinnvoll bleibt, beruht auf der Möglichkeit, Grenzwerte der Verformungen oder Zwängsspannungen zu ermitteln, die mit Sicherheit von den wirklich auftretenden nicht überschritten werden. Wie die Erfahrungen bestätigen, sind Verformungen aus verschiedenen Ursachen getrennt untersuchbar. Sie können dann, ausreichend genau der Wirklichkeit entsprechend, meist als gemeinsam wirkend rechnerisch überlagert werden.

Alle abklingenden Verformungen und Zwängsspannungen, die ihre Ursache im Schwinden bzw. Relaxieren haben, werden im wesentlichen nach zwei Jahren bedeutungslos, in der Regel nach vier Jahren beendet sein. Dann sind der Einfluß ständig wirkender Lasten, alle baubedingten Austrocknungsvorgänge und Temperaturunterschiede weitgehend stationär geworden oder abgeklungen.

Überlegungsgemäß kann die mittlere Temperatur der Teile eines

Bauwerkes, die im Sommer und Winter verschieden sein wird, auf Zwängungen nur sehr geringen Einfluß haben. Diese ergeben sich vorwiegend aus Temperaturunterschieden, die sich in und zwischen den einzelnen Bauteilen einstellen. In gleicher Weise gilt dies für die mittlere Feuchtigkeitsdehnung der Bauteile. Dies wirkt sich im Sinne einer Verminderung der Zwängsspannungen aus, da nicht alle Feuchtigkeits- und Temperaturverformungen in voller Größe behindert werden müssen, sondern nur der jeweils unterschiedliche Anteil.

Zwängs- und Lastspannungen, die zusammenwirken und von gleicher Größenordnung sein können, werden nach dem üblichen Sprachgebrauch für das Entstehen von Rissen als verantwortlich angesehen. Genaugenommen sind aber Zwängsspannungen als die Folge von Verformungen anzusehen. Maßgebend für die Rißgefahr ist nur der Grad der Behinderung, der zur Unterdrückung der im frei verformbar gedachten Bauteil auftretenden Längenänderungen erforderlich wird. Zur rechnerischen Erfassung werden zunächst Raum- und Längenänderungen aneinandergrenzender Bauteile bei freier Beweglichkeit ermittelt. Dann ist zu untersuchen, welche Spannungen zur Unterdrückung der in der Verbundfläche auftretenden Verformungsunterschiede erforderlich werden.

Bedenken, ob derartige Nachrechnungen, die sich weitgehend vereinfachender Annahmen bedienen, überhaupt sinnvoll seien, kann man entgegenhalten, daß es sich auch bei allen anderen Berechnungen, an deren Zuverlässigkeit man sich schon gewöhnt hat, in Wirklichkeit nur um die Ermittlung von Grenzzuständen handelt, die mit einiger Sicherheit nicht erreicht werden sollen. Die wahren Spannungen sind praktisch nie berechenbar, weil zu viele in ihrer Größe nicht ausreichend abgrenzbare Einflüsse mitwirken.

Beobachtete Rißformen werden üblicherweise nur dem Aussehen nach einer Entstehungsursache zugeordnet, wobei diese Verfahrensweise in zahlreichen Fällen versagt. Man spricht z. B. von Setzungsrissen, Spannungsrissen oder Temperaturrissen, obwohl alle drei Arten genaugenommen auf die Überforderung des örtlich vorhandenen Dehnvermögens zurückzuführen sind, wodurch die Baustoffkohäsion überwunden wurde. Ungleiche Ursachen führen oft zu gleichen Schadensbildern. Ohne Kenntnis näherer Umstände, wie der Baustoff-

art, der Bodenverhältnisse, Temperatur- und Feuchtigkeitsbeanspruchung sowie der Belastung und des zeitlichen Bauablaufes kann eine verläßliche Zuordnung oft gar nicht stattfinden.
Im folgenden sollen die möglichen Rißursachen behandelt und die daraus entstehenden Schadensbilder beschrieben werden.

4.1.1. Temperaturänderung

Unvermeidbare Temperaturänderungen treten in Bauwerken durch die Witterung (Sonnenanstrahlung, Luft, Niederschläge, Wind, Frost), chemische Beanspruchung (Hydratation, Tausalze), durch die Nutzung (Heizung), sowie fallweise durch Brandeinwirkung auf.

Spannungen, die in Bauteilen infolge von einseitiger Erwärmung durch die Witterung z. B. in Fassadenbekleidungen oder mehrschichtigen Wandelementen entstehen und durch die der Verbund, weil Risse oder Hohlstellen auftreten, zerstört werden kann, sind heute dank der zur Verfügung stehenden leistungsfähigen Rechenanlagen weitgehend erfaßbar /36/. Es sind jedoch immer vereinfachende Annahmen erforderlich, und das Ergebnis kann daher die tatsächliche Beanspruchung nur qualitativ abdecken. Für die praktische Beurteilung dürfen weitere Einflußgrößen nicht außer acht bleiben. Dazu gehören der Mikro- und Makroverbund an der Haftfläche, der Einfluß von Kristallisations- oder Eisdruck bei wiederholter Durchfeuchtung und Durchfrostung sowie die vielgestaltigen Abweichungen von der einer Rechnung meist zugrunde gelegten vereinfachten Gestalt. Öffnungen, Durchdringungen oder ungewollte Behinderungen geben manchmal den Ausschlag für einen Schadenseintritt, und die Berechnung erspart daher keinesfalls jedwedes handwerkliche Können und vorausschauendes Überlegen bei der Bauausführung.

Ein großer Anteil temperaturbedingter Schäden entfällt auf "schiebende" Dachdecken. Eine nicht ausreichend gedämmte Betondachdecke ändert sehr rasch und in großem Ausmaß bei Erwärmung und Abkühlung ihre Abmessungen. Da sie auf den Außenwänden ruht und die Verschiebungswege an ihren Rändern am größten werden, muß sie entweder gleiten oder die auf Biegung beanspruchten Wände mitnehmen können. Wegen der meist geschlossenen Grundrißform kann dies nicht ohne Risse ablaufen. Gefährdet sind dann vor allem die Gebäudeecken und die schubschwächsten Lagerfugen von Mauerwerk, in denen waagerechte Risse an den Wandenden beginnend entstehen (Abb. 28 i). Durch Kippen treten auch andere waagerechte Risse auf, die nicht über die ganze Wanddicke gleich breit durchgehend sind. Nur eine ausreichende Wärmedämmung der Decke oder ein Ringbalken mit verschiebbarer Deckenlagerung kann dies verhindern (Abb. 28 j).

Die Vornorm DIN 18530 schreibt für den rechnerischen Nachweis der Verträglichkeit von Decke und Wänden vor, daß diese bei Verkürzung einen Dehungsunterschied von höchstens 0,4 mm/m, bei Verlängerung von nur 0,2 mm/m aufweisen dürfen. Die Schiefstellung einer 3,5 m geschoßhohen Wand darf einen Verschiebewinkel von - 1/2500 bis + 1/2500 nicht überschreiten (Abschnitt 4.3). Bei der Errechnung des Deckenweges ist zu beachten, daß er sich am Rand nicht immer aus der halben Deckenlänge ergibt. Ein harter Kern (z. B. ein Aufzugsschacht) kann die Deckenplatte auch an einem außermittig liegenden Punkt festhalten.

Größere Temperaturunterschiede in einem Bauteil ergeben sich oft auch bei auskragender Gestaltung. Balkone, Attiken und vorspringende Dachdecken werden auch dann, wenn sie allseitig in Wärmedämmschichten eingepackt werden, im Winter eine wesentlich niedrigere Temperatur aufweisen. Dämmschichten wirken nur verzögernd und nicht erwärmend. Von außen in raumumschließende Decken oder Wände einmündend, wird die Wärmedämmung derartiger Bauteile nur dadurch sinnvoll, daß Wärmebrücken vermieden sind und die Wirkung als Kühlrippe zumindestens stark vermindert worden ist. Dehnungsfugen sind bei größeren Längen unerläßlich.

Bei kleinen Auskragungen von Dachdecken, die nicht die doppelte Deckendicke überschreiten, empfiehlt die Vornorm DIN 18530 in Abschnitt 4.1 nur die übliche konstruktive Bewehrung zur Rißbreitenbeschränkung. Bei größeren Auskragungen kommen neben einer Zusatzbewehrung, die die Rißbreiten auf 0,2 mm begrenzt, bereits Dehnungsfugen in Frage, deren Abstand die doppelte Auskragung nicht überschreiten soll. Attiken sind nach den gleichen Überlegungen mit Fugen auszubilden. Für Balkonbrüstungen werden in der Fachliteratur /37/ ebenso wie für andere Bauteile die folgenden Fugenabstände empfohlen. Sie sollten insbesondere dann, wenn durch Süd- oder Westlage mit größeren Temperaturschwankungen zu rechnen ist, möglichst unterschritten werden. Das verläßliche Offenbleiben der Fugenräume muß in jedem Fall als Voraussetzung für Schadensfreiheit gewährleistet sein.

Bauteil	Mittlerer Abstand in m
Vollziegelwände im Wohnungsbau	25 bis 60
Leichtbetonstein-Mauerwerk	17 bis 25
Stahlbetonkonstruktion und Hallen in Betonskelettbau	25 bis 30
Montagehallen und Werkstätten in Stahlbau	bis 100
Hallenbäder, Beckenanlagen ständig gefüllt	keine Forderung
Wasser-, Absetz-, Schwimmbecken im Freien	bis 15
Stützmauern aus Beton	bis 10
Massive Flachdächer auf Leichtbetonwänden	10 bis 12
Massive Flachdächer auf Ziegelmauerwerk	12 bis 15
Terrassendächer frei liegend	15 bis 20
Terrassendächer mit Wärmedämmung	bis 10
Gefällebeton	4 bis 6
Glasstahlbetonflächen	bis 6
Gehbeläge auf Terrassendächern aus Platten (Natur-, Kunststein)	2 bis 4
- aus bewehrtem Zementestrich bis 10 m^2	3 bis 4
Gehbeläge wie vor, aus unbewehrtem Estrich	1,0 bis 1,5
Ausgleichbeton aus Holzwolle-Leichtbauplatten zur Aufnahme von Dachpappe	1,3 bis 1,5
Brüstungsmauern aus Vollziegeln	bis 25
Brüstungsmauern aus Stahlbeton	5 bis 8
Attiken	5 bis 6
Durchlaufende bewehrte Betongesimse	8 bis 10
Betongesimse aus (kurzen) Fertigteilen, Fugen mit Mörtel geschlossen	bis 15
lange Balkone aus Stahlbeton	bis 8

Weitergehende Erwärmungen treten in technischen Betrieben auf, in denen, wie beispielsweise in Molkereien, aus Gründen der Reinhaltung viel mit heißem Wasser gearbeitet wird. Das Abspritzen eines keramischen Bodenbelages, insbesondere der Strahl am Auslaufventil eines Kessels kann die Temperatur eines begrenzten Plattenbereiches in kurzer Zeit sehr erhöhen, weil die Wärmeübertragung durch die große Wassergeschwindigkeit bedeutend verbessert wird. Bei Behinderung durch die sich nach allen Seiten fortsetzende Belagfläche entstehen bei harten Fugenfüllungen an den Plattenrändern Abschieferungen (Abb. 23). Dieselbe Schadensform ist auch bei Wandbekleidungen bekannt, die in Feldern angesetzt und am Untergrund fest haftend zusätzlich keine randseitige Ausweichmöglichkeit haben und von der Sonne stark erwärmt wurden.

Risse durch Brandeinwirkung entstehen zumeist zusammen mit Schäden, durch die deren Bedeutung in den Hintergrund tritt. Feuerhemmende Schichten aus Gips oder Mörtel mit geeigneten Zuschlägen werden dabei durch rasante Entwässerung zeitlich verzögert Raumverminderungen erfahren, die bei der meist gegebenen Behinderung zu Rissen führen. Beachtenswert sind die zu erwartenden großen Längenänderungen von Bauteilen aus Stahl oder Beton, wenn sie durch große Brandlasten bei noch erhaltener Tragfähigkeit auf hohe Temperatur erhitzt worden sind. Ein Hinausdrücken und Reißen der Außenwände entsteht dann durch Deckenträger, die an ihren Enden keine ausreichenden Fugen hatten.

Eine starke Erhitzung von Betonoberflächen kann so große Temperaturspannungen bewirken, daß schalenförmige Teile herausplatzen (Abb. 24). Der Bruch verläuft dabei meist durch die Zuschläge hindurch, was fallweise zur Erzeugung einer gewollten (Flammstrahl-) Oberfläche bei Sichtbeton Verwendung findet. Als Schaden tritt diese Rißart bei Startbahnen auf, wenn der Flammstrahl zum Zwecke der Eisbelagentfernung zu lange an einer Stelle verharrte.

Eine Temperaturzunahme bewirkt auch die freiwerdende Hydratationswärme des Zementes. Sie beträgt

$$\Delta T = \frac{w \cdot Z}{\varrho \cdot c} \quad \text{in K} \qquad (101)$$

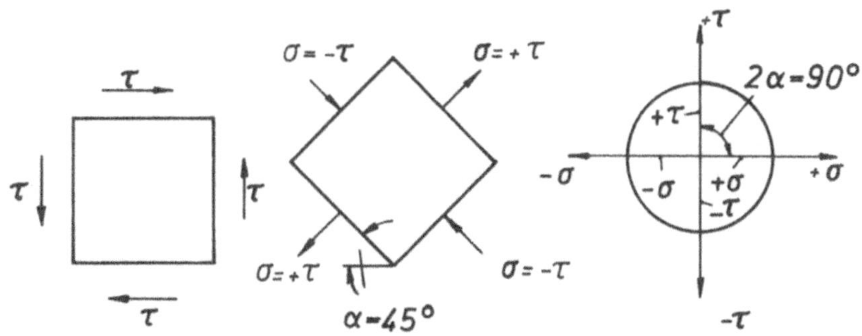

Abb. 22. Gleichwertigkeit von Schub- und Normalspannungszuständen gemäß dem Mohrschen Kreis

Abb. 23. Plattenrand-Abschieferungen

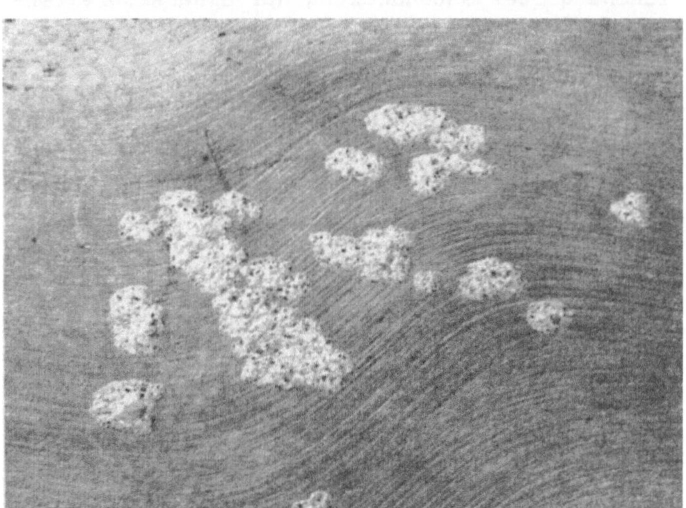

Abb. 24. Abplatzungen durch Flammstrahlen

wenn

w ... die angefallene Hydratationswärme in kJ/kg Zement
Z ... Zementgehalt in kg/m^3 Beton
ρ ... Rohdichte des Betons in kg/m^3 und
c ... die spezifische Wärmekapazität in kJ/kg K

bedeuten. ΔT ist ein oberer Grenzwert, der sich bei adiabatischen Verhältnissen einstellen würde, wie sie im Inneren von massigen Betonbauteilen annähernd gegeben sind.

Betonbauwerke mit großem Querschnitt zeigen daher manchmal an der Oberfläche senkrecht einmündende Temperaturrisse, wenn die Temperaturdehnung des Kernes dem bereits abgekühlten Mantelbeton nicht mehr aufnehmbare Dehnungen aufzwingt. Wegen der Wärmeabgabe an die Umgebung stellt sich ein nach innen ansteigendes Temperaturgefälle ein. Als Faustregel /38/ gilt, daß eine n Meter dicke Wand nach 1 + n Tagen ihre höchste Temperatur erreicht und dann temperaturrißgefährdet ist, wenn der Temperaturunterschied zwischen innen und außen 13 bis 20 K übersteigt. Die tägliche Abkühlung soll nicht mehr als 11 K betragen.

Zur Vermeidung derartiger Schäden können verlorene, in Mäanderform eingelegte Stahlrohrleitungen, durch die Wasser gepumpt wird, vorgesehen oder zusätzlich wärmegedämmte Schalungen verwendet werden. Eine Bewehrung (Baustahlmatte) unter der Oberfläche verspricht bei ausreichend großer Betondeckung nur eine Rißbreitenbegrenzung.

Längere Zeit ungeklärt waren Rißschäden, wie sie bei Verwendung von Tausalzen an Betonstraßenoberflächen auftreten. Heute weiß man /39/ , daß das eingedrungene Salz in den Poren auch physikalisch wirksam wird. Der Kristallisationsdruck der unterkühlten und erst spät gefrierenden Restsalzlösung überlagert sich dem Eisdruck. Das an der Oberfläche auftauende Eis entzieht überdies die benötigte Schmelzwärme dem Beton und bringt dadurch auch tiefer liegendes Kapillarwasser mit sprengender Wirkung zum Gefrieren.

4.1.2. Feuchtigkeitsänderung

Allgemein entsteht durch die Feuchtigkeitsänderung bei Poren enthaltenden Baustoffen eine Rauminhaltsänderung, die behindert zwangsläufig zu Spannungen führt. Sehr vereinfacht linear betrachtet tritt dann ein Riß auf, wenn die behinderte Feuchtigkeitsdehnung die Bruchdehnung erreicht. Genaugenommen spielt der zeitliche Verlauf und die Wirkung von Kriechen und Relaxation aber eine mitbestimmende Rolle. Man beschränkt sich aus praktischen Gründen auf die Berechnung eines ungünstigsten Grenzwertes, der sich aus der Feuchtigkeitsbelastung und dem Grad der Behinderung nur abschätzen läßt. Grunau /40/ gibt die in Tab. 4 zusammengestellten, durch Feuchtigkeit bedingten Dehnungen für die wichtigsten Baustoffe an, die als reversibel betrachtet werden können.

Bei Beton tritt die erste Rißgefahr bereits im frühesten Alter durch das Schrumpfen des Zementsteines ein, das auch treffender mit Frühschwinden oder plastischem Schwinden zu bezeichnen wäre /41/. Die Rißgefahr ist in diesem noch vor der Erhärtung liegenden Zustand von Mörtel und Beton besonders groß, weil keinerlei nennenswerte Zugfestigkeit überwunden zu werden braucht. Das Frühschwinden beruht auf einem Wasserentzug des Frischbetons, der durch saugende Zuschläge, rasche Verdunstung oder - beim Putz - durch den trockeneren Untergrund erfolgen kann. Dieser Schwindwert kann ein Vielfaches von dem des erhärteten Betons betragen und erreicht an der Oberfläche eine Größe bis zu 2,5 mm/m. Die Frühschwindrißbildung fördert ein höherer Wasserzementwert, sie kann aber auch von der betontechnologischen Seite her durch Zusatzmittel beeinflußt werden /42/. Verzögerer wirken rißvermehrend, Verflüssiger und Fettalkohole dagegen rißvorbeugend.

Frühschwindrisse treten bevorzugt an der Betondeckung entlang der Bewehrung auf oder sie verlaufen, wie bei Betonstraßendecken oder großflächigen Bauteilen, parallel in unregelmäßigen Abständen. Heißes, windiges Sommerwetter oder warmer Beton bei hoher Windgeschwindigkeit im Winter erhöhen diese Rißgefahr merklich, zumal die Erstarrung im letztgenannten Fall durch niedrige Temperaturen weiter verzögert ist. Auf diese Weise kommt es zu einer

Tab. 4. Feuchtigkeitsdehnung von Baustoffen

	$\varepsilon_F \cdot 10^6$
Betonwerksteine	140 - 170
Kies/Sand-Beton B 35	120 - 140
B 25	140
B 15	150
B 10	160
Barytbeton (3,6 kg/dm³)	240 - 320
Magnetitbeton (3,4 kg/dm³)	120
Thermocretebeton B 25	150
Lecabeton	110 - 114
Asbestzement	870 - 1130
Zementmörtel 1:3,5 in RT	200
1:4 in RT	200
Zementkalkmörtel 2:1:9 in RT	200 - 220
Kalkzementmörtel 2:1:9 in RT	200 - 210
Putz (MG II, DIN 18550)	300 - 350
Putz (MG I, DIN 18550)	120 - 150
Klinker-Verblendschale (nicht saugend, MG II)	30
Klinker-Verblendschale (saugend, MG II)	50 - 70
Verblendschale (saugend, MG II)	60 - 80
Kalksandstein-Mauerwerk	100
Ziegelmauerwerk (MG II)	60 - 80
Kalksandsteine	40
Basalt	350
Granit	100 - 150
Quarzit	20
Kalkstein	90 - 160
Sandsteine	300 - 600
Bauholz, radial	~ 25000
tangential	23000 - 27000
Holzspanplatten	23000 - 27000
dsgl. (imprägniert)	5000 - 7000
Holzwolle-Leichtbauplatten	25000

Umrechnung : $1000 \cdot 10^{-6}$ = 1 mm/m = 0,1 %

Rauminhaltsverminderung, wie sie dem Wasserentzug durch Verdunsten entspricht.

Im sogenannten "jungen Beton", also in einer Übergangsphase grünen zum festen Beton, entstehen Schwindrisse im plastischen Zustand. Da sie in flächigen Bauteilen, wie in Platten des Hochbaues, Brückenbaues und in Fahrbahnplatten öfters auftraten und zunächst ungeklärter Ursache waren, sind später Laboratoriumsversuche durchgeführt worden /43/, die ein zu rasches Austrocknen durch Wind und Umgebungstemperatur als maßgebenden Grund für das Entstehen nachwiesen.

Beton durchläuft nämlich beim Erstarren einen kritischen Bereich (von der 2. zur 4. bis 16. Stunde nach dem Einbringen), in dem durch Behinderung Zwängsspannungen entstehen, denen die erst im Anstieg befindliche Festigkeit noch nicht gewachsen sein muß. Auch größere Formänderungen der Schalung und raschen Temperaturänderungen der Umwelt können für die Rißentstehung den Ausschlag geben. Ein Sonderfall ist auch durch beheizte Schalungen oder nicht ausreichend vorgenäßte Holzschalungen gegeben.

Das Temperaturgefälle über die Plattendicke und unterschiedliche Absorptionsfähigkeit der Betonoberfläche haben erst vom Zeitpunkt des Erstarrens an eine Zwängsspannungen erzeugende Wirkung.

Die Verhältnisse sind deshalb undurchsichtig, weil sich auch die Relaxation des noch jungen Betons auswirkt und auf den Rißeintritt einen Einfluß nimmt. Bei Fahrbahnplatten beginnen manchmal Risse, die durch die zeitlich wechselnde Temperaturverteilung über die Dicke verursacht werden und an der Oberfläche bei der ersten nächtlichen Abkühlung zu beobachten sind /10/. Bei Hochbauten überwiegt eindeutig eine zu rasche Austrocknung.

Abhilfe schafft ein aufgesprühter Oberflächenfilm, Nachnässen und von der betontechnologischen Seite her eine Beschränkung des Wassergehaltes auf < 200 l/m³ sowie des Mehlkorngehaltes und seiner Feinheit. Ein rechtzeitiges Nachverdichten kann diese in jungem Alter entstandenen Risse schließen.

Während das Frühschwinden mit dem Chemismus des Zementes nichts zu tun hat, beruht das chemische Schwinden auf der Rauminhaltsverminderung, die bei der Hydratation durch die Bindung des Wassers eintritt. Wird nämlich Beton anfangs nicht ausreichend naß gehalten, sondern nur gegen Austrocknen geschützt, dann werden durch diesen Wasserentzug Kapillaren zum Teil entleert. Zement benötigt für seine vollständige Hydratation etwa 25 Masseprozent an Wasser, was einer Raumeinbuße von 6 Prozent entspricht. Das chemische Schwinden kann bereits im jungen Alter des Betons zu Rissen führen, wenn eine Behinderung durch davon weniger betroffene Bereiche oder durch den Untergrund eintritt. Für die Erklärung beobachtbarer Rißverbreiterungen nach wiederholter Durchfeuchtung vermutet man, daß das Wiederschließen von Rissen (durch Quellen) eingedrungenen Staub quetscht (Quellrisse) /44/.

Im Bauwerk erweist sich die Erfassung des Schwindens jedweder Art deshalb als schwierig, weil dazu ein großer Aufwand an Meßtechnik (für Temperatur, Feuchtigkeit, Luftgeschwindigkeit und Verformungen) notwendig wäre. Eine laufende, durch Schreibgeräte erforderliche Aufzeichnung der Meßwerte darf auch nicht durch eine Einzelwertmessung ersetzt werden, weil z. B. die Feuchtigkeitsdehnung infolge des Nachttaues das Ergebnis merkbar verfälschen würde.

Die negativen Feuchtigkeitsdehnungen von erhärteten Baustoffen, die man gemeinhin mit Schwinden bezeichnet und die durch das zunehmende Entleeren der Poren beim Trocknen verursacht werden, führen bei stark behinderten Schichten (Putz, Estriche, Vorsatzschalen) sehr leicht zu Haarrissen. Sie entstehen vor allem durch zu rasches Trocknen, zu hohen Feinstanteil im Sand oder durch zu bindemittelreiche Mischung. Der oft netzförmige Verlauf (Abb. 27) ist nicht ausschließlich die kennzeichnende Form von Schwindrissen. Er tritt nur bei zweiaxial-symmetrischen Verhältnissen auf. Bei Vorsatzschalen z. B., wie sie bei der Großtafelbauweise verwendet werden, machten Haarrisse anfangs hinsichtlich ihrer Entstehungsursache deshalb Kopfzerbrechen, weil sie dort etwa parallel zu den Stegen verliefen. Durch diese hatte man in bester Absicht die Vorsatzschale mit der erheblich steiferen inneren Tragschale verbunden und sie dadurch aber am Schwinden behindert. Heute weiß man diese Haarrisse durch Drahtanker (statt Stege) zu vermeiden. Bei der netzförmigen Schwindrißart liegt die Frage nahe, wovon die Größe der dabei entstehenden Felder (Abb. 27 b) abhängt. Bei Untersuchungen mit keilförmig dikker werdenden und stark schwindenden Schichten (z. B. aus reinem Zementstein) zeigte die Feldgröße eine ausgeprägte Abhängigkeit von der Schichtdicke. Je dünner diese wurde, umso kleiner fielen die Rißfelder aus. Je tiefer nämlich die Risse gehen können, umso geringer ist die Behinderung. An der Oberfläche liegenden Bereichen ist dann eine weitgehend zwängungsfreie Verkürzung möglich. Tiefer liegende Schichtbereiche schwinden zeitlich verzögert und daher zunächst weniger.

In Putzschichten entstehen manchmal auch in frühem Alter an jenen Stellen Risse, an denen Wasser durch Mauerwerksfugen kapillar rascher entzogen wurde. Diese treten dadurch sichtbar hervor.

Waagerechte Schwindrisse können auch in Außenwänden auftreten, wenn diese wesentlich rascher schwinden als die innenliegenden tragenden Querwände. Vergrößert wird die Rißgefahr, wenn verschieden stark schwindendes Mauerwerk verwendet wurde. Die Risse suchen sich die waagerechten Mörtelfugen als Stellen geringster Zugfestigkeit aus (Abb. 28 g).

Eine rechnerische Überprüfung dieser Schadensursache ist durchaus möglich /45/, wenn der Wirklichkeit nahekommende Werte für das Schwind- und Kriechverhalten der Baustoffe für Innen- und Außenwände bekannt sind. Bezeichnet man in einem als stellvertretend gedachten Wandabschnitt, der aus einer (fast) nichtschwindenden Innenwandquerschnittsfläche A_i (z. B. Ziegelmauerwerk) mit der Schwindverformung ε_s und den Kriechzahlen φ und φ_∞ bestehen möge, die Last aus Decke und Wand je Geschoß mit F, dann ergibt sich unter Verwendung des Steifigkeitsverhältnisses gemäß der zugehörigen E-Moduln

$$\alpha = \frac{A_i\, E_i}{A_i\, E_i + A_a\, E_a} \tag{102}$$

der Spannungszuwachs auf die Innenwände infolge Schwindens und Kriechens der Außenwände mit

$$\Delta\sigma_i = (1 - e^{-\alpha\varphi})\ \frac{1-\alpha}{\alpha}\ \left(\sigma_i + \frac{\varepsilon_s\, E_i}{\varphi_\infty}\right) \quad \text{in } MN/m^2 \tag{103}$$

Da die Druckspannung in den Innenwänden

$$\sigma_i = -\alpha \frac{F}{A_i} \qquad \text{in } MN/m^2 \tag{104}$$

und aus Gleichgewichtsgründen

$$-F = A_i\,(\sigma_i + \Delta\sigma_i) + A_a\,\sigma_a \tag{105}$$

sein muß, ergibt sich die Spannung in den Außenwänden mit

$$\sigma_a = \frac{1}{A_a}\left(-F - (\sigma_i + \Delta\sigma_i)\,A_i\right) \qquad \text{in } MN/m^2 \tag{106}$$

und nach Einsetzen der Gleichungen (102) bis (105)

$$\sigma_a = \frac{1-\alpha}{\alpha}\,\frac{A_i}{A_a}\left[-\frac{\alpha F}{A_i} - (1-e^{-\alpha\varphi})\left(-\frac{F}{A_i} + \frac{\varepsilon_s E_i}{\varphi_\infty}\right)\right] \qquad \text{in } MN/m^2 \tag{107}$$

Bei Bauwerken kann man unterstellen, daß die maßgebenden Schwindverformungen im Regelfall etwa 1 - 2 Jahre nach der Rohbaufertigstellung ihren Endwert fast erreicht haben. Erfahrungsgemäß treten nach 4 Jahren keine Schäden auf, die bis dahin noch nicht erkennbar waren.

Auch zum Entstehen einer parallel zur Wandfläche verlaufenden Rißfläche unter einem vom Untergrund abgelösten Putz kann die Feuchtigkeitsdehnung des Mörtels einen wesentlichen Beitrag leisten. Voraussetzung für den Schadenseintritt ist jedoch, daß die zu fordernde einwandfreie Haftung zwischen Wand und Putzmörtel fehlerhaft und daher zu gering war. Dies gilt ebenso für Spachtelschichten wie für angesetzte Fassadenbekleidungen. Der Riß beginnt entweder wegen der dort ungünstigsten Spannungsverhältnisse an den Rändern oder bei stellenweise besonders unzureichendem Haften auch innerhalb der Fläche. Die dann entstehende Beule (Abb. 25) besitzt ein leicht mit Tiefenmaß und Schublehre feststellbares Verhältnis von Stich H und Durchmesser D, aus dem der Dehnungsunterschied $\Delta\varepsilon$ zwischen Schicht und Untergrund mit Hilfe eines Schaubildes ermittelt werden kann.

$$\frac{H}{D} = \frac{1-\cos\alpha}{2\sin\alpha} \tag{108}$$

$$\Delta\varepsilon = 100\left(\frac{\alpha\,\pi}{180\sin\alpha} - 1\right) \qquad \text{in } \% \tag{109}$$

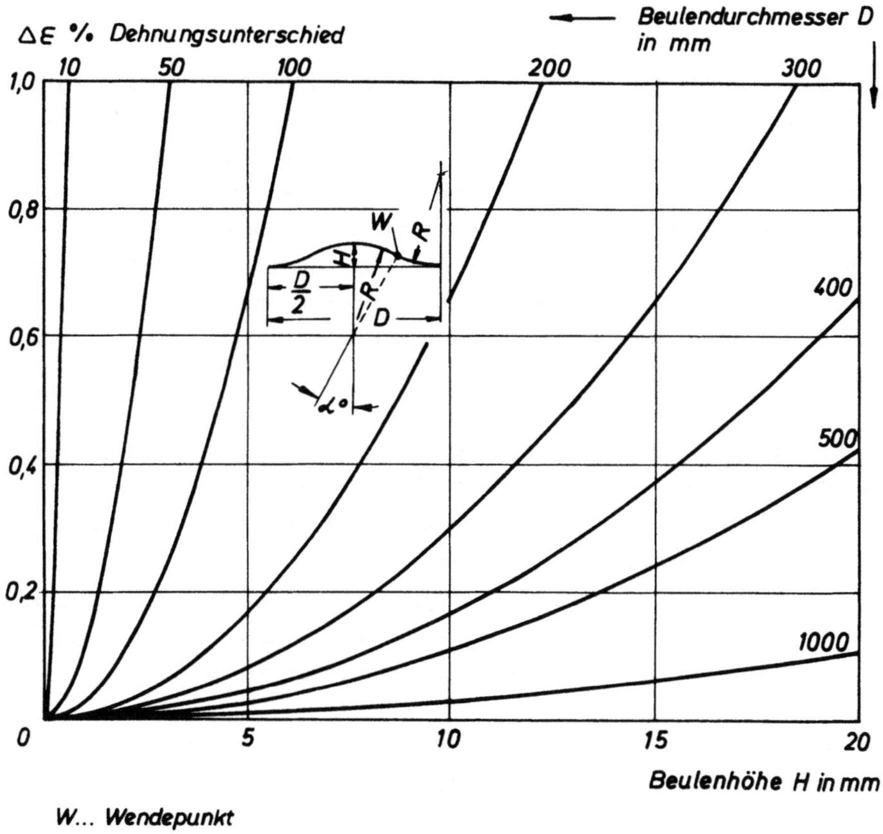

Abb. 25. Ermittlung des Dehnungsunterschiedes zwischen Beschichtung und Untergrund aus Beulenhöhe und -durchmesser

Da es für die Beanspruchung gleichgültig ist, ob die Verlängerung der bekleidenden Schicht durch Feuchtigkeit oder Erwärmung eingetreten ist, können für den Rißbeginn an den Flächenrändern die neuerdings für Temperaturbeanspruchungen angestellten Überlegungen qualitativ auch beim Fall der Feuchtigkeitsdehnung als gültig betrachtet werden. Das Dilemma an den Rändern, an denen die Schubspannungen in der Haftebene einerseits Null sein müssen, da es die Dualitätsforderung an einem spannungsfreien Rand verlangt, andererseits aber den Riß zu verursachen scheinen, hat sich nach Zugrundelegen eines zweidimensionalen Spannungsansatzes mit Hilfe der Finite-Elemente-Methode (900 Elemente und 992 Gleichungen) zumindestens rechnerisch beseitigen lassen /36/.

Danach ist es eine Normalspannungsspitze an den Rändern der Haftfläche, die den Bruch einleitet.

Bei mehrgeschossigen Bauten können arge Rißschäden infolge einer Durchfeuchtung der wetterseitigen Außenwand entstehen (Abb. 26). Kennzeichnend für dieses Rißaussehen, das sich aus den entstandenen Längenunterschieden senkrechter Wände ergibt, ist die bis zum Dachgeschoß von Geschoß zu Geschoß größer werdende Rißbreite. Die untersten Geschosse sind manchmal ganz schadensfrei. Dies beruht darauf, daß sich die in senkrechter Richtung in jedem Geschoß auftretenden Längenunterschiede summieren und oben ihren Größtwert erreichen.

Eine Durchfeuchtung dieser Art konnte bei einer mit keramischem Belag bekleideten Giebelwand durch Belüftungsöffnungen in Grenzen gehalten werden. An den zwischen dem Ansetzmörtel und dem Wandbeton als Wärmedämmung liegenden Holzwolle-Leichtbauplatten ist mit Feuchtigkeitsgebern nach System Altmann /24/ der Feuchtigkeitsverlauf unter den Spaltplatten über 5 Jahre lang verfolgt und von etwa 18 auf 11 % fallend nachgewiesen worden.

Leichte Trennwände (Abb. 28 o) zeigen eine gleichartige Rißbreitenzunahme, wenn die Mittelwand wegen des durch kräftiges Heizen bewirkten schnelleren Austrocknens gegenüber den oft noch (im Rohbau) regendurchfeuchteten Außenwänden wesentlich mehr schwindet.

4.1.3. Unterschiedliche Verformbarkeit

Aus der Verwendung ungleicher Baustoffe für Außen- und Innenwände entstehen unabhängig vom unmittelbaren Feuchtigkeitseinfluß Verformungsunterschiede, die sich mit zunehmender Geschoßanzahl vervielfachen und von einem bestimmten Geschoß an in den äußeren Ecken der Querwände zwangsläufig zu kennzeichnenden Schrägrissen führen. Sie verlaufen in den oberen Geschossen meist etwas flacher als in den unteren. Die Rißbreite, die nach oben hin zunimmt, kann 2 mm und mehr erreichen. Je nach Geschoßhöhe wird unter üblichen Verhältnissen mit folgenden Verformungsunterschieden zu rechnen sein:

Außenwand	Innenwand	Verformungsunterschied je Geschoß in mm
KSV	MZ	0,15
MZ	MZ	0,80
KSV	KSV	0,90
MZ	MZ	1,50
Beton	Beton	0,60 (zum Vergleich)

Als Kriterium für das Auftreten von Rissen kann bei Hochbauten gelten, daß bei Verformungsunterschieden von mehr als 5 mm Rissefreiheit nicht mehr zu gewährleisten ist.

Grundsätzlich birgt die Verwendung unterschiedlicher Baustoffe in ein und derselben Wand immer die Gefahr in sich, daß wegen der ungleichen Verformungseigenschaften leicht Risse entstehen. Der Anreiz, bei Fensterpfeilern und beim Anschluß des Treppenhauses an die Außenwände doch immer wieder Bereiche aus Mischmauerwerk vorzusehen, kommt aus dem Bestreben, die Baustoffe statisch möglichst gut zu nutzen.

Bei Stahlbeton verzichtete man zunächst grundsätzlich auf Rissefreiheit. Erst das Vorspannen der Bewehrungen (DIN 4227) eröffnete die Möglichkeit, Risse in der Zugzone ganz zu vermeiden. Aber selbst dies gilt nur bedingt. Durch Temperatur- und Schwindunterschiede entstehen beim Erstarren des Betons bereits Risse in den ersten Tagen nach dem Betonieren. Die durch Biegebeanspruchung auf der Zugseite auftretenden Risse haben ihre Ursache in der im Vergleich zu Stahl wesentlich geringeren Dehnfähigkeit des Betons. Da durch die Einbettung der Bewehrung zunächst Stahl und Beton die gleiche Dehnung erfahren, die des Stahles aber wegen seiner hohen Belastbarkeit bald die Bruchdehnung des Betons überschreitet, muß dieser reißen. Diese Risse haben im Bereich des durch die Spannungsübertragung auf beiden Seiten gestörten Verbundes bei gerippten Stählen weitere innere Risse zur Folge, die äußerlich unbemerkt bleiben. Glatte Stähle ziehen sich unter Überwindung der Haftung zum Teil aus dem angrenzenden Beton heraus. Die entstehende Rißbreite ist vom Spannungssprung im Bewehrungsstahl beim Entstehen des Risses abhängig und wird nach Vereinbarung bis 0,3 mm in trockener Umgebung, bis 0,2 mm in feuchter Umgebung und bis 0,1 mm bei Spannbeton oder an Sichtbetonflächen noch für zulässig gehalten. Unter 0,1 mm liegende Rißbreiten gelten als kaum sichtbar. Alle genannten Werte sind als 95 %-Fraktile aufzufassen, denn die Streuung der Rißbreiten ist meist groß. Von Einfluß auf den ersten Riß ist auch die Betonzugfestigkeit, der Bewehrungsgrad und die Beanspruchungsart. Bei Zug 1,0 gesetzt, sinkt der Spannungssprung bei reiner Biegung auf 0,25 und bei Biegung mit Längsdruck auf etwa 0,05 des Wertes ab /46/.

Beim Übergang von großen auf kleinere Querschnitte wirkt sich die Änderung des Schwindens und der Temperatur auf die Rißweiten vergrößernd aus. Auch nimmt die zu erwartende Rißbreite mit dem Bewehrungsstabdurchmesser zu. Die DIN 1045 beschränkt daher in Ziff. 17.6 die Rißbreite und gibt Empfehlungen für die zu treffenden Maßnahmen. In gleicher Weise geht die DIN 4227 in Teil 1 Ziff. 10 auf die Rißbeschränkung ein.

Die im Zugbereich von Stahlbeton aufgetretenen Risse hängen weit weniger mit der Nutzlast und einer vermeintlichen Überlastung zusammen, als man gemeinhin annimmt. Bei manchen Tragkonstruktionen treten Risse nämlich bereits unter Eigengewicht auf. Sie werden aber bewußt in Kauf genommen.

Im Stützbereich ist wie an Krafteinleitungsstellen unter Umständen mit Schubrissen zu rechnen, die durch sogenannte Schubzulagen in Grenzen gehalten werden. Die Neufassung des Abschnittes 18 der DIN 1045 versteht darunter (18.8.4) korb- und leiterartige Schubbewehrungselemente, die die Biegezugbewehrung nicht oder nur teilweise umschließen.

Grundsätzlich lassen sich Rißbreiten auch durch Aufteilung der Bewehrung in dünnere Stähle und damit durch einen gleichmäßigeren und kleineren Bewehrungsabstand beschränken.

Risse bei Stahlbeton werden erst dann zum Bauschaden, wenn sie den Korrosionsschutz der Bewehrung beeinträchtigen. Dieser Fall tritt erst ab 0,3 bis 0,4 mm Rißbreite ein, weil dann Feuchtigkeit und Luftsauerstoff in ausreichenden Mengen eindringen können und es zur fortschreitenden Rostbildung mit Absprengungen der Betondeckung kommt.

Eine versteckte Sicherheit liegt darin, daß die Rißbreiten unter Vollast errechnet werden, die in Wirklichkeit nie oder nur höchst selten erreicht wird. Auch beim Spannbeton ist der Vorspanngrad so gewählt, daß die Risse nur unter Verkehrslast kurzzeitig öffnen und im Dauerzustand geschlossen bleiben.

Eine Rißverteilung in Form von vielen, sehr feinen Haarrissen, wie sie durch eine gerippte Bewehrung möglich wird, erzeugt im Gegensatz zu wenigen klaffenden Rissen durch die parabolische Biegelinie eine etwas geringere und in ihrer Form gefälligere Durchbiegung.

Der mittlere Rißabstand ist vom Verhältnis des Bewehrungsstabdurchmessers zum Bewehrungsgrad abhängig. Exzentrischer Zug verringert die Abstände /46/. Eine eingehende Untersuchung der Rißausbildung wurde von Falkner durchgeführt /47/, der 6 m lange bewehrte Betonbalken durch Erwärmen auf 80 °C, Behindern des Versuchskörpers durch steife Endlager und anschließendes Abkühlen bis auf die Raumtemperatur beanspruchte. Er fand, daß Eigenspannungen Rißbildung früher auslösen und daß sich die von der Bewehrungsform abhängigen Rißabstände durch Steigerung der Zugbeanspruchung nicht verkleinerten. Es traten demnach keine Zwischenrisse hinzu, und die Zahl der Risse blieb gleich.

4.1.4. Behinderte Verformung

Wegen des bei elastischen oder auch noch bei teilweise elastischen Baustoffen gegebenen Zusammenhanges zwischen Verformung und Spannung läßt sich genaugenommen das Entstehen aller Rißarten auf eine Überwindung der Kohäsion infolge aufgezwungener Verformung zurückführen. Aus Gründen der Systematik bietet sich die Unterteilung in Risse, die durch Behinderung der Verformung entstehen und in Risse, die durch nicht mehr ertragbare aufgezwungene Verformungen hervorgerufen werden, an. Dies ist auch durch das unterschiedliche Verhalten des Baustoffes nach dem Entstehen des Risses naheliegend. Bei der erstgenannten Rißursache bewirkt nämlich der Längengewinn, den die Summe der Rißbreiten darstellt, im Bauteil eine abgeminderte Anstrengung: er gibt nach. Die Gefahr weiterer Risse ist geringer geworden. Risse infolge von aufgezwungener Verformung, die im nächsten Abschnitt behandelt werden, sind die Folge einer äußeren Kraft oder einer Massenwirkung (Eigengewicht), deren Ausmaß durch das Reißen keineswegs nachläßt. Sie können früher oder später auch zur Zerstörung der noch tragenden Bauglieder führen.

Längenänderungen von Bauteilen bewirken nur dann Spannungen und Risse, wenn sie nicht zwängungsfrei bleiben. Statisch bestimmt gelagerte Balken erfahren daher weder durch Setzen oder Frosthebungen eines Auflagers noch durch Temperatur, Kriechen und Feuchtigkeitsveränderungen von außen eine zusätzliche Beanspruchung und werden allein dadurch keine Risse erwarten lassen. Bei derartigen Tragwerken ist die Rißursache immer innerhalb des Bauteiles zu suchen.

Die Palette der auf diesem Wege möglichen Zwänge reicht von Kristallisationsdruck, Raumänderungen der Zuschläge infolge chemischer Veränderungen, Rostbildung an der Bewehrung über unterschiedliche Temperatur- und Feuchtigkeitsverteilung bis zur unstetigen Veränderung der Querschnitte (Kerbwirkungen) und der Abstützung an unnachgiebigen Nachbarbauteilen.

Die Zerstörung durch Kristallisationsdruck ist in ihrer Erscheinungsform wohl bekannt, weniger jedoch hinsichtlich der ursächlichen Zusammenhänge. In Baustoffen vorhandene, wasserlösliche Bestandteile (meistens Calciumhydroxid) werden bei wiederholter Durchfeuchtung in zunehmendem Maß gelöst, kapillar in die äußeren Bereiche gefördert und dort in trockeneren Zeiten nach Wiederverdunsten des Wassers in den Porenräumen ausgeschieden. Mit der Zeit sind diese so weit gefüllt, daß durch die Rauminhaltszunahme bei der Kristallisation ein Zwang entsteht, der zu Mikrorissen führt. Putz wird z. B. dadurch so weit entfestigt, daß er herabrieseln kann. An alten Häusern ist diese Zerstörungsform oft unter Fensterbänken oder an vorspringenden Sockeln, die einer derartigen wiederholten Durchfeuchtung besonders ausgesetzt sind, zu beobachten.

Absprengungen der Betondeckung durch Rosten der Bewehrung gehört zu jenen Schäden, die nicht nur sehr häufig vorkommen, sondern auch zur Gefährdung der Standsicherheit führen können. Hierbei ist es der Rost, der durch seine Rauminhaltsvergrößerung den

Zwang hervorruft.

Die DIN 1045 schreibt im Abschnitt 13.3 Betondeckungen vor, die je nach den herrschenden Umweltbedingungen und der Betonfestigkeitsklasse zwischen 1 cm und 4 cm liegen. Die Bewehrung soll dadurch sicher gegen Korrosion geschützt bleiben.

Das Nicht-Weiter-Rosten der Stahleinlagen im Beton beruht auf der hohen Wasserstoffionenkonzentration des freien Kalkes (Kalkhydrat), der bei der Hydratation anfällt und von der Kohlensäure der Luft (0,03 %, in bodennahen Schichten bis 1,4 Raum-%) langsam in Kalkstein umgewandelt wird. Dieser mit Karbonatisierung bezeichnete Vorgang war noch vor kurzem die große Sorge der Betonbauer, denn er stellte die Dauerhaftigkeit aller ungeschützt der Witterung ausgesetzten Stahlbetonkonstruktionen auf lange Sicht in Frage /48/. Erschwerend war, daß durch den Verlust an Calciumhydroxid ein zusätzliches Schwinden festgestellt wurde, das die Rißgefahr vergrößert.

Glücklicherweise ergaben eingehende Untersuchungen in aller Welt, daß die Karbonatisierung um so langsamer fortschreitet, je tiefer sie in das Innere des Betons eindringt. Bei den üblichen Wasserzementwerten überschreitet sie nach 6 Jahren kaum 5 mm, nach 50 Jahren ist erst die doppelte Tiefe zu erwarten, die sich nach 10 Jahren eingestellt hatte. Mit zunehmendem Porengehalt ist aber die Korrosionsgefahr, die immer Feuchtigkeits- und Sauerstoffzutritt zur Voraussetzung hat, größer.

Eisen vergrößert durch die Aufnahme von Wasser und Sauerstoff bei der Rostbildung seine Masse und seinen Rauminhalt. Die Dichte sinkt dadurch von 7,85 g/cm³ auf 3,45 g/cm³. Bei Berücksichtigung des gleichzeitig entstehenden Porenraumes beträgt die Rohdichte des Rostes 3,14 g/cm³. Die erhebliche Raumvergrößerung sprengt nach kurzer Zeit eine zu dünn ausgeführte Betondeckung ab. Der Schaden besteht einerseits in der gewöhnlich bald entstehenden Rostfahne (ästhetischer Mangel insbesondere bei Sichtbeton), andererseits in der wesentlich schwerer wiegenden zunehmenden Korrosion der Bewehrung, deren tragender Querschnitt sich fortlaufend vermindert. Derartige Zerstörungsformen werden auch durch chloridhaltige Tausalze oder aggressiv wirkende Zusatzmittel, die durch die Poren bis zur Bewehrung eindringen, gefördert. Temperatur- und Feuchtigkeitsdehnungen erzeugen Eigenspannungszustände, die bei Unsymmetrie eine Verformung des Bauteiles zur Folge haben. Wird diese behindert, dann entstehen zusätzliche Beanspruchungen, die zur Rißbildung beitragen können.

Bei keramischen Belägen, deren Dehnung durch angrenzende Teile der Rohbaukonstruktion mangels Fugen weitgehend unterbunden ist, tritt Dach- oder Beulenbildung als kennzeichnende Schadensform ein, wenn die Zughaftfestigkeit nicht mehr ausreicht. Randabschieferungen der Platten entstehen, wenn die Stauchung einen kritischen Wert überschritten hat.

4.1.5. Aufgezwungene Verformung

Da man Bauwerke in der Regel aus wirtschaftlichen Gründen statisch unbestimmt auf dem Baugrund auflagert, dieser sich aber durch Setzungen und Frosthebungen nachträglich noch ungleichmäßig verformen kann, so müssen in momentensteif verbundenen Bauteilen aufgezwungene Verformungen die Folge sein. Bei Bewegungen der Auflagerstellen werden sich dann die abgetragenen Lasten entsprechend der Steifigkeit des Bauwerkes in einem bestimmten, berechenbaren Verhältnis verändern und zu zusätzlichen aufgezwungenen Verformungen des Bauwerkes führen. Die Eigengewichte wirken dabei als aktive Kräfte und haben einen meist sehr viel ungünstigeren Verformungszustand zur Folge. Schäden werden unerwarteterweise umso größer sein, je steifer die betroffenen tragenden Bauteile sind. Daß diese selbsttragend werden und auf einen Teil der Auflage ohne Überbeanspruchung verzichten können, ist sehr selten der Fall. Aus dem Rißverlauf lassen sich Schlüsse ziehen, in welcher Weise der Baugrund nachgegeben oder sich gehoben hat (Abb. 28 b bis d).

Aber auch innerhalb von Bauwerken gibt es Verformungen, durch die steife Bauteile, wenn sie nicht durch Fugen oder nachgiebige Schichten von der Hauptkonstruktion getrennt wurden, reißen müssen. Solche Schäden werden vor allem durch zeitabhängige, von Eigengewicht und Nutzlasten hervorgerufene Kriechverformungen der Tragkonstruktion entstehen. Das Schwinden hat hierbei ebenfalls einen beträchtlichen Anteil am rißverursachenden Verformungsunterschied.

Im Gegensatz zu den Rissen infolge von behinderter Verformung, kommt es hier so lange zu einem stetigen Zunehmen der Rißanzahl oder Rißbreiten, bis die Ursache entweder beseitigt oder, wie das Schwinden und Kriechen, praktisch abgeklungen ist.

Die kennzeichnenden Riß- und Schadensformen zeigen die Abb. 27 und 28. Sich durchbiegende Geschoßdecken können nur bei Häusern mit wenigen Geschossen durch ein Verdrehen über dem durchlaufenden Ringanker außen waagerechte Risse öffnen, die ihrer Ursache gemäß nicht nach innen durchgehen. An Dachdecken ist es zu einer bekannten Schadensform geworden, wenn die Decke durch Eigengewicht, Lasten und Schwinden dort negative Auflagerdrücke hervorruft und sich daher abhebt. Im Gebäudeinneren erreichen belastete Decken nach einigen Jahren Verformungen, denen leichte Trennwände, weil sie durch das sehr große Widerstandsmoment eines aufrecht stehenden schmalen Rechteckes außerordentlich steif sind, nicht mehr folgen können. Zugfestere Wandkonstruktionen bilden dann in Fußbodenhöhe einen Spalt und tragen sich, im Eckbereich unterstützt, selbst. Häufiger treten aber Zugrisse auf, die den Plattenfugen folgend in dem oberen Eckenbereich abgetreppt verlaufen. Piper /49/ gibt eine Formel an, nach der die Größe der nachträglich auftretenden Durchbiegung abgeschätzt werden kann.

$$f = \frac{0{,}0034\, l^2}{h \cdot W_{28}} \quad \text{in cm} \tag{110}$$

Darin bedeuten (neben dem dimensionsbehafteten Zahlenwert)

f ... die nachträgliche Durchbiegung in cm

l ... die Stützweite in cm

h ... die Nutzhöhe in cm

W_{28} ... die Betondruckfestigkeit in MN/m^2 nach 28 Tagen

Ein ähnliches Schadensbild entsteht bereits, wenn die Innenlängswände wesentlich mehr schwinden als die beiden Außenwände. Die dadurch hervorgerufenen Risse unterscheiden sich aber von Rissen der vorhergehenden Art, weil sie nach oben hin in jedem Geschoß an Anzahl oder in Rißbreite zunehmen. Bei Türöffnungen in Querwänden lädt die Schwächung des zu biegenden Querschnitts

Abb. 26. Fenster-Eckrisse infolge Durchfeuchtung der Giebelwand

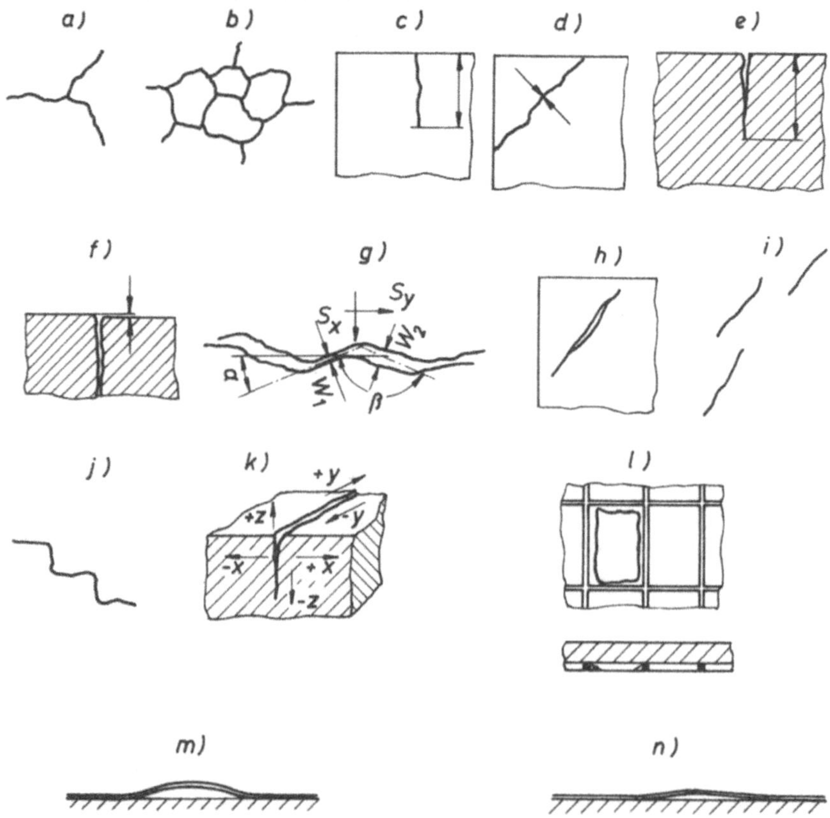

Abb. 27. Riß- und Schadensformen a) Sternriß b) Netzrisse c) Rißlänge d) Rißbreite e) Rißtiefe f) Rißverwerfung (Z) g) Rißrandverschiebung (Y) h) Schubriß i) Rißversetzung j) Treppenriß k) Rißrandbewegungen (X, Y, Z) l) Randabschieferung an keramischen Platten m) Beulenbildung n) Dachbildung

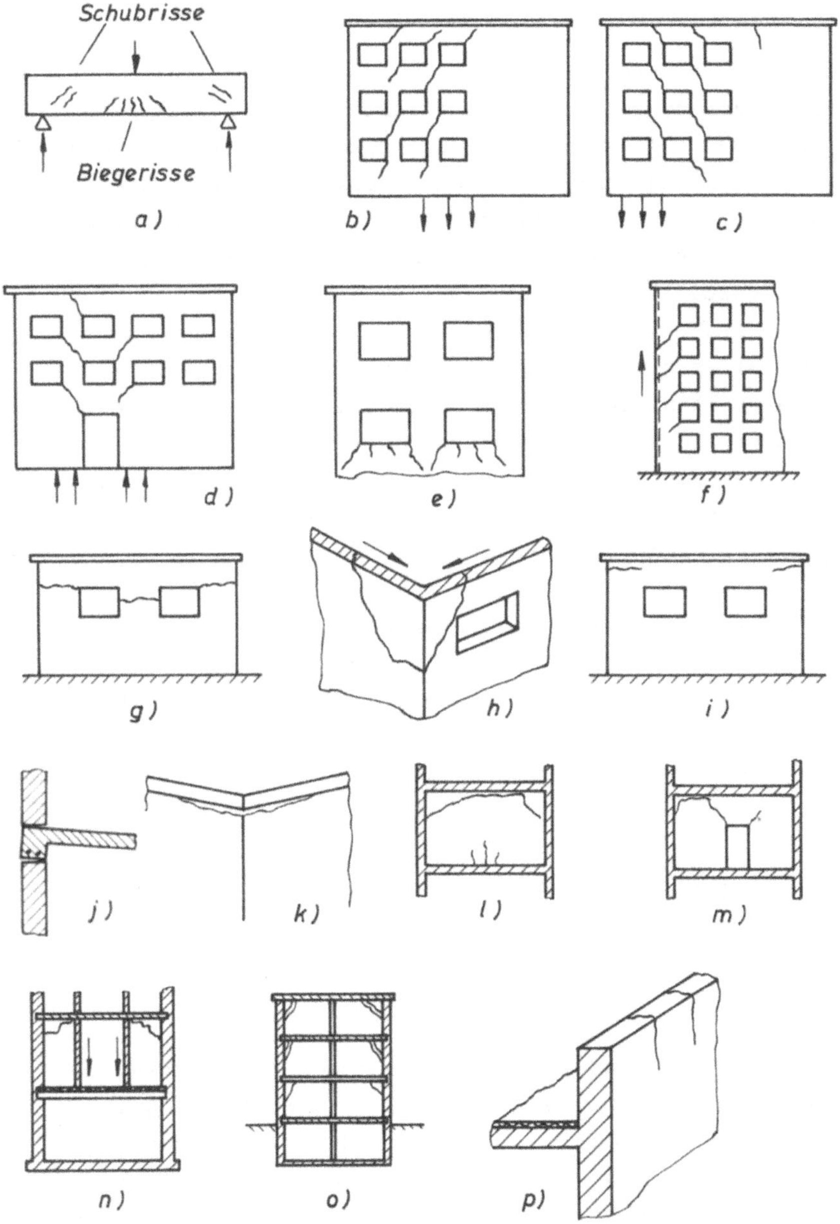

Abb. 28. Rißursachen und Schadensformen in Bauteilen a) Biege- und Schubrisse b) und c) Setzungsrisse d) Frosthebung e) Spannungsriß durch Auflast f) Risse infolge Wanddurchfeuchtung g)Schwinden der Außenwand h) und i) Temperaturdehnung der Dachdecke j) Deckendurchbiegung k) Deckenaufbiegung l) und m) Leichte Trennwand auf durchgebogener Decke n) durchgebogene Kellerdecke o) Schwinden der Innenwand p) Attika oder Brüstung ohne Fugen

dazu ein, daß die Risse von den Ecken des Türstocks ausgehen.

Unerwartete Risse treten manchmal in Spannbetonbauteilen auf, wenn Querzugspannungen bei konzentrierten Krafteinleitungen nicht ausreichend durch eine entsprechende Bewehrung berücksichtigt sind. Auch jede Umlenkung von Spanngliedern bewirkt quer zu diesen Zugspannungen, deren Dehnung vom Beton nur dann rissefrei aufgenommen werden kann, wenn sie durch eine Querbewehrung (wendel- oder spangenartig) abgemindert wird /50/.

Bei querschnittsschwächenden Öffnungen in Außenwänden, wie sie Fenster darstellen, treten durch unterschiedliche Beanspruchung von Fensterpfeilern und dem unter den Sohlbänken angrenzenden Wandteil große Verformungsunterschiede auf, die zu Eckrissen Anlaß geben können (Abb. 28 e). Man begegnet ihnen am besten durch Einlegen einer Zusatzbewehrung.

Eine ausgefallene, in den letzten Jahren aber häufiger beobachtete Bruchursache wurde bei Sicherheitsglas festgestellt. An Fassadentafeln traten Spontanbrüche auf, die nachweislich von 0,03 bis 0,04 mm großen Fremdeinschlüssen ihren Ausgang nahmen. Röntgenographische und mikroskopische Untersuchungen wiesen nach, daß es sich dabei um Nickelsulfid (Millerit) handelt, der vermutlich durch den Ofenbrennstoff in das Glas geraten war. Durch Strukturumwandlung erfuhr er eine Rauminhaltsvergrößerung, die erst nach längerer Zeit zersprengend wirkte.

4.2. Rißverhalten

Der Verlauf eines Risses steht zwar in engem Zusammenhang mit der dazu etwa senkrechten Richtung der Hauptzugspannungen, es überlagern sich aber weitere Einflüsse, die von der meist vorhandenen Anisotropie der Baustoffe, von Schwachstellen (z. B. Mörtelfugen) und unstetigen Querschnittsänderungen herrühren. Die Rißform ist daher nicht immer, wie beispielsweise beim zweiachsigen Schwinden, für die Entstehungsursache eindeutig kennzeichnend (Abb. 27 b). Viel häufiger sind die Schäden, bei denen Risse in ihrem unmittelbar beobachtbaren Aussehen kaum etwas verläßlich über ihre Entstehungsursache aussagen.

Die übliche Rißbeschreibung erstreckte sich bisher auf

Rißform (Länge und Verlauf)
Rißbreite und -tiefe
Rißbreitenveränderung und die
Rißlage im Bauwerk.

Weitere, bisher wenig in Betracht bezogene Auskunftsmittel (Abb. 27) sind die

Rißrandverwerfung
Rißrandverschiebung
Rißrandbewegung und die
Rißverbreitung (Rißanfälligkeit gleichartiger Bauteile).

Zu den augenscheinlich oder mit Längenmeßgeräten bestimmbaren Kennzeichen eines Risses tritt durch die zweite Gruppe auch die Erfassung der Zeit-, Temperatur- und Feuchtigkeitsabhängigkeit hinzu, die für den Ursachennachweis von besonderer Bedeutung und eine große Hilfe sein kann.

Für die Bestimmung geometrischer Abmessungen stehen Meßlupen mit 0,05 und 0,1 mm Teilung, Beleuchtung, Tiefenmaße mit Meßuhren und erforderlichenfalls auch unter dem Meßmikroskop auswertbare Lichtbilder als meßtechnisches Rüstzeug zur Verfügung. Mit diesen Hilfsmitteln kommt man nur bei Rissen aus, die durch bloße Rauminhaltsverminderung infolge von Behinderung entstanden sind und spannungsmäßig zu einer Entlastung des Baustoffes sowie zu einer Spannungsumlagerung geführt haben. Diese bleiben nämlich nach dem Abklingen, das vom Verlauf der Feuchtigkeitsabgabe abhängig ist, meist unverändert breit und "arbeiten" nicht. Das gleiche gilt auch für Risse, die durch von Nachbarbauteilen aufgezwungene Verformungen entstanden sind, beispielsweise an Leichten Trennwänden beobachtbar, wenn die Kriechverformung der abstützenden Decke im Laufe der Zeit zu groß geworden ist.

Die Auskunft darüber, ob sich Rißränder noch relativ zueinander bewegen, wurde seit jeher durch Gipsbrücken ermittelt, ohne daß etwas über deren Empfindlichkeit bekannt war. Aus diesem Grund ist in eigenen Versuchen überprüft worden, bei welchen

X-, Y- oder Z-Wegen Gipsbrücken auf einen sichtbar gewordenen Riß ansprechen.

Aus einer kellengerechten Stuckgipsmischung (Wasser/Gipswert 0,46) sind mehrere Gipsbrücken über die den Bauteilriß darstellenden 0,3 mm breiten Fugen zwischen 3 Betonprismen in verschiedenen Dicken (5, 8 und 12 mm) angebracht worden. Zur Verbesserung der Gleitmöglichkeit befand sich zwischen den Prismen eine 0,3 mm dicke Polyäthylenfolie. Die Haftfläche jeder Gipsbrücke betrug 50 x 100 mm. Nach 14 Tagen wies der Gips eine an 4 x 4 x 6,25 cm Prismen gemessene Druckfestigkeit von 18,1 MN/m² auf.

Die parallelen Rißrandbewegungen (Rißrandverschiebung) wurden an zwei Stellen mit Meßuhren (0,001 mm/Teilstrich) erfaßt und gemittelt (Abb. 29). Das sehr langsam vorgenommene Verschieben des Mittelprismas erfolgte durch einen hydraulischen Kolben.

Abb. 29. Gipsbrückenprüfung bei Randverschiebung (Y-Richtung)

Die bei Verschiebungen zwischen 33 und 65° geneigt verlaufenden Risse traten bei Wegen von 0,010 und 0,018 mm ein. Die Empfindlichkeit, die mit der Gipsdicke etwas zunahm, war demnach beachtlich gut.

Die Anzeigeempfindlichkeit bei Rißbreitenänderungen ist an bewehrten Betonprismen gemessen worden, in deren Mitte zunächst durch Biegung ein Haarriß erzeugt worden war. Über diesen sind dann jeweils eine Gipsbrücke gleicher Art, aber in gestufter Dicke aufgebracht worden. Im Alter von 14 Tagen erfolgte durch Biegebeanspruchung des Prismas (Abb. 30) die langsame Rißaufweitung, die mit Hilfe von induktiven Weggebern auf einem 2-Kanal-Schreiber verfolgt und in ihrer Größe abgelesen werden konnte. Der Augenblick der Rißentstehung wurde mit einem gleichen Weggeber, der aber auf der Gipsbrücke selbst aufgesetzt war, ebenfalls durch den Schreiber aufgezeichnet.

Abb. 30. Gipsbrückenprüfung bei Rißaufweitung (X-Richtung)

Der Bruch trat fast unabhängig von der Dicke der Gipsbrücke (5, 8 und 12 mm) nach 0,005 mm Aufweitung ein. Die Empfindlichkeit war hier noch besser als bei einer Parallelverschiebung der Ränder.

Für die Prüfung, wann bei einer Verwerfung der Rißränder (Stufenbildung) eine Anzeige durch eine Gipsbrücke erfolgt, sind wie im ersten Versuch 3 Betonprismen mit zwischengelegter 0,3 mm dicker Polyäthylenfolie durch ein Gestänge leicht aneinandergedrückt worden. Nach Aufbringen der Gipsbrücken verschiedener Dicke (5, 8 und 12 mm) wurde im Alter von 14 Tagen das mittlere Prisma in einer Baustoffpresse langsam parallel nach unten gedrückt (Abb. 31).

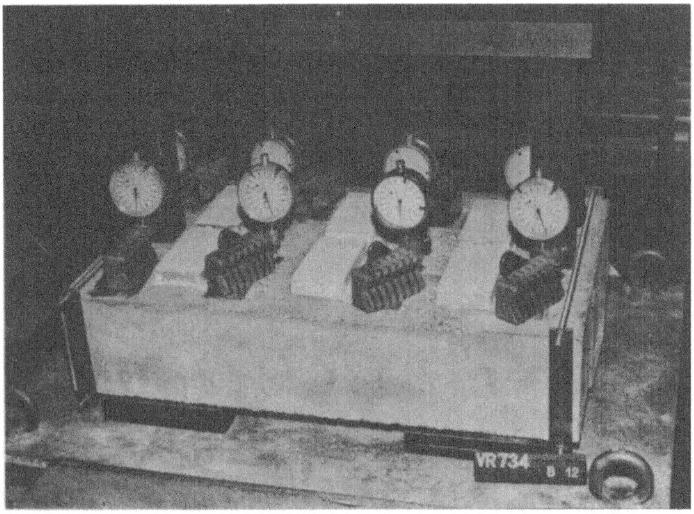

Abb. 31. Gipsbrückenprüfung bei Rißverwerfung (Z-Richtung)

Bei allen Gipsbrücken trat in diesem Fall unmittelbar nach dem Belastungsbeginn ein Wandern der Meßuhrzeiger ein. Der Bruch verlief durch die Haftfläche, in Einzelfällen auch durch das Gipsbett parallel zu dieser. Keine der Gipsbrücken brach im Querschnitt. Da ein Anfangswert bei Beginn des Ablösens nicht abgelesen werden konnte, weil die Stetigkeit dieses am Rißrand beginnenden Vorganges dies nicht zuließ, zeigen Gipsbrücken derartige Bewegungen nicht brauchbar an und täuschen unzureichendes Haften an der Bauteiloberfläche vor.

In der Praxis wird, um auch eine quantitative Aussage über die

Rißrandverschiebungen bei Gipsbrücken zu erhalten, vielfach auch ein feiner Bleistiftstrich, der den darunterliegenden Riß überquert, gezogen. Er gestattet aber nur Augenblickswerte abzulesen.

Die Nachteile von Gipsbrücken, die zwar für zwei Richtungen der Rißrandbewegung empfindlich sind, aber nur deren möglicherweise zeitweises Vorhandensein anzeigen und die bei Verwerfungen versagen, vermeidet das alle Rißrandbewegungen in zeitlicher Abhängigkeit erfassende RRB-Gerät (Abb. 32).

Abb. 32. RRB-Gerät zur Messung von Rißrandbewegungen in X-, Y- und Z-Richtung

Es arbeitet mit sechs paarweise auf stählernen Blattfedern einander gegenüberliegend aufgeklebten Dehnungsmeßstreifen, deren Widerstandsänderungen in temperaturkompensierter Schaltung von drei Meßbrücken ermittelt und auf einem Mehrkanal-Punktschreiber laufend zeitabhängig mitgeschrieben werden. Gleichzeitig können auf dem gleichen Papierstreifen Temperatur-, Feuchtigkeits- und Belastungsänderungen miterfaßt werden, so daß das Erkennen einer ursächlichen Abhängigkeit der Rißrandbewegungen an Hand des Druckstreifens nicht schwerfällt. Temperaturrisse sind, wenn vorübergehender Feuchtigkeitseinfluß (z. B. durch die wechselnde Witterung) ausgeschlossen werden kann, z. B. daran leicht zu erkennen, daß sie ihre Breite mit den Tagestemperaturschwankungen und der Bauteiltemperatur verändern. Die Meßunsicherheit dieses Gerätes liegt in jeder der Achsrichtungen bei ± 0,01 mm Weg, der Meßbereich umfaßt jeweils ± 1 mm. Es eignet sich auch für die Messung von Verformungswegen, wenn diese - wie beispielsweise bei Außenschalen-Wandelementen - in allen drei Richtungen von Interesse sind.

Um den Verlauf von Rissen festzuhalten, werden am besten Lichtbilder angefertigt, die ein mühsames Skizzieren ersetzen. Zweckmäßig ist es, eine Bezeichnung und einen schwarz-weiß geteilten cm-Maßstab mit dem betreffenden Bauteil mitaufzunehmen. Kommentare sollten am Ort gleich auf ein Taschendiktiergerät gesprochen werden, denn die Anzahl der zu beurteilenden Schadensstellen ist anfangs unüberblickbar und meist groß.

Rißtiefen können nur in seltenen Fällen großer Breite ausgelotet werden. Wenn es wirklich genauer darauf ankommt, wird man sich zu einer Kernbohrung (mit etwa 50 mm Durchmesser) entschließen müssen, die ein Stück des Risses umschließt und deren Kern entnommen werden kann. Die Rißtiefe wird durch Auftropfen von mit Eosinrot gefärbtem Wasser oder mit Zusätzen, die in ultraviolettem Licht fluoreszieren, deutlich am Zylindermantel erkennbar.

Rißbreiten werden grob mit Maßstäben, die mehrere in ihrer Breite abgestufte schwarze Striche haben, für viele Fälle hinreichend genau ermittelt. Durch bloßes Anhalten kann das Übereinstimmen der Breite am Maßstab und Riß beurteilt und an der mm-Bezeichnung abgelesen werden. Der geübtere Beobachter schätzt bereits nach dem Rißaussehen dessen Breite oft mit verblüffender Genauigkeit zutreffend.

Die Rißanzahl und die Verbreitung in einem Bauwerk sollte man nicht ohne Benutzung eines Zählwerkes beurteilen, das mit Fingerdruck betätigt jeden Irrtum und Mehrarbeit durch Verzählen ausschließt. Mehrfachzählwerke auf einer verbindenden Halterung gestatten überdies, sinnfällig und gut lesbar bezeichnet, eine gleichzeitige Aufnahme unterschiedlicher Rißarten.

Die zu erwartende Rißbreitenänderung läßt sich auch rechnerisch abschätzen, was bei der Wahl des Verfahrens für eine Rißbeseitigung durch Kunstharzfüllung von Bedeutung ist. Dabei geht es, wie bei so vielen Bemessungsverfahren, um die Ermittlung eines Grenzwertes, der sicher nicht überschritten wird, und keinesfalls um den "genauen Wert". Auch hier wäre dies wegen der Vielzahl zufälliger Einflußgrößen nur eine vorgetäuschte Berechenbarkeit.

Sind die nicht gerissenen, an die Rißränder anschließenden Bauteilbereiche in ihrer Länge und hinsichtlich der physikalischen Veränderungen (Wärme- und Feuchtigkeitsdehnungen) einigermaßen bekannt, so läßt sich der Weg, den jeder Rißrand zur Veränderung der Rißbreite beitragen kann, nach dem Zusammenhang

$$\Delta b = L(\alpha_T \, \Delta T \pm \varepsilon_F) \quad \text{in mm} \tag{111}$$

berechnen. ε_F liegt beispielsweise bei Beton zwischen 0,12 und 0,18 mm/m, L ist die an einer Seite wirksame Länge in m und ΔT der gegenüber der Einbautemperatur zu erwartende Temperaturunterschied.

Das meist vorhandene Temperatur- und Feuchtigkeitsgefälle einer Außenwand in Raumrichtung wird sicher nicht ohne Einfluß bleiben und sich als Behinderung auswirken können, weil nicht alle Schichten die gleiche Verlängerung mitmachen. Dieser kaum genau zu erfassenden Abminderung tragen manche Fachautoren dadurch Rechnung, daß sie z. B. einen "Materialfaktor 0,94" in die Gleichung einführen. Gerade dies verleitet aber zu einer Überschätzung des Berechnungsverfahrens, und es scheint verläßlicher, sich beim Ergebnis bewußt zu bleiben, daß es sich dabei nur um die Ermittlung eines sicher nicht überschreitbaren Grenzwertes handelt.

Betonbauteile, die durch ihr verhältnismäßig großes Eigengewicht (z. B. geschoßhohe Außenwandplatten) an ihren Auflagern große Reibungskräfte erwarten lassen, wenn sie ihre Länge verändern, führen in der Regel sehr langsame und durch das erwartete Auftreten ruhender Reibung nicht gestörte Bewegungen an

Riß- oder Fugenrändern aus. Auch eine Slipstick-Erscheinung, wie an den Befestigungspunkten von stählernen Fassadenbekleidungselementen beobachtet, tritt hierbei nicht auf.

Größere Wege an Bauteilen und Rißrändern, wie sie beispielsweise bei Setzungen oder bei Plattenverkrümmungen durch Niederschlagseinwirkung vorkommen, werden langzeitig am besten mit einem Nivelliergerät verfolgt. Deren Meßunsicherheit läßt sich durch Anbau eines Planplattenmikrometers auf ± 0,1 mm verkleinern. Mit Dübel befestigte Meßmarken müssen durch Schraubkappen gegen Beschädigung geschützt und ihre Lage im Protokoll festgehalten werden, damit sie nicht zum Teil durch Unzulänglichkeiten des Baubetriebes oder Mutwilligkeit ausfallen.

Über große Entfernungen zu messende Verformungen lassen sich neuerdings auch mit Laserstrahl durchführen. Damit kann beispielsweise die Abkehr eines Fernsehturmes oder Hochhauses bei einseitiger Sonnenanstrahlung oder Beregnung gemessen werden. Ein senkrechter Laserstrahl zeigt die Auslenkung auf einer am Boden liegenden Rasterteilung durch Wanderung des aus kohärentem Licht gebildeten und bequem abzulesenden Punktes an.

Bei der Auswertung von Rißverbreiterungen auf gleichen oder in bekanntem Ausmaß unterschiedlich beanspruchten Bauteilbereichen als weiteres Auskunftsmittel ist der bloß statistische Wert solcher Feststellungen zu beachten. Die praktische Erfahrung lehrt, daß auch bei Vorliegen offensichtlich gleicher Ursachen nicht zwangsläufig auch allenorts das genau gleiche Schadensbild auftreten muß. Dies bedeutet nicht einen Zweifel am Vorhandensein einer determinierten Kausalität. Es hat vielmehr seinen Grund in der Vielzahl unerfaßbarer Einflußgrößen, deren Summe das jeweilige Schadensbild mitprägt.

Die erschöpfende Kenntnis aller Ursachen ist immer nur vermeintlich. Es wäre demnach falsch, aus Rissen im Einzelfall zwingend auf das Vorhandensein oder Fehlen gleicher Ursachen an anderen Stellen zu schließen, wo diese Risse ebenfalls oder nicht aufgetreten sind. Beweiskraft haben nur Schadensbild-Kollektive, die durch ihre große Anzahl an gleichartigen Schäden eine gemeinsame Ursache überzeugend glaubhaft machen. Erst die statistische Erfassung von sehr vielen Rißbildern, nach übereinanderliegenden Geschossen geordnet, ermöglicht deshalb beispielsweise einen Beweis oder Aufschluß des Einflusses von Kriechen, insbesondere wenn mehrere verschieden hohe Gebäude gleicher Bauart zur Verfügung stehen.

4.3. Rißbeseitigung

Die Verfahren, bereits vorhandene Risse nicht nur wieder unsichtbar zu machen, sondern auch dadurch entstandene nachteilige Verhaltensweisen des betroffenen Bauteils zu beheben, müssen verständlicherweise von der Rißart und dem Rißverhalten mitbestimmt sein. Auch wird der Baustoff die Technologie, die angewendet werden muß, beeinflussen.

Es bietet sich daher an, die Rißbeseitigung getrennt zu behandeln, je nachdem, ob es um dünne Schichten wie Anstriche, Beschichtungen, Putz oder Bekleidungen geht oder aber um Bauwerksteile, deren Querschnitt ganz oder teilweise betroffen ist.

4.3.1. Beseitigung von Rissen in Oberflächenschichten

Was noch als dünne Schicht zu betrachten ist, bedarf einer begrifflichen Abgrenzung. Leider sind die Unterscheidungsgrenzen insbesondere im Bereich der kleineren Dicken etwas fließend, und die DIN 55945 verwendet den Ausdruck Beschichtung als Sammelbegriff, der auch aus einer oder mehreren Schichten bestehende Anstriche einschließt. Im praktischen Sprachgebrauch ist es üblich, bei Dicken bis 0,5 mm, manchmal auch noch bis 1 mm von Anstrichen zu reden, über 1 mm bis 3 mm von Beschichtungen und 3 bis 8 mm von Dickschichtbelägen. Darüber hinaus spricht man einfach von Schichten wie z. B. von Putzschichten.

Risse im Schichtbereich können sich auf ein Bauwerk nur bauphysikalisch auswirken, weil sie den Umwelteinflüssen Zugang eröffnen, beispielsweise Feuchtigkeit eindringen lassen und dadurch die Wärmedämmung sehr vermindern.

Feine Risse, die eine Breite von weniger als 0,1 mm aufweisen, versuchte man anfangs einfach durch Überstreichen zu beseitigen, zumal diese nur wenig arbeiten, d. h., mit Änderungen von Temperatur und Feuchtigkeit der Umgebung nur geringe Rißrandbewegungen erkennen ließen. Aus dem Mißerfolg lernte man, daß gerade bei ausreichendem Haften eines Anstriches auf seinem Untergrund eine viel zu kleine sogenannte Dehnlänge entsteht, die nur etwa der Rißbreite entsprach. Der Prozentsatz, um den sich der darüber freiliegend überbrückende Anstrichfilm hätte dehnen müssen, lag auch bei sehr kleinen Breitenänderungen viel zu hoch, und der Riß trat erneut auch im Anstrich sichtbar auf. Versuche mit leicht verarbeitbaren Schlämmen schlugen auch bei mehreren mm Dicke (bis 4 mm) fehl, weil derartige Schichten zuwenig Dehnfähigkeit aufweisen. Diese Dichtungsschlämmen bestehen aus einem Gemisch von feinem Quarzsand, Zement, Wasser und verschiedenen Zusätzen, die ein vorzeitiges Austrocknen verhindern, freies Calciumhydroxid an den Zement binden und die Porenräume wasserabweisend (hydrophob) machen sollen. Auch die Haftfestigkeit und die Biegezugfestigkeit der Beschichtung konnten durch Zusätze verbessert werden. Mineralisch gebundene Systeme lassen sich aber auch mit hohem Kunststoffzusatz nicht ausreichend verformbar machen.

Zur Erzielung einer dauerhaften Rißüberbrückung boten sich für Anstriche und Beschichtungen bei der Weiterentwicklung drei Wege an:

Höhere Zugfestigkeit,
größeres Verformungsvermögen und
weitgehende Kerbunempfindlichkeit des Filmes.

Daneben bleiben weitere Anforderungen, wie Temperatur- und Wasserbeständigkeit, Verträglichkeit sowie Alterungsbeständigkeit unter Einfluß der Umwelt und des Untergrundes noch bestehen und grenzen leider die Möglichkeiten weiter ein.

Beim Ziel, eine hohe Zugfestigkeit zu erreichen, muß selbstverständlich bedacht werden, daß der gerissene Baustoff nicht durch einen Anstrichfilm zusammengehalten werden kann. Mit der Zugfestigkeit hängt zwar die Fähigkeit zu gutem Haften am Untergrund zusammen, ein ausreichendes Mindest-Dehnvermögen ist aber auch hier unerläßlich.

Die Steigerung des Verformungsvermögens findet bei vielen Anstrichstoffen dadurch eine natürliche Grenze, daß gerade gute chemische Widerstandsfähigkeit, Alterungsbeständigkeit und gutes Haften den harten Beschichtungen zu eigen sind. Da es sich meistens um Risse in Außenwandoberflächen handelt, bedeutet die Forderung nach guter Verformungsfähigkeit bei - 15 bis - 20 °C Kälte eine die Stoffauswahl besonders einschränkende Forderung, zumal die größten Rißbreiten im Winter auftreten.

Die Kerbunempfindlichkeit ist eine Eigenschaft, die den beiden ersten Forderungen etwas zu Hilfe kommt. Es sollte ein durch zu groß gewordene Rißbreite gedehnter Anstrichfilm nur über einen Teil seiner Dicke anreißen und sich dadurch ausreichend spannungsmäßig entlasten können.

Untersuchungen /51/, durch die die Fähigkeit zur Rißüberbrückung beurteilt werden kann, setzen ein geeignetes Prüfverfahren voraus. Nach Betonkörpern, die durch Belasten einen Riß erhalten, bevorzugt man die bekannten 4 x 4 x 16 cm großen Mörtelprismen (DIN 1164), die drei Kerben und einen mittig eingebetteten Zugstab erhalten und dann an zwei gegenüberliegenden Seiten beschichtet werden. In der Prüfmaschine kann dann die zu prüfende Beschichtung soweit gedehnt werden, bis die an den beiden anderen Prismenflächen meßbare Rißbreite ihren Sollwert erreicht hat.

Eine andere Untersuchungsart benutzt eine beschichtete Glasplatte, die auf der Rückseite eingeritzt und anschließend gebrochen wird. Durch Messen der zum Dehnen des verbliebenen Filmes notwendigen Kraft ist eine objektive Beurteilung des Verformungsverhaltens möglich.

Nach dem erstgenannten Verfahren ergaben vier verschiedene Beschichtungen bei Temperaturen von + 75, + 20, + 5 und - 30 °C noch folgende überbrückbaren größten Rißbreiten in mm:

Kunststoff	+ 75 °C	+ 20 °C	+ 5 °C	- 30 °C
Polyurethan	1,0	1,0	1,0	1,0
Chlorsulfoniertes Polyäthylen	0,3..0,5	1,0	1,0	0,3..0,4

Kunststoff	+ 75 °C	+ 20 °C	+ 5 °C	- 30 °C
Epoxid mit Steinkohlen-Teerpech	0,2	0,4	0,5	0,1..0,2
Copolymere Dispersion mit Kunststofffasern	0,1	0,1	0,1	0,3..0,4

Das diese Entwicklung trotz obiger guter Ergebnisse in den Hintergrund treten mußte, lag an der unabdingbaren Forderung nach einer Mindest-Dampfdiffusionsdurchlässigkeit. Außen durch Anstriche abgesperrte Außenwände wiesen nämlich nach kurzer Zeit arge Feuchtigkeitsschäden auf. Die von innen durch die Wand hindurchdiffundierende Feuchtigkeit sammelte sich als Kondenswasser unter der Beschichtung und drückte diese in Kürze ab. Auch der Kostenaufwand durch die Dicke der Schicht ließ schließlich diese Entwicklung in Bauwesen als wenig erfolgversprechend erscheinen.

Da von der Stoffseite her durch die Anpassung der Zusammensetzung für die Erfüllung dieser sehr unterschiedlichen Forderungen nicht allzuviel zu erwarten war, sind auch gänzlich andere Wege beschritten worden.

Ein erster Weg war, die Reißfestigkeit einer Beschichtung durch Einbetten von Kunststoffasern weiter zu verbessern. Er beschränkt sich naturgemäß nur auf Spachtelmassen, mit denen breitere Risse vorweg verschlossen werden können. Diese Spachtelung konnte auch auf die angrenzenden Wandbereiche ausgedehnt werden, war aber vollflächig meist nicht notwendig. Sie hatte nur Unebenheiten auszugleichen und im Riß den Flankenbewegungen einigermaßen dichtbleibend zu folgen.

Der zweite Weg beruht auf der Überlegung, daß eine wirksame Verlängerung des Beschichtungsbereiches, der den Riß überbrückt, nicht allein durch eine (nicht verwirklichbare) ausreichend große Dehnung, sondern auch durch die Vergrößerung der sich beteiligenden Dehnlänge erreicht werden kann. D. h., der aufgebrachte Anstrichfilm sollte sich, von den Rißrändern an beginnend, in einem begrenzten Bereich vom Untergrund lösen können. Aufgebrachte Voranstriche scheren örtlich in den Rißrandbereichen vom Untergrund ab und werden durch einen zweilagigen Deckfarbenanstrich mit größerer Steifigkeit und guter Haftung zu einer gleichmäßigen, über die vergrößerte Dehnlänge verteilten Verformung gezwungen. Der Deckfarbenfilm schwimmt dann sozusagen auf der Voranstrichschicht.

Die dabei zu beherrschenden Rißbreitenänderungen sind den gewählten Schichtdicken etwa verhältnisgleich. Als Voranstrich werden etwa 350 g/m^2, als Deckfarbe 2 x 300 g/m^2 empfohlen, was etwa (bei einer Trockenfilmdichte von rd. 3,0 g/cm^3) 117 bzw. 200 µm Trockenfilmdicke entspricht. Diese ergibt sich aus dem Zusammenhang

$$d = \frac{\text{Verbrauch in } g/m^2}{\text{Dichte in } g/cm^3} \text{ in } \mu m \qquad (112)$$

Bei richtig gewähltem Zusammenwirken des Schichtaufbaues (Anstrichsystem) sind auf diese Weise selbst bei - 20 °C noch 10-fache Rißverbreiterungen überbrückbar geworden.

Einen Fortschritt bei breiteren Rissen (bis 1 mm) brachte auch die Einbettung von Glasseidengewebebahnen oder -streifen sowie von sogenannten Kunststoff-Gitterstreifen und -Gittermatten. Diese bestehen aus rechtwinklig zueinanderlaufenden dünnen Polyesterfäden, deren Kreuzungspunkte schiebefest ausgeführt sind. Dadurch gewinnt man eine vorzügliche Verarbeitbarkeit, die eine Verwellung beim Einbau vermeidet. Wenn Risse arbeiten, dann sorgt das elastisch dehnfähige Gitter für die sonst fehlende Rückstellkraft, sobald sich die Rißbreite durch Ansteigen der Temperatur wieder verkleinert. Auch verteilt sie die bei Verbreiterung eines Risses entstehenden Spannungen in der Beschichtung und verzögert örtlich einsetzende Anrisse. Insgesamt kann sie aber ebensowenig wie die Bewehrung im Stahlbeton die Dehnfähigkeit des einbettenden Stoffes erhöhen. Die Rißbreitenänderungen, die dauerhaft beherrschbar sind, liegen daher auch nicht höher als 0,1 mm. Gitterstreifen werden in 100, 150 und 300 mm, Gitterbahnen in 0,9 oder 1,0 m Breite angeboten.

Soweit in Schichten Netzrisse vorkommen, die breiter als 0,1 oder 0,2 mm sind, werden sie vor dem Beschichten verspachtelt, bei größerem Klaffen mit Hilfe einer Handdruckpistole mit Fugendichtstoffen geschlossen.

Für jede gute Haftung am Untergrund ist es eine selbstverständliche Voraussetzung, daß dieser ausreichend gereinigt wurde. Dies kann mechanisch-maschinell oder auch chemisch erfolgen.

Besonders breite Schwindrisse treten in Fassadenplatten auf, bei denen zur Wärmedämmung und Verminderung ihres Gewichtes Leichtbeton in zweiter Schicht verwendet wurde, der eine unterschiedliche Temperatur- und Feuchtigkeitsdehnung besitzt. Durchfeuchtet behindert er die austrocknende Deckschicht, die dadurch reißt. Die Instandsetzung ist auch hier durch Verspachtelung der Risse und mit asbest- und kunststoffaserverstärktem Dickschichtbelag möglich. Eine Silikonbehandlung des Untergrundes kann die erneute Wasseraufnahme durch die Platten-Deckschicht weitgehend verhindern.

Schäden an Oberflächenbeschichtungen entstehen, abgesehen von der UV-Strahlenempfindlichkeit mancher Kunststoffe, durch die große Wärmebeanspruchung an West- und Südfassaden. Wegen der schlechten Wärmeleitfähigkeit von Kunststoffen sind zwischen den beiden Oberflächen einer Beschichtung Temperaturunterschiede von etwa 10 K zu erwarten. Dadurch kommt zur Beanspruchung des Haftgrundes eine weitere Schubspannung, die vorwiegend in den Randbereichen wirkt und nur durch Kriechen weitgehend abgebaut wird. Die theoretisch zu erwartende Druckvorspannung, die dem Produkt

$$\sigma = E \cdot \Delta T \cdot \alpha_T \qquad \text{in } MN/m^2 \tag{113}$$

verhältnisgleich sein wird, ist nur anfangs sehr groß, weil α_T bei nicht faserbewehrten Kunststoffen über 80 x 10^{-6}/K liegen kann. Die Schadensform wird je nach der Güte der Haftung eine Beulenbildung oder ein Aufrollen an den Rändern oder Rißrändern der Beschichtung sein, wie man sie auch von Farbanstrichen her kennt.

Die Elastizitätsmoduln und Längen-Ausdehnungskoeffizienten können durch Glasfasern oder Zuschläge (Sand), wie die folgende Zusammenstellung zeigt, erheblich verändert werden :

	E in MN/m^2	α_T in $10^{-6}/K$
Kunststoffe (ungefüllt):		
Acrylat (PMMA)	3000	80
Epoxid (EP)	3000...4500	70...80
Polyurethan (PUR)	1500...2500	120...200
ungesättigte Polyester (UP)	3000...4000	55...100
Beschichtungen (gefüllt):		
UP mit 35 % Glasfasern	8000	27
EP mit 35 % Glasfasern	8000	27
EP-Mörtel 1:8	19400	21

Zu einer weiteren Schadensursache kann eine zu geringe Wasserdampfdurchlässigkeit werden. Bei sogenannten schwimmenden Anstrichsystemen für die Rißüberbrückung liegt aber die Wasserdampf-Diffusionswiderstandszahl (DIN 52 615 Bl. 1, Juni 1973) etwa bei 1570, was bei einer Dicke von 0,6 mm eine diffusionsäquivalente Luftschichtdicke von $1570 \times 0{,}6 \times 10^{-3} = 0{,}942$ m ergibt. Im Vergleich zu einer 24 cm dicken Ziegelwand oder zu einer darauf angeworfenen 1,5 cm dicken Putzschicht

$$12 \times 240 \times 10^{-3} = 2{,}88 \text{ m}$$
$$15 \times 15 \times 10^{-3} = 0{,}225 \text{ m}$$

verändert diese das Diffusionsverhalten nur wenig. Ein Sperren gegen den aus dem Innenraum herausdiffundierenden Wasserdampf tritt demnach nicht ein.

Es gibt auch Schwindrisse, die nur durch eine bindemittelreichere Außenschicht gehen und kaum mit freiem Auge sichtbar sind. Sie können als harmlos unbehandelt bleiben.

4.3.2. Beseitigung von Bauwerks-Spaltrissen

In Firmenschriften und in einem Teil der Fachliteratur werden Spaltrisse - das sind Risse, die Bauteile ganz oder zu einem erheblichen Teil durchdringen - auch baudynamische Risse genannt, was keine sehr glückliche Kennzeichnung darstellt. Dynamik ist nämlich die Lehre von den Kräften, die Bewegungsvorgänge von Körpern bewirken. Bei Rissen trifft gerade das Gegenteil zu: Ursprünglich vorhandene innere Kraftwirkungen (Spannungen) sind durch das Entstehen eines Risses beseitigt. Die dynamische Grundgleichung, Kraft gleich Masse mal Beschleunigung, spielt bei Rißproblemen in der Regel keine Rolle, weil sie quasistatisch verlaufen.

Die Verfahrensweise bei der Behandlung von Bauwerksrissen richtet sich sowohl nach deren Verhalten als auch nach den nach erfolgter Beseitigung zu stellenden Anforderungen.

Es sind zu unterscheiden:

Risse mit weitgehend unveränderlicher Breite (Transportrisse, abgeklungene Setz- oder Schwindrisse),

arbeitende Risse mit zeitlich veränderlicher Breite (wiederkehrende Feuchtigkeits-, Temperatur- und Belastungsänderungen oder Bodenbewegungen),

Risse, deren Flanken wieder Spannungen übertragen sollen

und

gegen stehendes Wasser zu dichtende Risse.

Risse ohne Randbewegungen können hart verschlossen werden, wobei erforderlichenfalls bei der Auswahl des Mörtels auf die spätere Farbwirkung Rücksicht zu nehmen ist. Bei höheren Anforderungen wird man bei Beton ohne nachträgliches Überstreichen kaum auskommen.

Es gibt auch Risse, bei denen es durchaus nicht zwingend geboten ist, sie wieder zu schließen. Vor der Entscheidung hat immer die Frage zu stehen, welche Auswirkungen offengelassene Risse haben werden. Maßnahmen zur Rißbeseitigung werden vor allem notwendig sein, wenn die Gebrauchstauglichkeit des Bauwerkes mit der Zeit z. B. dadurch leiden würde, daß ein Übermaß an Feuchtigkeit von außen eindringt, die Standsicherheit durch Rosten der Bewehrung auf lange Sicht in Frage gestellt ist oder aber auch, wenn nur der Wert oder die Tauglichkeit in den Augen unbeteiligter Dritter, was für eine Beurteilung durch Juristen das Maßgebende ist, gelitten hat /52/.

Bei arbeitenden Rissen wird es oft nicht möglich, aber auch nicht anzustreben sein, die durch den Riß getrennten Bauwerksteile mit einer ausreichend festen Füllung wieder zu verbinden. Gewähren lassen ist hier die bessere Lösung. Dies kann entweder durch einen nachgiebigen Dichtstoff oder aber durch bloßes Verblenden geschehen. Ein vorwiegend durch Temperaturschwankungen arbeitender Riß unter einer Flachdachdecke kann durch eine von der Attika außen heruntergezogene Blende verdeckt werden. Undichtigkeiten werden vorher, falls erforderlich, mit einfachsten Mitteln (z. B. mit Werg) gegen Luftzutritt gedichtet.

Im Stahlbetonbau kann es dagegen sehr wohl notwendig sein, in der Zugzone die gerissenen Bauteile wieder spannungsübertragend zusammenzufügen, um die Rißflankenkräfte nutzen zu können. Dies ist vor allem deshalb technisch möglich geworden, weil fast alle dafür in Betracht kommenden Kunstharzgemenge Zug- und Haftfestigkeiten aufweisen, die weit über der Zugfestigkeit des Betons liegen.

Bei unabgedeckten Rissen findet bis zu einer Breite von 0,2 mm ein kapillares Aufsaugen von Wasser statt. Bei größerem Klaffen fließt Niederschlagwasser auch infolge Schwerkraft oder großem Winddruck in das Bauteilinnere. Antiphobieren durch Silikone wird dann keinen durchschlagenden Erfolg mehr bringen können. Ein Verschließen ist in solchen Fällen notwendig.

Festzustellen, ob ein Spaltriß sicher nicht mehr arbeiten wird, ist nur unter großem Beobachtungszeitaufwand mit Gipsbrücken, dem RRB-Gerät oder rechnerisch aufgrund zutreffender Annahmen möglich. Die "Einzugsbereiche" der Rißränder, deren jahreszeitliche Temperatur- und Feuchtigkeitsdehnungen sowie die Kennwerte der beteiligten Baustoffe müssen bekannt sein. Man begnügt sich praktisch damit, eine sehr ungünstige Annahme zu treffen, die eine Behinderung außer Betracht läßt und dadurch alle Möglichkeiten abdeckt. Sicher nicht arbeitende Risse kann man am besten mit dem gleichen Baustoff - in Mörtelform - schließen. Wichtig ist bei allen Arten der Rißbeseitigung, daß die Flanken mit ölfreier Druckluft ausgeblasen und staubfrei gemacht werden. Bei schmalen Rissen wird eine Verbreiterung vorzunehmen sein. Bewährt hat es sich, die Rißufer mit Klebebändern zu schützen, insbesondere, wenn Wert auf Verschwinden der Fehlstellen gelegt wird. Ausbesserungen dieser Art, wie sie bei Sichtbeton verlangt werden, erfordern viel Gefühl und handwerklich besonders sorgsame Arbeit. Ein voller Erfolg ist kaum zu gewährleisten.

Das Eindringen von Kunstharzen in feine Risse kann durch Kapillarität, Schwerkraft oder unter Druck erfolgen. Kapillar steigt ein dünnflüssig gewähltes Harz 3 bis höchstens 4 cm senkrecht in Rissen hoch /53/. Trägt man das Harz mit dem Pinsel auf, und zwar so lange, bis es nicht mehr in den Riß eingesogen wird, dann erreicht man je nach Lage der Oberfläche folgende Eindringtiefen, die bei kleineren Rißbreiten noch etwas zunehmen:

Rißart	Rißbreite in mm	Eindringtiefe in mm
senkrechter Wandriß	0,1 ... 0,2	34
	0,2 ... 0,5	19
Riß an der Deckenunterseite	0,1 ... 0,2	22
	0,2 ... 0,3	16
Riß an der Deckenoberseite (10 cm tief)	0,1 ... 0,2	65
	0,2 ... 0,3	85

Der Handel bietet lösungsmittelfreie Zweikomponentenkunststoffe an, die für das Festwerden nicht auf Hinausverdunsten eines flüchtigen Bestandteiles angewiesen sind. Bei waagerechter Oberfläche läßt sich ein derartiges Harz unmittelbar aus der Dose in den Riß eingießen, bei senkrechter muß dieser 10 cm-weise mit einem Klebeband, von unten nach oben fortschreitend, verschlossen werden. Mit einer Injektionsspritze einfachster Art wird dabei der Kunststoff in den Riß gebracht. Nach dem Erhärten werden die Klebebänder wieder entfernt, und zum Unkenntlichmachen der Rißfüllung kann farbgerechter Sand eingestreut werden, der an der Kunststoffoberfläche haftet. Manche Kunststoffe vergilben bei UV-Bestrahlung, was ebenfalls durch diese Einstreuung verhindert werden kann. Durch die zunehmende Verbreitung von Sichtbeton ist in den letzten Jahren Fachliteratur erschienen, in der Betonkosmetik dieser Art mit vielen Rezepten ausführlich behandelt ist /54/ /55/.

Bei Ingenieurbauwerken, in denen Risse oft große Querschnitte durchsetzen, wird man sich mit Eingießen oder einer Kapillarfüllung nicht zufrieden geben können. Je nach Rißbreite haben sich zwei verschiedene Einpreßverfahren für derartige Instandsetzungen bewährt /56/: Bis zu 0,6 mm Rißbreite werden Stahl- oder Kunststoffplatten mit Einpreßröhrchen im Abstand von rd. 20 cm mit Reaktionsharzspachtelmasse oder Epoxidharzmörtel über dem Riß aufgeklebt. Durch die Röhrchen wird dann ein geeignetes Kunstharz mit Hilfe von Sondergeräten (ähnlich einer Fettpresse oder mit Druckluft betrieben) eingedrückt. Bei Rißbreiten über 0,6 mm können die Einpreßröhrchen in Bohrlöcher eingeklebt werden, weil ein Zusetzen der Risse mit Bohrstaub nicht mehr zu befürchten ist. Ihr Abstand kann mit zunehmender Rißbreite größer gewählt werden.

Bei beiden Verfahren wird der noch freiliegende Bereich des Risses mit Spachtelmasse gedichtet. Nach deren Aushärten preßt man jeweils solange Harz ein, bis es an den benachbarten Röhrchen austritt. Dafür sind Drücke zwischen 2 und 100 bar erforderlich.

Die zu erwartende statische Kraftwirkung, die sich aus dem Druck des Harzes, multipliziert mit der beaufschlagten Rißflankenfläche, ergibt, wird wegen des im schmalen Spalt entstehenden großen Druckgefälles nicht in voller Größe auftreten. Trotzdem ist im jeweiligen Fall zu prüfen, bis zu welchen Drücken man gehen kann, ohne den Zusammenhalt des betreffenden Bauteiles zu gefährden.

Auch sogenannte Packer sind üblich, die am eingesteckten Rohrstück einen kurzen Plastikschlauch haben, der sich unter Wirkung des Innendruckes aufweitet und den Anschluß umso fester und dichter macht, je höher der Druck liegt. Sie können mit einem Rückschlagventil ausgestattet sein, das den Innendruck auch nach abgesetztem Druckschlauch noch weiter aufrechterhält. Sobald der nächst höher gelegene Packer Harz austreten läßt, wird vom benutzten abgeklemmt, mit Stopfen dicht gemacht und der nächste an die Druckinjektionspumpe angeschlossen.

Bei senkrechten Betonwänden soll bei durchgehenden Rissen von beiden Seiten und mit Injektionsöffnungen, die um eine halbe Teilung versetzt sind, gearbeitet werden. Als Richtwert für die Abstände gilt meistens die 1- bis 1,5fache Rißtiefe. Die Durchgängigkeit kann vorher mit Druckluft überprüft werden, indem jeweils an einem von zwei benachbarten Packern angeschlossen wird.

Für größere Rißinstandsetzungen gibt es auch Geräte, die mit Einpreßdrücken bis zu 400 bar arbeiten können und etwa 1,5 l/Minute Gemischdurchsatz aufweisen. Sie fördern die beiden Harzkomponenten mit Zahnradpumpen durch getrennte Hochdruckschläuche bis zum Injektionsstutzen, in dem dann motorisch das Durchmischen erfolgt und der von Hand aus an die Packer angesetzt wird. Der Antrieb erfolgt in allen Fällen mit Druckluft (3,5 m^3/min). Mittlere, fahrbare Geräte arbeiten mit Niederdruck und injizieren durch Andrücken eines Injektionskopfes an kleine, in der oberflächlichen Abdichtung des Risses offengelassene Stellen. Es gelingt, den Rißraum bis zu 3 m Tiefe zu füllen. Um das richtige Mischungsverhältnis auch durch Augenschein leicht überprüfen zu können, wird durch Farbgebung ein bestimmter Farbton erzeugt, der laufend auf Abweichungen überprüft werden kann.

Für sehr große Rißtiefen sind dreistufige Injektionsmaschinen eingesetzt worden, mit denen Drücke bis 1000 bar erreicht werden.

Zur sicheren Füllung sehr feiner Risse muß das jeweilige Kunstharz eine geringe Viskosität aufweisen. Diese Eigenschaft wurde früher in Centipoise (cP) gemessen, nach dem SI-System hat sie die Dimension Pa s erhalten. Die Einheit entspricht der dynamischen Viskosität einer laminar strömenden Flüssigkeit, in der zwischen zwei parallelen, im Abstand von 1 m angeordneten Schichten mit dem Geschwindigkeitsunterschied von 1 m/s die Schubspannung von einem Pa herrscht. Die Umrechnung ist

$$1 \text{ Pa s} = 10 \text{ Poise} = 1000 \text{ Centipoise}$$

d. h., die Centipoise-Angaben sind im Zahlenwert 1000 mal so groß wie die Pa s oder gleich einer mPa s.

Die Dünnflüssigkeit nimmt mit steigender Temperatur zu. Dabei zu berücksichtigen ist, daß sich lösungsmittelfreie Harze

(Zweikomponenten-Flüssigkunststoffe) wegen des exothermen Prozesses beim Erhärten erwärmen, Flüssigkunststoffe mit Lösungsmittelanteilen dagegen abkühlen. Dadurch werden Temperaturen und Viskosität von der Verpreßzeit abhängig (Abb. 33) /57/. Die durch Erwärmung bewirkte Verflüssigung geht ziemlich plötzlich in ein Erstarren über. Kunstharzmischungen können wegen dieses Wärmeanfalles nur in kleinen Mengen oder erst in einer Spritzpistole unmittelbar vor dem Eindrücken angesetzt werden, denn die Topfzeit ist verhältnismäßig kurz. Der Gerätereinigung mit Lösungsmittel vor größeren Arbeitspausen kommt große Bedeutung zu, da erstarrte Kunststoffe sich nicht mehr auf einfache Weise aus dem Gerät entfernen lassen. Als Lösungsmittel dienen bei Epoxidharzen bestimmte Ester, wie Butylacetat oder Toluol, Azeton, Benzin, Xylol, Methylisobutylketon und Nitroverdünnungen, bei Polymethylacrylaten auch Monomere dieses (auch erstarrt löslichen) Kunststoffes.

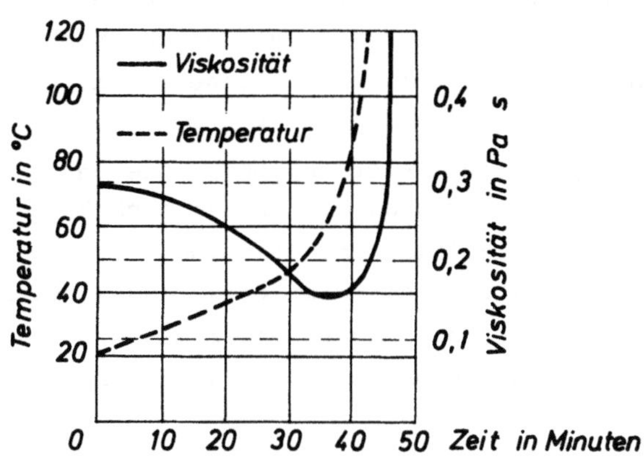

Abb. 33. Abhängigkeit der Verpreßzeit von der Temperatur und Viskosität (Epoxidharz)

Das erhärtete Harz soll nicht feuchtigkeitsempfindlich sein, da ein Haften an feuchten Flächen erwünscht ist. Es gibt aber auch Flüssigkunststoffe, die als zweite Komponente Wasser benötigen und dadurch in sehr feuchten oder sogar vom Wasser durchdrungenen Rissen zur Abdichtung verwendet werden können /58/.

Sollen verpreßte Risse möglichst wenig sichtbar bleiben, dann empfiehlt es sich, diese vorher mit Plastikband zu überkleben und zur Druckabstützung in Längsrichtung eine Gipsbrücke darüber anzubringen. Beides kann nach etwa 12 Stunden wieder leicht entfernt werden.

Wenn Risse mit Kunstharz gefüllt werden, braucht das Ziel nicht immer die Wiederherstellung eines monolithischen Bauteilverhaltens (Verbundes) zu sein. Es kann auch ein bloßes Schließen unter Inkaufnahme weiterer kleiner Restbewegungen oder ein Dichten gegen drückendes Wasser beabsichtigt werden.

Im Stollenbau steht man öfters vor der Notwendigkeit, Risse zu verschließen, die wasserführend sind. In fließendem Wasser kann aber in der Regel nicht injiziert werden, weil mit einem Herausspülen des noch nicht erstarrten Harzes zu rechnen wäre. Die Abdichtung würde überdies zu einer Druckstauhöhe und damit zu einer unerwünschten Zusatz-Beanspruchung des verwendeten Harzes führen, auf dessen Nachgiebigkeit man meist Wert legt. Es ist dann angebracht, durch Anbohren des hinter dem Riß entstandenen Druckraumes für eine ausreichende Entwässerung und Entspannung zu sorgen, damit ein Überdruck erst gar nicht entstehen kann.

Die gewählten Kunststoffe sind diesen Zielen anpaßbar. Sie unterscheiden sich selbst bei gleichem Grundstoff oft je nach Hersteller und durch die sogenannte Modifikation, die eine Veränderung der Eigenschaften zu Gunsten bestimmter Forderungen durch Zumischen zum Ziele hat, erheblich voneinander. Daher müssen sie jeweils sorgsam ausgewählt und erprobt werden. Man unterscheidet je nach Aufgabe

statische Verklebungen (Epoxidharze, Acrylharze),
dichtende Injektionen (Siliconharze, Bitumenemulsionen, Kieselsäureerzeugnisse) und
Verklebungen bei Restbewegungen (Acryl-, Epoxid- und Polyurethan-Harze).

Unter der sogenannten Formulierung eines Harzes versteht man gestufte Mischungsverhältnisse, die beispielsweise zu verschieden langen Verarbeitungszeiten führen. Da die mechanischen Eigenschaften von Harzen bei statischen Verklebungen eine vorrangige Rolle spielen, sei die Anpassungsmöglichkeit beispielsweise für ein Epoxidharz (Araldit) beschrieben:

Formulierung	1	2	3	4
Harz XB 2698 (GT)	100	100	100	100
Härter 1 XB 2700 (GT)	26	21	5	0
Härter 2 X 157/2571 (GT)	0	6	25	30
Verarbeitungszeit bei:				
5 °C (min)	-	-	65	54
20 °C (min)	44	26	13	9
30 °C (min)	20	12	-	-

Unter der Reaktivität versteht man die Zunahme der Haftschubfestigkeit in Abhängigkeit von der Zeit bei einer bestimmten Temperatur (Abb. 34). Sie wird an Zementmörtelprismen, die an zwei Flächen mit einer 1 mm dicken Klebefuge verbunden sind, gemessen. Die Haftschubfestigkeit liegt bei etwa 7,0 MN/m² und wird durch Feuchtigkeit, die nachträglich auf die Klebefuge einwirkt, nur geringfügig vermindert.

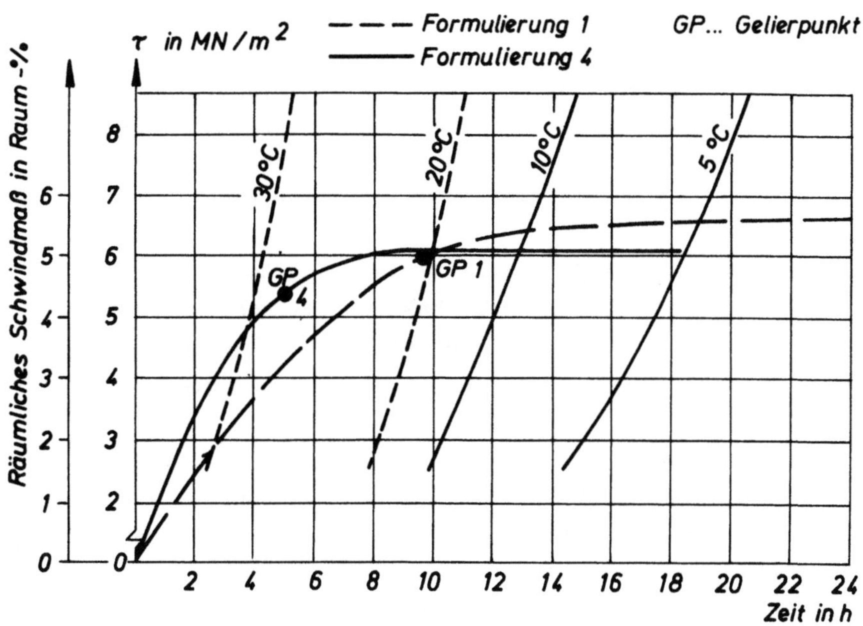

Abb. 34. Schwindverhalten und an Mörtelprismen gemessene Scherfestigkeit bei verschiedenen Temperaturen in Abhängigkeit von der Zeit (Epoxidharz)

Das Schwinden von Reaktionsharzen ist bis zum sogenannten Gelierpunkt mit 4 bis 5 Raum-% zwar groß, aber für den Einpreßvorgang bedeutungslos, weil ein Nachfließen stattfinden kann. Danach ist nur mehr mit einem Nachschwinden von rund 0,7 Raum-% zu rechnen (Abb. 34).

Der Gleitmodul beträgt bei 0 °C 1000 MN/m². Er fällt bei 50 °C steil ab und überschreitet bei 100 °C knapp 10 MN/m². Dieses Versagen bei höherer Temperatur ist im Brandfall von Bedeutung.

Die Formulierung 1 erreicht bei 20 °C im Alter von 7 Tagen eine Biegezug- und Druckfestigkeit von 69 bzw. 90 MN/m², die Formulierung 4 von 75 bzw. 100 MN/m². Die bei Biegungs- und Druckbelastung unterschiedliche Probenform (80 x 10 x 4 und 30 x 10 x 10 mm) ist auf die ausgewiesenen Zahlenwerte von großem Einfluß.

Die Dichte von Epoxidharz liegt etwa zwischen 1,1 und 1,2 g/cm³.

Neben Epoxidharzen haben auch einige andere Harze Bedeutung erlangt. Polymethylmetacrylatharze (PMMA) sind besonders dünnflüssig (1 mPa s Viskosität gegenüber 80 bis 800 mPa s bei Epoxidharzen) und erhärten auch noch unter 0 °C. Sie sind gegen Säuren, Laugen, Öle, Fette und Treibstoffe auch in elastischer Einstellung beständig. Die erreichbaren Schubfestigkeiten bei 20 °C liegen bei 21 MN/m², die Druckfestigkeiten bei 90 MN/m².

Als weitere Harzart ist Polyester-Flüssig-Kunststoff für Injektionen geeignet. Diese Harzart besitzt bei Wärme besonders kurze Erstarrungszeiten. Sie eignet sich deshalb ebenfalls für Arbeiten bei niedriger Temperatur, zeigt aber ein starkes Schwinden.

Aus Kostengründen ist eine Magerung der Flüssigkunststoffe mit Sand beim Verpressen von Rissen erwünscht. Die obere Grenze der Feinsandzugabe liegt bei einem Mischungsverhältnis von 1:2 in Gewichtsteilen. Nur bei besonderer Kornabstufung gelingt es, Quarzsande auch in Mischungsverhältnissen von 1:4 bis 1:6 durch rasches Einpressen bei breiten Rissen zu verarbeiten.

Wenn auf gutes Haften und eine statisch vollwertige Verbindung Wert gelegt wird, müssen die Haftflächen lufttrocken sein. Dies kann durch vorheriges Ausblasen der Risse mit trockener Druckluft erreicht werden.

Bei Außenwandflächen sind manchmal aus irgendwelchen Ursachen entstandene Spaltrisse (über 0,5 mm Breite) zu überbrücken, die noch arbeiten. Die vielfach übliche Art, diese Risse auszukratzen oder mit einer elektrisch angetriebenen Trennscheibe keilförmig aufzuweiten, sie gleichzeitig zu begradigen und dann zu schließen, nützt allein meistens nicht. Hier muß eines der Überbrückungssysteme angewandt werden, die von den einschlägigen Firmen mit dem Beinamen "flex" oder "elastik" gekennzeichnet werden. Sie verwenden eine Vorbewehrung, die auf den keilförmig aufgeweiteten und mit einem Kunststoffmörtel (1:2 bis 1:3) auf Acryl-Polymer-Dispersionsbasis zugespachtelten Riß aufgelegt wird. Diese besteht aus einem elastischen Polyestergewebe und wird mit einer Einbettungsmasse (700 bis 900 g/m^2) unter Verwendung eines Pinsels, einer Bürste, Rolle oder Spritzpistole, den Riß symmetrisch überbrückend, auf den mit Imprägniergrund gestrichenen Untergrund aufgebracht. Nach Überstreichen (300 bis 450 g/m^2) wird bei arbeitenden Spaltrissen eine zweite Bewehrung aufgelegt, die ebenfalls aus einem elastischen Polyestergewebe besteht und je nach Risseanzahl eine Teil- oder Vollbewehrung der Wandfläche sein kann. Im ersten Fall ist es ausreichend, mit 40 cm breiten Gewebestreifen zu arbeiten. Es folgt das Auftragen einer weiteren Schicht Dispersionsfarbe (400 bis 500 g/m^2), die dann den Untergrund für Anstriche, Fein- oder Grobputze bildet, oder eine elastische Schlußbeschichtung weiß oder farbig ein- bis zweimal aufgetragen erhält.

Durch die beiden Bewehrungen, von denen die erste mit diagonaler Fadenrichtung (Fadenzahl z. B. 10/10, 125 Denier, entsprechend dem 9000 m-Fadengewicht in g) eingebettet wird, verteilt sich die Rißrandbewegung auf eine größere Dehnlänge, weil auch die Nachgiebigkeit der wandnahen Schichten entsprechend größer gewählt worden ist. Bei Vollbewehrung werden die 1,1 m breiten Polyester-Gewebebahnen 5 cm überlappt angelegt. Die Rezepturen sind in der Regel von den Ausführenden nach Absprache mit den Herstellerwerken dem jeweiligen Schadensbild anzupassen, so daß der Verbrauch in gewissen Grenzen schwankt und nicht allgemeingültig angegeben werden kann.

Bei sehr feinen Rissen, die kaum mehr arbeiten, reicht es für die Rißüberbrückung aus, eine einzige Bewehrung einzubetten oder ganz auf diese zu verzichten und auf das zur Wandfläche hin größer werdende Verformungsgefälle der einzelnen Schichten zu vertrauen. Man spricht dann von einem Elastikschwimmfilm als "Gleitschicht".

Das Verschließen der aufgekratzten Risse kann auch mit einer Spritzpistole geschehen, die einen Dichtstoff auf Acrylbasis eindrückt, der dann in der Wandfläche glatt gespachtelt wird. Eine saubere Wandfläche ist unerläßliche Voraussetzung für das Wirksamwerden eines Grundierungsanstriches.

Mit derartigen Arbeitsverfahren ist es erwiesenermaßen möglich geworden, auch durch Temperatur- und Feuchtigkeitsänderungen hervorgerufene Rißrandbewegungen zu beherrschen, die einer Verschlußmasse unzumutbar große Verformungen aufgezwungen und sie nach kurzer Zeit zum Reißen gebracht hätten.

Sind Risse durch Aussprengungen infolge von rostender Bewehrung verursacht, so muß grundsätzlich vor dem Wiederverschließen der Schadenstelle jedweder Rost beseitigt werden. Verrostete Bewehrungsstäbe, deren statische Tragfähigkeit umso eher ernstlich beeinträchtigt sein kann, je dünner sie sind (z. B. eine Filigrandeckenträger-Bewehrung), müssen zunächst mechanisch mit einer Stahldraht-Topfbürste oder durch Vakuum-Sandstrahlen gereinigt und "eisenblank" gemacht werden. Dann erfolgt ein erster lösungsmittelfreier Kunststoffanstrich und nach 24 Stunden der zweite. In diesem wird frisch in frisch Quarzsand als Haftbrücke eingestreut. Der Verschluß der Fehlstelle kann durch einen Kunststoffmörtel in einer der Sichtbetonfläche angepaßten Farbe oder aber mit Spritzbeton entsprechender Zusammensetzung erfolgen. Im ersten Fall ist mit der Emulsion des Mörtels vorzustreichen, im zweiten Fall vorzunässen. Der oberflächliche Übergang kann durch Abreiben mit einem Schaumglas oder Glaspapier weitgehend unerkennbar gemacht werden.

Wichtig ist es, bei Kunststoffmörtel die Verarbeitungsbedingungen genau zu beachten und nicht unter 8 °C und bei über 80 % relativer Luftfeuchtigkeit zu arbeiten /55/.

5. Fugen

Die DIN 52460 definiert eine Fuge als beabsichtigten oder toleranzbedingten Raum zwischen Bauteilen.

Die Absicht, zu erwartende Risse geplant an bestimmten Stellen verlaufen zu lassen, führte zu den sogenannten Scheinfugen, wie sie beispielsweise im Betonstraßenbau Anwendung finden. Die zu erwartenden Formänderungen von langgestreckten Bauwerksteilen ließen sich mit zunehmender Einsicht in die physikalischen Zusammenhänge mit der Zeit immer zuverlässiger überschauen. Man neigte daher bald dazu, sich nicht blindlings auf die durch Erfahrungen als ausreichend anzusehenden Fugenabstände zu verlassen, sondern insbesondere bei Bauteilen, die von der üblichen Form abweichen, die zu erwartenden Fugenrandwege im voraus zu errechnen.

Die meisten Fugenschäden (Undichtigkeit, Rißbildung, Beschädigung der Fugenabdeckung) sind darauf zurückzuführen, daß die Randwege unterschätzt oder die Verformungsfähigkeit der Verschlußelemente überfordert wurden.

Die Gestaltung einer Fuge, deren Aussehen und Ausrüstung vom offenen unbehandelten Spalt bis zum schwer belastbaren Fahrbahnfugenverschluß reicht, richtet sich vor allem nach der zu erwartenden Beanspruchung. Diese kann sehr unterschiedliche Ursachen haben. Eine systematische Einteilung nach der Beanspruchung und nach der Aufgabe stößt wegen der vielerorts bereits üblich gewordenen Bezeichnungen etwas auf Schwierigkeiten. Das Abweichen von der in der Fachliteratur nicht einheitlichen Nomenklatur ist daher manchmal unvermeidbar.

In den meisten Fachbüchern begnügen sich die Verfasser mit einem mehr oder weniger systematischen Aufzählen der Fugenarten. Als Oberbegriffe unbestritten unterscheidet man Bewegungsfugen, Dehnungsfugen, Bauteilfugen und Arbeitsfugen. Im einzelnen wird aber

hinsichtlich der Lage von

Gebäudetrennfugen, Anschlußfugen, Wandfugen, Bodenfugen, Deckenfugen, Brüstungsfugen, Attikafugen, Balkonfugen, Flachdachfugen, Längsfugen, Querfugen, Eckfugen, Lagerfugen, Stoßfugen, Überlappungsfugen und Winkelfugen,

hinsichtlich der Erfordernisse von

Scheinfugen, Setzungsfugen, Wechselfugen, konstruktiven Fugen, Gleitfugen, Schwindfugen, Fahrbahnplattenfugen und Spannfugen,

hinsichtlich des Bauteiles von

Mauerwerksfugen, Plattenfugen, Stützmauerfugen, Brückenfugen und Elementfugen

und hinsichtlich der Fugenform und -füllung von

offenen Fugen, belüfteten Fugen, Keilfugen, Hohlfugen, Vollfugen, Abdeckfugen, Preßfugen und Mörtelfugen

gesprochen.

Die Untergliederung zeigt deutlich, daß sich die Begriffe nicht immer eindeutig abgrenzen lassen, weil sie eine Mehrfachzugehörigkeit nicht ausschließt. Mit Ausnahme der Anschluß-, Mauerwerks-, Arbeits- und Preßfugen führen genau genommen alle Fugen nicht vernachlässigbare Flankenbewegungen aus. Lage, Erfordernis, Bauteil und Art der Füllung ergeben auch nicht zwingend eine gleichartige Ausführungsform. Eine Wandfuge kann ebenso eine Setzungsfuge sein, die abgedeckt ausgeführt wird, wie eine Gebäudetrennfuge, die mit Dichtstoff verschlossen ist.

Es erscheint daher folgerichtiger und brauchbarer, für die Behandlung des gewählten Themas den Oberbegriff "Bauwerksfugen" in

offene Fugen
verschlossene Fugen und
gedichtete Fugen

zu unterteilen. In diese Ordnung können praktisch alle Fugenarten zwanglos eingereiht werden. Wenn bei Fugen dennoch Zweifel an der Zugehörigkeit bestehen, dann können sie ohne Schwierigkeit dort eingeordnet werden, wo ihre wichtigste Aufgabe Berücksichtigung findet.

Ein Teil der üblich gewordenen Fugenbezeichnungen ist im Entwurf der DIN 52 460 (März 1977) enthalten.

5.1. Berechnung der Fugenflankenwege

Die für die Berechnung der Fugenbreitenänderungen bekannt gewordenen Vorschläge haben eine auch in anderen Gebieten der Technik zu beobachtende Entwicklung vom Zu-Einfachen über das Zu-Komplizierte zum Ausreichend-Genauen durchgemacht. Ursprünglich war es üblich - und auch heute gibt es noch Bauaufgaben, bei denen man damit schadensfrei ausgekommen ist -, Erfahrungswerte zugriffsbereit zu sammeln und sie bei den weiteren Bauten zu verwenden. Mit wachsendem Wagemut der Architekten und unter dem Zwang zur Wirtschaftlichkeit sah man sich aber in zunehmendem Maße gezwungen, bei von der Regel abweichender Baugestaltung doch auf eine Berechnung überzugehen.

Das Arbeiten einer Fuge, das nicht nur die bloße Breitenänderung des Fugenspaltes, sondern alle Wege der Fugenflanken in den drei Achsrichtungen beinhaltet, wird durch

Temperatur- und
Feuchtigkeitsänderungen,
lastabhängige Verformungen,
aufgezwungene Bewegungen angrenzender Bauteile,
Setzungen (Boden) oder auch
von außen kommenden Erschütterungen

verursacht. Die größenmäßige Erfassung dieser Einflüsse fällt bei den drei zuerst genannten in das Gebiet der Baustoffkenntnis und der Bauphysik, die lastabhängigen Verformungen und Bewegungen erfaßt der Statiker, und die zu erwartenden Setzungen und Erschütterungen der Bodendynamiker. Schon hier sei darauf hingewiesen, daß Erschütterungen in der Regel nur sehr kleine Weganteile zur Fugenflankenbewegung beitragen und einer Fuge hauptsächlich die Unterbrechung der Bauwerksschwingungen obliegt. Dies ist oft auch aus akustischen Gründen (DIN 4109 Bl. 5, Ziff. 2.3.1.3) erwünscht. Eine nennenswerte Beanspruchung des Fugenverschlusses entsteht dadurch aber nicht, so daß diese Einflußgröße im folgenden außer Betracht bleiben kann.

Die Erfassung oder das Abschätzen der stoffbedingten Längenänderungen durch Feuchtigkeitsabgabe, die nach der Fertigstellung eines Bauteiles gemeinhin mit Schwinden bezeichnet werden, sind für die einschlägigen Baustoffe bekannt. Bei den der Witterung ausgesetzten Bauteilen ist aber in erhöhtem Maße damit zu rechnen, daß sie bei erneuter Durchfeuchtung einen Teil der anfangs durch Feuchtigkeitsabgabe bewirkten Schwindverkürzung im eingebauten Zustand wieder rückgängig machen und sich entsprechend verlängern. Auch diese praktisch zu erwartenden Feuchtigkeitsdehnungen sind für die üblichen Baustoffe bekannt. Es ist jedoch dabei zu berücksichtigen, daß eine gänzliche Durchfeuchtung meist mit Sicherheit ausgeschlossen werden kann. Dadurch geht je nach den örtlichen Gegebenheiten (Himmelsrichtung, Außenklima, Bauteildicke, Schichtenaufbau und Oberflächenschutz) nur ein Teilbetrag der im Laboratorium meßbaren größtmöglichen Feuchtigkeitsdehnung in die Rechnung ein. Eine einseitige Durchfeuchtung ruft außerdem eine Verkrümmung hervor, die bei plattenförmigen Bauelementen beträchtliche Fugenflankenwege auch normal zur Bauteiloberfläche zu bewirken imstande ist.

Eine Berechnung kann wegen der fehlenden und nicht genau erfaßbaren Einflußgrößen (z. B. Grad der Behinderung) nicht das Ziel haben, einen möglichst genauen Wert für alle Fugenflankenwege zu ermitteln. Sie muß mit einem oberen Grenzwert zufrieden sein, der im Bauwerk sicher nicht überschritten wird. Diese Vorgangsweise , die nur auf den ersten Blick enttäuscht, unterscheidet sich auch hier in Wirklichkeit nicht wesentlich von anderen üblichen Berechnungsverfahren, wie sie bei Bemessungen Anwendung finden.

Ganz allgemein ist eine Fugenrandbewegung als dreidimensional zu betrachten. In der Überzahl handelt es sich um nur sehr langsam veränderliche und kurze Flankenwege, die nur in einer Richtung zu berücksichtigende größere Werte erreichen. Aus Messungen ist bekannt, daß Temperatur und Feuchtigkeit je nach Bauteillänge Flankengeschwindigkeiten in der Größenordnung von 0,06 bis 1,25 mm/h verursachen können. Der erste Wert ist an der Fuge einer 1,2 m breiten Leca-Betonaußenwandplatte /59/, der zweite an der Fuge einer 120 m langen Fahrbahnplatte gemessen /10/ worden. Anders ist es nur bei Fugenflankenbewegungen infolge von lastabhängigen Verformungen, die z. B. bei Brücken schlagartig auftreten und periodisch abklingend verlaufen.

Bei verschlossenen Fugen wird es meist darum gehen, das Dehnvermögen des Dichtstoffes nicht u. a. dadurch zu überfordern, daß die Fugenbreite zu schmal ausgelegt worden ist.

Grunau /60/ geht bei der Berechnung der Flankenwege davon aus, daß die Wärmedehnung eines Bauteiles "wegen lokaler Defekte, die den Baustoff in die Lage versetzen, einen Teil der auftretenden Bewegungen selbst aufzunehmen", nicht in ganzer Größe zur Wirkung kommt. Er berücksichtigt dies durch einen Faktor $F_M < 1$. Die an einer Fugenflanke durch Temperatur und Feuchtigkeit verursachte Verschiebung wird danach (eindimensional betrachtet) mit

$$\Delta b' = \frac{L}{2} (\alpha_T \Delta T F_M + \varepsilon_W + V_W R_S) \quad \text{in mm} \tag{114}$$

angesetzt. Die Fugenbreitenänderung ist nur dann $2 \times \Delta b'$, wenn angenommen werden kann, daß sich zwei gleich verhaltende Bauelemente jeweils mit ihrer wirksamen Länge an der Veränderung der Fugenbreite beteiligen. Dies wird in vielen Fällen ausreichend genau zutreffen.

Das dritte Glied in der Klammer soll berücksichtigen, daß mineralische Wandbaustoffe einen irreversiblen Anteil V_W ("Trocknungsschwund") an Feuchtigkeitsdehnung beisteuern können, der sich noch nach dem Zeitpunkt des Einbringens der Dichtungsmasse (durch den Faktor R_S abgemindert) auswirken kann.

Abgesehen davon, daß die Erfassung einer Größe $\Delta b'$ nicht genauer wird, wenn mindestens ebenso ungenau zu schätzende Stoffgrößen in die Gleichung zusätzlich eingefügt werden, ist die Gleichzeitigkeit einflußnehmender Größen erheblich wichtiger. Bei der Beurteilung der Fugenbreitenänderung ist es daher zweckmäßig, zunächst die Temperatur- und die Feuchtigkeitsauswirkungen getrennt zu betrachten.

Beim erstgenannten Anteil ist die Einbautemperatur von Einfluß. Ist sie zum Zeitpunkt der Planung unbekannt, so wird sie auf der ungünstigen Seite liegend geschätzt, um bei der Berechnung eine ausreichende Sicherheit zu haben. Da extrem hohe mittlere Tagestemperaturen selten sind und tiefe ohnehin beim Einbau meist vermieden werden, geht man in der Regel von T_0 = 10 bis 15 °C Außentemperatur aus. Symmetrisch liegende und sich gleichverhaltende Bauteile vorausgesetzt, wird (nach DIN 4117) im Winter die Fugenbreitenänderung durch die Grenzwerte der Außentemperatur

$$\Delta b_{T1} = (-15° - T_0°)\,\alpha_T\,L \qquad \text{in mm} \tag{115}$$

im Sommer

$$\Delta b_{T2} = (+70° - T_0°)\,\alpha_T\,L \qquad \text{in mm} \tag{116}$$

und

$$\Delta b_T = \Delta b_{T2} - \Delta b_{T1} = 85\,\alpha_T\,L \qquad \text{in mm} \tag{117}$$

sowie die Fugenbreitenänderung des Bauteiles durch größtmögliche Austrocknung mit

$$\Delta b_{F1} = -\varepsilon_{F1} \cdot L \qquad \text{in mm} \tag{118}$$

und bei größtmöglicher Durchfeuchtung

$$\Delta b_{F2} = +\varepsilon_{F2}\,L \qquad \text{in mm} \tag{119}$$

anzusetzen sein.

Zur Gleichung (117) ist zu bemerken, daß die Einbautemperatur in dieser zwar nicht mehr auftritt, aber nur scheinbar belanglos bleibt. Sie bestimmt bei Fugendichtstoffen das Verhältnis von auftretender Zugdehnung und Stauchung, deren Summe unter gegebenen Verhältnissen aber gleich bleibt. Eine sehr hohe Einbautemperatur ergibt im Winter eine größere Zugdehnung der Fugenfüllung und muß theoretisch durch eine Verbreiterung der Fuge berücksichtigt werden. Praktisch wird aber die Leistungsfähigkeit der Dichtstoffe durch die Gesamtverformung für ausreichend gekennzeichnet gehalten, die tatsächlich nicht von der Einbautemperatur abhängt.

Bei der Zuordnung der Feuchtigkeitsdehnungsanteile ist es von entscheidender Bedeutung, zu welchem Zeitpunkt mit deren Eintreten gerechnet werden muß. Meistens wird eine hohe Außentemperatur mit dem Austrocknen des Bauteiles einigermaßen einhergehen. Die allein durch Temperatur hervorgerufene Fugenverengung wird dann geringer ausfallen. Das ungünstigste Zusammentreffen wäre gegeben, wenn ein warmer Regen bei hoher Lufttemperatur niedergeht oder ein bereits weitgehend ausgetrockneter Bauteil in einer kalten Winternacht stark abgekühlt wird.

Nicht ohne Einfluß kann zweifellos die Abkühlung eines Bauteils bleiben, die durch das Hinausverdunsten der aufgenommenen Feuchtigkeit eintritt. Wasser braucht für das Verdampfen zwischen 20 und 70 K im Mittel 2394 kJ/kg. Setzt man den hinausverdunstenden Feuchtigkeitsgehalt einer Beton-Fassadenplatte mit W voraus, so entspricht dies einem Temperaturverlust von

$$\Delta T = \frac{Q_W \cdot W}{c_B} \quad \text{in K} \qquad (120)$$

Darin bedeuten

c_B ... die spezifische Wärmekapazität von Beton in kJ/kg K
Q_W ... die Verdampfungswärme von Wasser in kJ/kg
W ... den Wassergehalt in kg/kg Beton

Bei 1 % Feuchtigkeitsgehalt ergäbe sich danach - für sich allein betrachtet - durch Hinausverdunsten (c_B = 1,1 kJ/kg K und Q_W = 2394 kJ/kg) eine Temperaturabnahme um 22 K.

Die Durchfeuchtung erfolgt, da sie durch kapillares Saugen vor sich geht, wesentlich schneller als das Trocknen, das einen nur langsam abklingenden Verlauf nimmt.

Die ganze Auswirkung der Feuchtigkeitsdehnung ($\varepsilon_{F1} + \varepsilon_{F2} = \varepsilon_F$), die ein Bauteil zwischen Sättigung und Trockenzustand erfährt, zur Fugenbreitenänderung (Gleichung 121) hinzuzuzählen, liegt zweifellos auf der denkbar sichersten Seite. Man wird dies bei der Berechnung so lange tun und mit

$$\Delta L_{ges} = (85\,\alpha_T + \varepsilon_F) \cdot L \quad \text{in m} \tag{121}$$

rechnen, als sich bei konstruktiv tragbarer Fugenbreite keine Schwierigkeiten durch die Beanspruchung des Fugendichtstoffes ergeben. Bei offenen Fugen zeigt sich dadurch ohnehin kaum eine Erschwernis.

Die vorgeschlagene vereinfachte Berechnungsart läßt die Einflußgrößen durchschaubar und täuscht keine Genauigkeit vor, die in Wirklichkeit wegen der zahlreichen unerfaßten Zusatzeinflüsse gar nicht gegeben sein kann. Zu diesen gehört vor allem der Grad der Behinderung.

Bei Querfugen in langen Fahrbahnplatten oder Brücken ist eine genaue Einschätzung auch des feuchtigkeitsbedingten Dehnweges erforderlich, weil es sich dann um die Bemessung von Fugen-Überbrückungskonstruktionen handeln kann. Hier treten als zusätzliche Erschwernis durch Verbiegungen auch gegenseitige Verdrehungen der Fugenflanken auf, deren Drehpunkt in der Regel außerhalb der Fahrbahnfugen liegt /61/. Einer der Fugenränder tritt dadurch aus der Fahrbahnebene unerwünschterweise heraus. Durch waagerechte Verbiegungen bleibt auch die Breite der Querfugen nicht mehr unveränderlich. Bei Brücken rechnet man, abgesehen von diesen verwickelten Verhältnissen, mit auf der sicheren Seite liegenden Schätzwerten von rd. 1,1 o/oo $\pm$ 0,3 o/oo der Dehnlänge für Fugenbreitenänderungen, die sich aus Temperatur- und Feuchtigkeitsdehnungen sowie (bei vorgespannten Konstruktionen) aus den Kriechweganteilen zusammensetzen.

Vorgespannte Betonfahrbahnen ändern aus den gleichen Ursachen ihre Länge um etwa 0,6 o/oo. Schräge Fugen weisen auch eine Parallelverschiebung ihrer Flanken auf.

Große Fugenflankenwege treten bei Bauwerken mit ungewöhnlicher architektonischer Gestaltung auf. Ein außenliegendes Tragwerk aus Stahl oder Beton darf seine beachtlichen temperatur- und feuchtigkeitsbedingten Verformungen nicht auf die raumabschließenden Decken- und Wandteile übertragen. Die Wege können bei derartiger Gestaltung bis zu 5 cm erreichen, die von Fugen mit dichtem Verschluß aufzunehmen sind. Bei derartigen Bauwerken ist damit zu rechnen, daß relative Bewegungen der Ränder in allen drei Achsrichtungen anfallen, die von fast gleicher Größenordnung sein können. Durch eine reichlich bemessene Wärmedämmung des außen liegenden Tragwerkes gelingt es nur, die Tages-Temperaturschwankungen zu verringern, nicht aber die jahreszeitlichen. Die Fugenrandbewegungen werden durch diese Maßnahmen in ihrer täglichen Amplitude kleiner und verlaufen langsamer. Beides ist erwünscht, erspart aber die extrem verformungsfähige Fugenabdichtung nicht.

In Beton- und Mauerwerksbauten kann die Fugenbreite durch kleine Fugenabstände verringert werden.

Die DIN 1053 setzt in Abschnitt 2.8 fest, daß in längeren Gebäuden Trennfugen mit Rücksicht auf Setzungen des Baugrundes und Schwinden der Baustoffe anzuordnen sind. Bei Mauerwerk aus Leichtbetonsteinen gibt sie den Fugenabstand mit höchstens 35 m an.

Bei dickwandigen, meist unbewehrten Betonbauwerken, die ihre Standfestigkeit vorwiegend durch ihre Masse erhalten (z. B. Stützwände), richtet sich der Fugenabstand auch nach der Temperaturerhöhung, die beim Erstarren des Zementes durch seine Hydratationswärme (Wärmetönung) entsteht. Um Temperaturrisse zu vermeiden, sieht man Preß- und Raumfugen vor, deren Abstand mit zunehmender Wanddicke kleiner werden muß. Als Richtwerte gelten

Wanddicke in m	0,6 bis 1,0	1,0 bis 1,5	1,5 bis 2,0
Fugenabstand in m	6 bis 10	5 bis 8	4 bis 6

Die in derartigen Bauwerken erforderlichen Fugenabstände ergeben sich aus der Forderung, daß durch Zwängungskräfte keine Schäden entstehen dürfen, wenn durch Behinderung Zugspannungen wirksam werden. Deren oberer Grenzwert läßt sich aus der Gleichung

$$\sigma = E \cdot \Delta T \cdot \alpha_T \qquad \text{in } MN/m^2 \tag{122}$$

bei gedachter vollständiger Behinderung ermitteln. Sie werden, Erwärmung über den ganzen Querschnitt vorausgesetzt, um so größer sein, je höher der Elastizitätsmodul E und der Längen-Ausdehnungskoeffizient liegen. Bei Mauerwerk spielen die Fugen eine einflußreiche Rolle, weil sich in diesem sehr feine Risse bilden können, die den "E-Modul" vermindern und selbst kaum sichtbar werden. Dadurch wird die Rißanfälligkeit scheinbar geringer als bei Betonbauwerken.

Für die Fugenabstände in einschlägigen Bauteilen und Bauwerken haben sich Erfahrungswerte eingebürgert (Abschnitt 4.1.1.), die aber jeweils daraufhin überprüft werden sollten, ob im betreffenden Fall besondere Verhältnisse, wie biegeweiche Verbindungen oder eine große Bodenreibung, eine Erhöhung oder Verminderung angebracht erscheinen lassen. Am Baugrund aufliegende Bauwerke können durch Unebenheiten Reibungszahlen bis 1,5 und mehr erreichen, da auch ein teilweiser Formschluß hinzukommt.

Unklarheiten bestehen vielfach bei der Berechnung der Dehnungsfugen, wie sie bei keramischen Wand- und Bodenbekleidungen vorgesehen werden. Die Fugenflankenwege sind, solange der Verbund zwischen Belag und Untergrund wirksam ist, außerordentlich klein, denn sie entsprechen etwa nur der Untergrundverformung auf Fugenbreite. Eingedenk der Aufgabe dieser Dehnungsfugen, die nur das Durchlaufen eines Haftungsschadens über die gesamte Fassaden- oder Bodenfläche verhindern sollen, wird die bei diesem Schadensfall eintretende Fugenbreitenänderung der Bemessung der Fugenbreite zugrunde zu legen sein. Der Ansetzmörtel schreibt dann die temperatur- und feuchtigkeitsbedingte Längenänderung vor. Die wirksame Belaglänge wird vorsichtshalber dem Abstand bis zur nächsten Fuge gleichzusetzen sein, weil damit gerechnet werden muß, daß der letzte noch haftende Bereich ungünstigstenfalls an deren Rand liegen kann. Hier nur die halbe Feldlänge einzusetzen, wie es beim Großtafelbau vertretbar ist, wäre unzulässig. Die Fugenbreitenänderung wird danach bei zwei gleichgroßen aneinandergrenzenden Belagfeldern einer Außenwand

$$\Delta L = 2(85\alpha_T + \varepsilon_F)\, L \qquad \text{in } m \tag{123}$$

betragen können.

Bei in Sand- oder Kalkmörtelbett verlegten Bodenplatten sind die Fugenrandwege voll und unbehindert in Rechnung zu stellen, da sich bei Bodenbelägen auch ursprünglich offene Plattenfugen durch Staub zusetzen und ein Haften oder ein Reibungsschluß am Untergrund auf Dauer nicht wirksam bleibt. Unterläßt man bei derartigen Bodenbelägen, vor allem wenn sie unter freiem Himmel liegen, die Ausbildung arbeitsfähiger Dehnungsfugen, dann kommt es im Sommer leicht zum dachförmigen Hochsteigen benachbarter Plattenreihen.

In geschlossenen Räumen zeigt die Erfahrung andererseits, daß auch bei größeren Dehnungsfugenabständen im Bodenbelag keine Schwierigkeiten auftreten, wenn das ganze Jahr etwa gleiche Temperatur herrscht. Die Randwege bleiben klein. Bei schräg verlaufenden Fugen wird zu berücksichtigen sein, daß die Randbewegungen gegebenenfalls in zwei Achsrichtungen stattfinden. Im Verlauf abgewinkelte Fugen bleiben nur bei kleinen Wegen schadensfrei und sollten möglichst vermieden werden.

Die Breitenänderungen von Anschluß- und Eckfugen brauchen in der Regel nicht errechnet zu werden, da sie gegenüber dem für das sichere Füllen erforderlichen Flankenabstand sehr klein sind. Es handelt sich um die Anschlußstellen zum Rohbau, um alle ein- und ausspringenden Ecken und um die Anschlußfugen am Übergang der Wand zum Fußboden. Ausspringende Ecken sind immer so zu gestalten, daß der Bereich des lose gewordenen Belages (Platten und Ansetzmörtel), der am Eck den längeren Dehnweg hätte, den anderen, noch haftend gedachten Belag nicht abdrücken kann.

Die Trennung vom Untergrund ist in allen Fällen zwischen Ansetzmörtel und Wand angenommen, da ein Lösen der Platten ohnehin die Zerstörung des Belages bedeutet hätte. Maßgebend für die mögliche Verlängerung eines Belages sind die Temperatur- und vor allem die Feuchtigkeitsdehnung des Ansetzmörtels. Beide übertreffen wegen der größeren α_T - und ε_F -Werte die Längenänderung der Platten und des Fugenmörtels beträchtlich. In einspringenden Ecken sind auch aufgezwungene Schub- und Druckverformungen von der Fuge zu bewältigen, die harte Eckfugenfüllungen meist nicht ohne Risse aufnehmen können. Ebenso sind nachgiebig gefüllte Fugen an allen durchdringenden oder im Untergrund befestigten Teilen erforderlich.

Im Innenausbau können Dehnungsfugen an Ecken dann hart verschlossen werden, wenn die Verformung des Rohbaues bereits sicher weitgehend abgeklungen ist und wenn es sich nicht um Leichtbauweisen geringer Steifigkeit handelt. Diese Voraussetzungen sind meist nur in neu auszubauenden Altbauten mit ausreichender Sicherheit erfüllt.

Einen Sonderfall in der Berechnung stellen Fugen von Behälterauskleidungen dar, wie sie beispielsweise in Beizbetrieben Verwendung finden. Hier wird z. B. ein Belag aus Polyesterplatten mit einem Kleber auf einer verformungswilligen Weichgummischicht befestigt, die ihrerseits auf einer Stahlblech-Behälterwand haftet /62/.

5.2. Offene Fugen

Unter offen muß im engeren Sinn verstanden werden, daß der Spalt der Fuge im Endzustand leer bleibt und auch nicht an seinen Rändern verschlossen wird. Aus baupraktischen Gründen wird der Fugenraum aber meist, um unbeabsichtigte Beton- oder Mörtelbrücken sicher zu vermeiden, durch eine leicht verformbare Bauplatte gefüllt. Zu dieser Art Fuge werden demnach außer den zur Untergliederung der Baukörper absichtlich sichtbar belassenen Gebäude-Trennfugen auch noch die z. B. durch ein Regenfallrohr abgedeckten oder alle Preß- und Scheinfugen gehören, soweit sie möglicherweise erst später eine Fugenbreite aufweisen. Nicht dazu gehören die bei der Großtafelbauweise angewandten, sichtbar bleibenden waagerechten und senkrechten "konstruktiven" Elementfugen.

Als Trennfugen werden gemäß DIN 52400 (Aug. 1979) durchgehende Fugen zwischen Gebäuden oder Gebäudeteilen bezeichnet. Es scheint fast überflüssig zu betonen, daß sie nur an einem Ende (als Setzungsausgleich an keinem) kraftschlüssig überbrückt sein dürfen und auch wirklich durchgehend offen sein müssen. Die Baupraxis zeigt aber demgegenüber, daß allzuoft Mörtelbrücken, Innenausbauten, Metallkonstruktionen, Fassadenbekleidungen, Naturstein- oder Betonplatten, Pflasterungen und ähnliches in Unkenntnis der Aufgaben einer Trennfuge über diese gedankenlos hinweggeführt und befestigt werden.

Bei hohen Gebäuden ist es richtig, die für die Verformbarkeit der Dachdecke erforderliche Nachgiebigkeit durch erst im oberen Geschoß beginnende zusätzliche Trennfugen zu gewährleisten.

In Hochbauten aus Stahlbeton liegen manchmal Teile des Tragwerkes auf Konsolen auf, die beispielsweise als Einhängeträger den Ausgleich von Setzungsunterschieden besorgen, oder es verlaufen Gebäudetrennfugen durch Stützen (Doppelstützen). Im Industriebau pflegt man die dabei technisch gerechtfertigten sichtbaren offenen Fugen in Kauf zu nehmen und läßt sie mit Recht unverkleidet.

Zu große Wege der Ränder von Trennfugen, die Setzungsunterschiede auszugleichen haben, lassen sich wesentlich verkleinern, wenn bei zuverlässiger Setzungsberechnung der zeitliche Verlauf bekannt ist und der stärker absinkende Bauteil bei der Herstellung vorgezogen wird. Seine Endhöhenlage kann dann für die durchgehende Geschoßebene eingeplant werden.

Scheinfugen entstehen an einem absichtlich verminderten Bauteilquerschnitt, in dem beim Auftreten von Spannungen durch Reißen eine durchgehende Bewegungsfuge entstehen kann. Diese Lösung findet am häufigsten im Fahrbahnplattenbau Anwendung (Abb. 35 g). Eingelegte Bewehrungsanker, bis zur Mitte bituminiert, sorgen für die richtige Lage der Plattenteile, auch wenn sich der Beton durch Schwinden zusammenzieht. Der später eingeschnittene Fugenspalt (etwa 8 x 40 mm), der vergossen wird, dient genaugenommen nur dazu, den darunter entstandenen Riß als "offene Fuge" frei zu halten.

Den Preßfugen liegt die Überlegung zugrunde, daß ein an den bereits erhärteten Beton anbetonierter Fortsetzungsteil immer in Berührung bleiben wird, wenn durch eine ausreichende Bewehrung oder Druckvorspannung dafür gesorgt ist. Eine besondere Art der Preßfuge ist die Spannfuge, in die zur Erzeugung einer Druck-

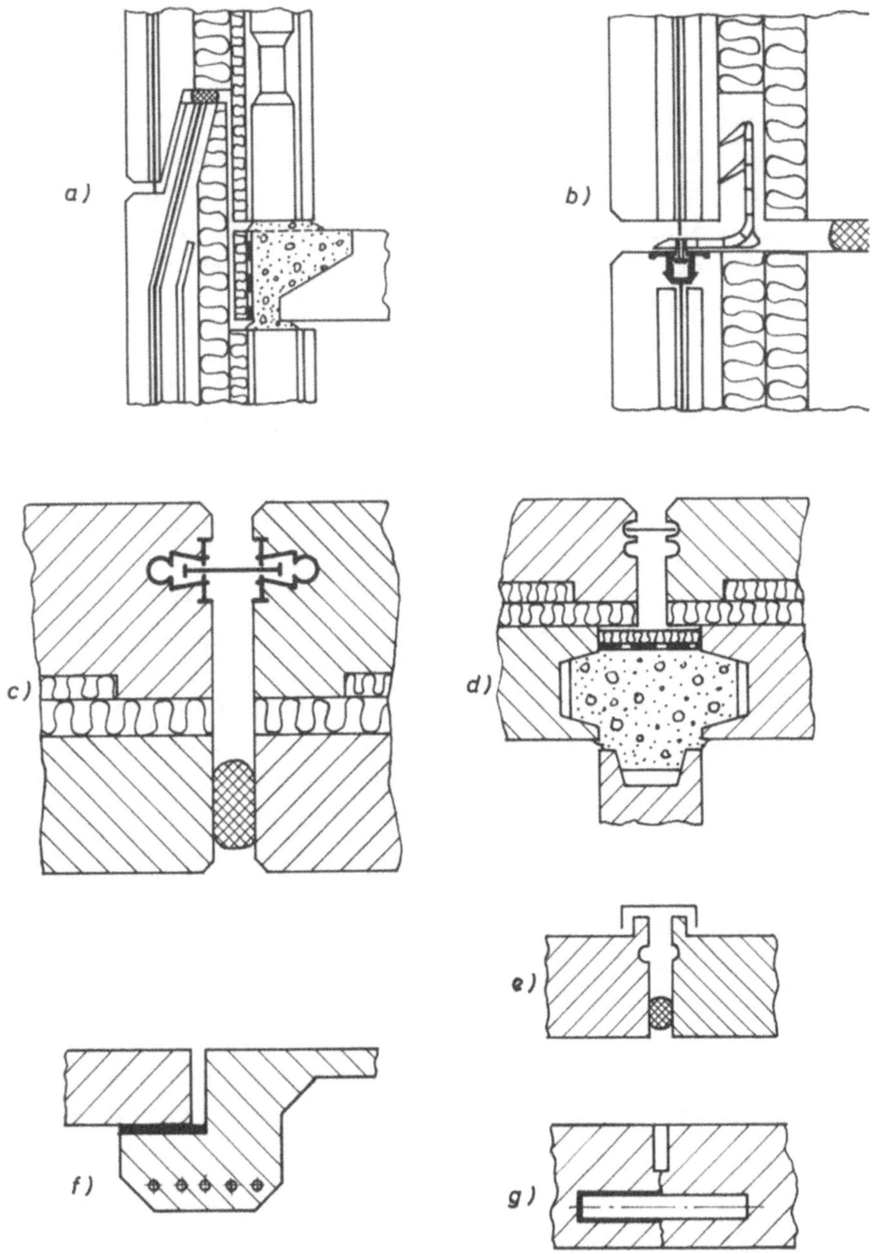

Abb. 35. Fugenarten a) und b) belüftete waagerechte Fugen c) bis e) senkrechte Fugen in Außenwandelementen f) Gleitfuge g) Scheinfuge in Betonstraßendecken

vorspannung ein Betonquerkeil eingepreßt wird oder in der, in anderer Ausführung, durch Einbau von Druckelementen in einer Querfuge eine Spannkraft erzeugt werden kann. Diese 1952 und 1962 versuchten Bauweisen haben aber keine nennenswerte Verbreitung gefunden /61/.

Die sogenannten Gleitfugen sind der Systematik nach offene Fugen, obwohl sie praktisch keine Fugenbreite aufweisen. Sie werden in Bauwerken dort anzuordnen sein, wo voraussehbare und rechnerisch abschätzbare Längenänderungen der angrenzenden Bauteile Zwängungen hervorrufen würden, wenn man diese nicht durch relative Verschiebungen verhindert (Abb. 35 f).

Die unter Flachdächern erforderliche Gleitfuge hat in der Fachwelt den bekanntesten Anstoß zu eingehenden Untersuchungen gegeben. In der Regel läßt sich ein Punkt unter der Dachdecke angeben, der unverschieblich mit den Gebäudewänden verbunden bleiben wird, wenn Längenänderungen in der nicht unbegrenzt gegen Erwärmung und Abkühlung zu schützenden Dachdecke eintreten /63/. Nur selten ist es dann möglich, mit weichen Konstruktionselementen, wie Säulen und schlanken Querwänden, die in den entferntesten Bereichen auftretenden Temperaturwege fugenfrei aufzunehmen. Die Längenunterschiede zwischen Deckplatte und Wand führen dann zwangsläufig zu Rissen, die es in eine gewollte Ebene zu leiten gilt. Da Ringanker meist ohnehin vorzusehen sind, bietet sich als Gleitebene deren obere Fläche an. Ausreichend eben kann sie auch mit Gleitmitteln ausgestattet werden.

Die sogenannten Gleitfolien aus nahtlos extrudiertem Weich-Polyvinylchlorid (PVC) in geschlossener Schlauchform oder bei größeren Breiten (12 bis 100 cm) an den Rändern dicht verklebbar, sind innen mit einem beständigen Gleitmittelfilm benetzt (z. B. mit Silikonfett). Sie ergeben in geringer Abhängigkeit von der Flächenpressung folgende baupraktische Reibungszahlen:

Flächenpressung in bar	Reibungszahl
5	0,292
10	0,260
20	0,252

Flächenpressung in bar	Reibungszahl
40	0,258
60	0,245

Bei Wegen in der Größenordnung von 0,01 mm finden in derartigen Gleitfolien noch keine Gleitbewegungen statt, sondern nur Schubverformungen, die je nach Flächenpressung einer "Reibungszahl" von 0,040 bis 0,073 entsprechen. Der Schubwiderstand ist demnach bei kleinen Wegen besonders gering.

Diese sehr dünnen Gleitlager (1,0 mm) werden, um deren Wirksamkeit nicht allein von der erforderlichen Güte der Auflagerfläche allein abhängig zu machen, auch einseitig oder beidseitig mit Schaumstoff kaschiert geliefert und erreichen damit Einbauhöhen von 3 bzw. 6 mm.

Vergleichsweise besitzen bloße Mörtelfugen Reibungszahlen zwischen 0,63 und 0,81, die demnach durch derartige Gleitfolien wirksam vermindert werden können.

Um der Nachfrage nach besonders preiswerten reibungsmindernden Stoffen für die Dachdecken-Auflagerung Rechnung zu tragen, wurden vom Verfasser Reibungsversuche mit pulvrigem Talkum, Sand 0/1, doppelt besandeter Dachpappe und einer Holzspanplatte durchgeführt. Zum Vergleich dienten neben nackten Betonoberflächen auch eine Isobutylen- sowie eine Polytetrafluoräthylenfolie. Die Messungen erfolgten "zweischnittig" an Betonbalkenflächen (240 x 500 mm) bei Flächenpressungen von 4, 8 und 16 N/cm² (Abb. 36 und 37) und mit sehr langsamer Gleitgeschwindigkeit, um den Verhältnissen zwischen Decken und Wänden möglichst gut zu entsprechen. Die Ergebnisse sind im folgenden zusammengestellt:

Werkstoff und Dicke	Flächenpressung in N/cm²	Reibungszahl μ
Talkum, 5 mm	3,8	0,44
	7,1	0,38
	16,7	0,29
Sand 0/1, 5 mm	4,5	0,79
	8,8	0,54
	16,7	0,53

Abb. 36. Reibungszahlmessung

Abb. 37. Reibungszahlmessung (Ansicht von oben)

Werkstoff und Dicke	Flächenpressung in N/cm²	Reibungszahl μ
doppelt besandete Dachpappe, 2 mm	5,0	0,50
	8,6	0,61
	16,3	0,58
Polyisobutylenfolie, 1,5 mm	4,6	1,00
	8,8	0,96
	19,7	Folie beschädigt
Polytetrafluoräthylen, 2 mm	4,2	0,33
	8,4	0,34
	16,7	0,32
Holzfaserplatte, 5 mm	4,2	0,32
	8,4	0,33
	16,7	0,32
Beton auf Beton, 0 mm	4,2	0,59
	8,4	0,50
	11,3	0,53
Teflon-Gleitlager	270-600	0,01-0,05

Viele billige Gleitmittel sind heute nach wie vor umstritten. Einer weiten Verbreitung besonders reibungsarmer Lösungen stehen der kostenmäßige Aufwand und die Schwierigkeiten eines verläßlich einwandfreien Einbaues entgegen. Schon kleine Unebenheiten rufen nämlich bei den auftretenden Verschiebungswegen große Widerstände hervor, weil es zu einem - wenn auch geringen - Anheben der Dachdecke kommen muß oder durch örtlich begrenztes Zerquetschen ein zusätzlicher Verschiebungswiderstand zu überwinden ist. Mit einer Verbesserung des Reibungsbeiwertes ist dann trotz des zusätzlichen Aufwandes meist nicht zu rechnen.

Sobald durch Schaffung einer Gleitebene angenommen werden kann, daß keine wilden Schrägrisse mehr in den Endbereichen der Außenwände entstehen, ist man geneigt, den waagerechten Riß entlang der Deckenunterkante in Kauf zu nehmen. Er kann mit einer über den Dachrand (oder die Attika) herabreichenden Schürze, z. B. aus Asbestzementtafeln, unsichtbar gemacht werden. Auch eine architektonisch betonte Fuge unter der Dachdecke ist durchaus üblich.

Gleitfugen entstehen auch, wenn Stahlbetonbalken oder -platten auf Konsolen aufliegen, in die sie bei Längenänderungen keine Kräfte einleiten sollen. Da die Auflagerkräfte dabei meist recht groß sind, ist ein Arbeiten derartiger Fugen selbst bei Verwendung besonderer Gleitmittel, wie beispielsweise 2 Polyamidfolien, oft unter baupraktischen Verhältnissen in Frage gestellt. Auch hier gilt es, ausreichende Ebenflächigkeit und richtige geometrische Lage einzuhalten. Wirksamer und verläßlicher arbeitend sind Neoprenlager, die in vielen Abmessungen bereits handelsüblich zur Verfügung stehen und die sich - richtig bemessen - voll bewährt haben.

Tragkonstruktionen und Leitungen aller Art können durch abgehängte Decken unsichtbar gemacht werden. Diese schließen in bewährter Weise nicht an die Wände, sondern enden dort mit einer offenen Fuge. Neben dem geringen Arbeitsaufwand und der Rissefreiheit wird dadurch der offenbleibende Deckenraum in bauphysikalischer Wirkung verbessert, denn er zieht unter einer Dachdecke hinterlüftet die Taupunktsebene nicht als "innere Wärmedämmung" nach innen.

Bei begehbaren Flächen fällt als zusätzliches Problem an offenen Fugen noch der sogenannte Kantenschutz an, denn Beschädigungen des Bodenbelages jedweder Art müssen an Fugenrändern vermieden werden. Insbesondere bei schwerem Fahrverkehr sollten die Fugenflanken aus an der Rohdecke befestigten Winkeln bestehen, die ausreichend dick zu bemessen sind, damit sie nicht verbogen werden.

Offene Fugen bringen immer als weiteres Problem das der Verschmutzung mit sich. Am Boden liegende Schmutzteile fallen in den Fugenspalt und setzen diesen mit der Zeit zu, wenn nicht für die Entleerbarkeit des darunter befindlichen Raumes (als Wartungsaufwand) gesorgt ist. Auch Schäden, die durch steckengebliebene Schirm- oder Stockspitzen entstehen, sind nicht auszuschließen, und sie sprechen gegen eine offene Fuge, wenn diese begehbar ist.

Aber selbst bei Attiken und Balkonbrüstungen lassen sich gute Gründe angeben, Fugen, wenn sie nicht architektonisch betont breit ausgeführt sind, nicht offen zu belassen. Sie bieten nämlich nach längerer Zeit immer unerwünschten Raum für Schmutz, Blätterwerk und Ungeziefer und können nur schwer gereinigt werden.

5.3. Verschlossene Fugen

In Fällen, bei denen eine offene Fuge nicht möglich ist, muß Vorsorge dafür getroffen werden, daß sie ihre Aufgabe trotz Verschlusses erfüllen kann. Zwängungsfreie Wege der Fugenflanken oder das Übertragen von Kräften und Momenten kann verlangt sein. Ein Verschließen kraftfrei arbeitender Fugen wird manchmal auch aus Gründen der Wärme- oder Schalldämmung oder des Brandschutzes notwendig sein.

5.3.1. Harter Fugenverschluß

Der Begriff der Härte ist naturgemäß relativ und muß daher genauer abgegrenzt werden. Gemeint sind damit alle Fugenverschlußarten, bei deren Füllung nachträglich keine größeren Verformungen mehr zu erwarten sind, also Mauerwerksfugen und Montagefugen, wie sie bei den verschiedenen Bauweisen im Hochbau Anwendung finden /64/.

Einen Grenzfall stellt die Arbeitsfuge dar, die hart verschlossen bleibt, ohne daß eine Füllung nachträglich eingebracht zu werden braucht. Als Arbeitsfugen bezeichnet man jene Anschlußflächen, die durch eine meist notwendige Unterbrechung beim Betonieren in einem Baukörper entstehen. Da in ihnen in der Regel später Spannungen übertragen werden müssen, bedürfen sie vor dem Einbringen des angrenzenden Betons einer Vorbehandlung. Auch ist Dichtigkeit zu verlangen (DIN 1045 Abschnitt 10.2.3.).

Insbesondere bei Massenbetonbauwerken im Wasserbau mußte man es lernen, der oft wochenlangen Pausenzeit vor dem Weiterbetonieren jeden schädlichen Einfluß zu nehmen. Verläßliche Dichtigkeit derartiger, hier meist waagerecht verlaufender Arbeitsfugen läßt sich durch Abspritzen der Zementschlemme mit einem Wasser-Druckluftgemisch erreichen. Dies muß einige Stunden nach dem Erstarren der erstbetonierten Schicht erfolgen. Vor dem Einbringen des neuen Betons sind ausgetrocknete Anschlußflächen mehrere Tage feucht zu halten. Wasserpfützen sind zu entfernen, eine Mischung mit gleicher Bindemittelzugabe, aber ohne die Zuschlag-Korngruppen größer als 16 mm, aufzubringen und auf der etwas abgetrockneten Oberfläche gleichmäßig in dünner Schicht zu verteilen. Alter, warmgehaltener Beton mit kaltem Neubeton verbunden, ergibt eine Verminderung der zwangsläufig auftretenden Schwindspannungen. Mit der Zwischenschicht erzielt man eine verläßlich wasserdichte Arbeitsfuge.

Von sogenannten Schwindfugen spricht man, wenn bei langgestreckten Ingenieurbauwerken mit durchgehender Bewehrung ein kurzer Bereich des Querschnittes zunächst unausbetoniert bleibt und erst nach Ablauf des Anfangsschwindens geschlossen wird. Auf diese Weise vermeidet man Schwindrisse, wie sie bei der Behinderung durch die Bodenreibung im Bauwerk entstanden wären. Die gleichen Überlegungen führen zu sogenannten Kriech- und Setzungsfugen.

Im Hochbau muß bei waagerechten und senkrechten Arbeitsfugen in Sicht- und Strukturbetonfassaden besonders Wert auf gutes Aussehen gelegt werden. Ihr Verlauf ist in den Plänen zu vermerken, und ein vertraglicher Hinweis erspart viele nachträgliche Auseinandersetzungen. In Stockwerk- oder Fenstersturzhöhe wird am besten durch Einlegen einer drei- oder vierkantigen Leiste das Ende des zuerst eingebrachten Betons bestimmt. Sie gibt einen scharfkantigen Verlauf des beabsichtigten Einschnittes oder auch durch Schalungsabschluß einen einwandfrei geraden Anschluß des danach eingebrachten Betons. Bei senkrechten Arbeitsfugen sind eingelegte Fugenbänder, vorsorglich eingebaut, eine erwünschte Sicherheit für eine dauernd dichte Verbindung.

Mauerwerksfugen sind mit Mörtel gefüllt, der die Aufgabe hat, Druckspannungen auf die nicht genau ebenflächig herstellbaren Mauersteine oder -ziegel zu übertragen. Die Fugenausführung behandelt die DIN 1053 (Mauerwerk) im Abschnitt 6.1.2. Sie unterscheidet Stoß- und Lagerfugen, die meist vollflächig zu füllen sind. Es gibt aber Steinformen, die aus Gründen der Wärmedämmung eine Unterbrechung des Mörtels in der Stoßfuge vorschreiben.

Ein Auskratzen der Fugen bis auf 1 bis 1,5 cm Tiefe wird mit der nicht ganz überzeugenden Begründung vorgenommen, daß dann die Putzhaftung besser sei. Ein derartiger Formschluß käme aber erst dann zur Wirkung, wenn die Haftung auf der Sichtfläche versagt hat.

Vorn offene Stoßfugen sind ein Fehler. Sie können auch durch den Spritzbewurf und die später aufgebrachte Putzschicht nicht ausgefüllt werden. An diesen Stellen treten, da der Putzmörtel rascher austrocknet, meist Risse auf.

Stoßfugen sollen lt. DIN 1053 Abschnitt 6.1.3. 1 cm, Lagerfugen 1,2 cm dick sein. Diese, mit wachsendem Rohbau in jungem Alter unter Auflastdruck gesetzten Schichten bewirken das von der Mörtelfestigkeit abhängige sogenannte Setzen des Mauerwerks, das praktisch in der Zeit zwischen Rohbau-Beendigung und Beginn des Ausbaues vor sich geht und dann als ausreichend abgeklungen gilt.

Die mechanische Belastbarkeit von Mauerwerk beruht auf dem Verband, d. h., die Stoßfugen übereinanderliegender Schichten sind immer versetzt. Bei Natursteinmauerwerk gilt u. a. die Regel, daß an der Vorder- und Rückfläche nirgends mehr als drei Fugen zusammenstoßen dürfen und keine Stoßfuge durch mehr als zwei Schichten durchgehen darf.

Viel weitergehende Aufgaben erfüllen die Mörtelfugen bei keramischen Wand- und Bodenbelägen. Die DIN 18352 (VOB, Aug. 1974) regelt mehr Grundsätzliches und wird Einzelheiten, die sie der jeweiligen Leistungsbeschreibung überläßt, weniger gerecht.

Die Fugenbreite liegt nach dieser Norm zwischen 6,5 und 10 mm und richtet sich nach der verarbeiteten Plattenart (DIN 18155 Fliesen und DIN 18166 keramische Spaltplatten) und der Form des Verfugens. Da man bei Bodenbelägen auch auf eine ausreichende Beanspruchbarkeit der Plattenränder durch den überrollenden Verkehr angewiesen ist, kommt bloßes Einschlämmen (Abschnitt 3.5.3. der DIN 18352) des Zementmörtels mit hohem Wasserzementwert nicht mehr in Frage. Das Füllen einer Belagfuge mit einem Werkzeug von Hand aus bedingt aber eine ausreichende Fugenbreite

(8 bis 10) mm. Der Fugenraum wird vorher auf rd. 1,5 cm Tiefe oder auf Fugenbreite bis Plattendicke ausgekratzt und von Fremdstoffen gereinigt. Als Fugenmörtel dient eine Mischung von einem Raumteil Zement (Z 35 nach DIN 1164) und drei bis vier Raumteilen gemischtkörnigem Sand 0-2. Bei Belägen, die während der Benutzung wiederholt einer Durchfeuchtung ausgesetzt sind (Terrassen, Balkons oder Hallenböden der Lebensmittelindustrie), hat sich auch HOZ 35 L oder ein Zusatz von Traß (0,5 bis 1 Raumteil) bewährt. Die Verwendung von Fertigmörtel ist empfehlenswert. Um die Gleichmäßigkeit zu gewährleisten, ist auf jeden Fall maschinell zu mischen.

Die Mörtelfugen sind bis zur Oberkante des Belages zu schließen. Die beabsichtigte Stützwirkung kann auch durch eine kleine rechteckige Abtreppung des Plattenquerschnittes an den Längskanten erleichtert werden (z. B. DIN 18166 Form A mit Schonkanten).

Eine Rißbildung erfolgt in Fugen in Querrichtung, wenn die Behinderung am Fugenrand Schwindzugspannungen bewirkt, die die Zugfestigkeit des Fugenmörtels zum jeweiligen Zeitpunkt überschritten haben. Längeres Feuchthalten ist daher zu empfehlen, weil dadurch das Schwinden zunächst unterbleibt und die Festigkeit des Mörtels in dieser Zeit zunimmt.

Durch die Mörtelfüllung und an den Plattenrändern verlaufende Längsrisse entstehen aus Längenunterschieden zwischen Belag und Untergrund, die ihre Ursache im Quellen des Verlegemörtels oder in der Verformung des Untergrundes (Decke mit negativen Momenten) haben können.

Es ist zu bedenken, daß Fugenmörtel wegen der Wasserporen niemals vollkommen dicht sein können und Feuchtigkeit selbst dann in den Verlegemörtel weiterleiten, wenn ein Dichtungsmittel zugegeben worden ist. Die Lebensmittelindustrie stellt an chemischen Widerstand und Sauberhaltung erhöhte Anforderungen. Hier haben jene Fugenmörtel auf Epoxidharzbasis Eingang gefunden, die auch von Säuren, Basen oder Salzlösungen nicht angegriffen werden. Im Wohnungsbau wird bei Fliesen manchmal Wert auf weiße Fugen gelegt. Da Gips wasserlöslich ist, kommt hierfür in Naßräumen Weißzement in Frage.

Der Zusatz von Traß oder die Verwendung von Hochofenzement hat den Zweck, den auswaschbaren freien Kalk, der beim Erhärten im Portlandzement vorhanden ist, weitgehend chemisch zu binden. Es werden dann keine unerwünschten weißen Spuren auf den Platten hinterlassen, wenn ein außenliegender Belag vom Regen durchfeuchtet wird.

Wandbekleidungen beanspruchen ihre Fugen durch den thermisch und hygrisch bedingten Eigenspannungszustand, der sich auch hier durch Dehnungsunterschiede zwischen Belag und Untergrund einstellt. Hinzu kommen noch die großen Anforderungen an die Dichtigkeit des Belages, denn die Regenbelastung kann zwischen 30 und 45 l je m² liegen. Hierbei wäre es falsch, von dichten Fugen auszugehen. Die Abdichtung des zu umschließenden Raumes obliegt vielmehr dem Untergrund und muß erforderlichenfalls vorher durch einen Sperrputz gewährleistet sein. Das Eindringen von Niederschlagwasser kann zwar durch Bestreichen der Mörtelfugen mit Silikonharz wesentlich verringert werden, doch ist eine vollkommene Abdichtung nicht gewährleistbar und auch gar nicht erwünscht. Durch niemals mit Sicherheit auszuschließende Leckstellen würde eingedrungenes Niederschlagwasser oder die vom Raum durch die Wand hindurchdiffundierende Feuchtigkeit dann nicht mehr an den Fugen entweichen können. Deren Flächenanteil liegt bei den Vorzugsformaten der Spaltplatten (DIN 18166), mit 10 mm Fugenbreite verarbeitet, ohnehin nur zwischen 12 und 19 %. Die Dampfdiffusionswiderstandsfaktoren μ erreichen je nach Plattengröße dann Werte zwischen 188 und 97.

Sowohl bei Boden- als auch bei Wandbelägen bilden die Fugen mit den Platten eine an der Oberfläche liegende Schicht, die aus den sehr steifen keramischen Bereichen (Elastizitätsmodul 59.000 MN/m²) und dem vergleichsweise leichter verformbaren Mörtel (Elastizitätsmodul etwa 19.000 MN/m²) besteht. Die aus Längenunterschieden von Ansetz- bzw. Verlegemörtel und Platten mit Fugen infolge von Temperatur- und Feuchtigkeitsdehnungen wegen gegenseitiger Behinderung entstandenen Druckspannungen werden daher entsprechend abgemindert sein. Die Verformungsfähigkeit einer Mörtelfuge kann mit 0,15 bis 0,4 % der Fugenbreite angesetzt werden. Wegen der durch die zwischengeschalteten Fugen verminderten Steifigkeit des Belages werden kleinformatige Elemente (Mosaik) günstigere Beanspruchungsverhältnisse bewirken als große Platten. Überbeanspruchte Fugen einer Fassadenbekleidung werden in kurzer Zeit zerstört und undicht. Die Beanspruchung hart verschlossener Fugen besteht in der kalten Jahreszeit aus Zugspannungen, die meist von der Haftung am Plattenrand (die Haftzugfestigkeit liegt normalerweise zwischen 0,3 und 0,6 MN/m²) als schwächstem Glied nicht aufgenommen werden können. Längsrisse sind die Folge, die sich wegen des unvermeidbaren Eindringens von Staub auch im Sommer nicht wieder vollkommen schließen. Hinzu kommt noch, daß die auftretenden Dehnungen in einer Fassadenfläche nicht so gleichmäßig sind, wie es bei der Nachrechnung üblicherweise angenommen wird. Durch Farbunterschiede und Porengehaltsschwankungen treten auch gegenseitige Verschiebungen in Längsrichtung der Fugenränder auf, die den Mörtel auf Schub beanspruchen und bereits vorhandene Längsrisse am vollkommenen Schließen hindern.

Verblendfugen von Mauerwerk, deren Mörtel etwa 1,5 cm tief durch Haften und Formschluß seinen Halt erfährt, sollen oberflächlich so gestaltet sein, daß sie Niederschlagwasser möglichst restlos ablaufen lassen. Bewährt hat sich die nur leicht hinterschnittene Fugenfüllung, die auch dachförmig zur Unterkante vorgezogen werden kann, damit sie keine Wasserreste zurückhält. Diese könnten sonst langsam in den Fugenmörtel und schließlich in die Wand eindringen. Überstehende Fugen haben sich nicht bewährt, weil sie an ihren vorspringenden Rändern ebenfalls Wasser zurückhalten.

Für die Verarbeitung von Fugenmörtel hat sich ein Feinsandanteil von 10 bis 15 % als vorteilhaft erwiesen. Mörtelzusätze gibt es zwar zahlreich am Markt, nur wenige rechtfertigen aber den Aufwand. Es geht dabei um die Verhinderung des Verdurstens (Wasserhaltevermögen), das Saugvermögen gering zu halten, ohne vollkommen zu dichten, und um die Verbesserung der Haftfestigkeit. Diese kann bis auf etwa 3 MN/m² gesteigert werden. Nicht zu vergessen ist, daß dies allein ohne gleichzeitige Erhöhung des Verformungsvermögens nicht viel Vorteile bringt. Die aus physikalischen Ursachen entstandenen und aufgezwungenen Verformungen können dadurch nicht wirksam unterdrückt werden.

Bei Ausbesserungsarbeiten an keramischen Bekleidungen hat es sich z. B. an einem 17geschossigen Hochhaus, an das 64.000 Spaltplatten angesetzt waren, von denen 40 % nach einigen Jahren hohl lagen, bewährt, als Fugenmörtel gleich den Ansetzmörtel mitzuverwenden, wenn neue Platten angesetzt werden. Es ersparte das Auskratzen der Fugen, und die erwünschte Verbindung zwischen Ansetz- und Fugenmörtel war von selbst gegeben. Eine nach jeweils etwa 2 Jahren vorgenommene Überprüfung bestätigte auch nach 13 Jahren noch die Brauchbarkeit dieser Verfahrensweise.

Breitere Mörtelfugen (8 mm und größer) sollten immer mit einem Werkzeug ausgedrückt (eingebügelt) werden. Bei schmalen arbeitet man mit Ausfuggummi, mit dem der ausgebreitete Fugenmörtel in die gesäuberten Fugenräume eingestrichen wird. Der in voller Tiefe vorhandene Fugenverschluß ist dabei wichtig. Schmale Fugen (bis 2 mm) werden mit nichtgemagertem Weißzement, etwas breitere mit Feinmörtel aus dem gleichen Bindemittel 1:1,5 gefüllt, wobei Quarzmehl als Zuschlag zur Magerung dient.

In Lebensmittelbetrieben verwendete Fugenmörtel auf Epoxidharzbasis weisen bei keramischen Werkstoffen hohe Haftfestigkeiten auf (etwa 9 MN/m^2) und einen einstellbaren niedrigeren Elastizitätsmodul, so daß sie auch zum Schließen von Dehnungsfugen verwendet werden können. Die getrennt angelieferten Binder und Härter (4:1) haben vermischt eine offene Zeit (Topfzeit) von etwa 45 Minuten (bei 20 °C), härten nach 24 Stunden voll aus und vertragen Temperaturen bis zu 60 °C. Das Einstreichen des mit feinem Sand gemagerten Fugenmörtels erfolgt mit einem Gummispachtel.

Wegen ihres ebenfalls guten chemischen Widerstandes werden für Räume der chemischen Industrie auch andere Kunstharze, wie ungesättigte alkalische Typen der Polyester, Harnstoff- und Phenolverbindungen, die mit Anteilen von etwa 12 bis 20 Raumprozenten als Bindemittel gleichfalls "harte" und nur wenig verformbare Fugenfüllungen ergeben, verwendet. Epoxidharzmörtel finden in besonderen Fällen auch zum Fugenverschluß von Sichtmauerwerk Anwendung, da sie gut haftend sind, rissefrei bleiben und daher Frostschäden durch eingedrungenes Wasser vermeiden. Voraussetzung ist aber eine geeignete Auswahl der Steinart.

Genaugenommen ist die beim Ansetzen bzw. Verlegen von Wand- und Bodenbelägen unter den Platten vorhandene Mörtelschicht eine hartgeschlossene Fuge. Ihre Beanspruchung ist der von "echten" Fugen nicht unähnlich. Ihre sachgerechte Herstellung ist jedoch mit so vielen anderen Randbedingungen verknüpft, daß darüber eine umfangreiche Fachliteratur entstanden ist, die eine gemeinsame Behandlung mit den Fugen üblicher Art nicht angebracht erscheinen läßt.

Einen weiteren Sonderfall stellen die im Montagebau bei Verbindungen von Wand- und Deckenelementen anfallenden hart zu verschließenden Montagefugen dar. Man unterscheidet hier Horizontal- (Lager-), Vertikal- und Stoßfugen. Sie alle haben im Gegensatz zu den bisher behandelten als Hauptaufgabe die Übertragung von Kräften, die zur Erzielung einer ausreichenden Standsicherheit des Gebäudes unerläßlich ist.

Vom Fugenverschluß im Montagebau erwartet man eine möglichst frühe Belastbarkeit. Dabei ist zu bedenken, daß die Festigkeit des Mörtels um so mehr Einfluß gewinnt, je dicker die vorgesehene Fuge ist. Die untere Grenze bildet die sichere Füllbarkeit und Verdichtung des Mörtels. Es gibt besonders geeignete Zemente (z. B. Heidelberger Schnellzement Z 35 F), die von der Baustoffseite her eine frühere Belastbarkeit gewährleisten und bei guter Verarbeitbarkeit überdies wenig Wasser absondern. Sie müssen nach etwa 15 Minuten (offene Zeit) eingebracht sein. Daraus hergestellte Fugenmörtel erreichen bei 20 °C und einem Wasserzementwert von 0,50 in 2 Stunden eine Druckfestigkeit von 8,0 MN/m^2. Der weitere Festigkeitsanstieg entspricht dann dem eines normalen Z 45 F.

Die versetzten und justierten Fertigbauelemente besitzen bei den zahlreichen, am Markt befindlichen Montagebauverfahren an ihren Rändern herausstehende Bewehrungsschlaufen, die in den Fugenmörtel nach dem Durchstecken eines Bewehrungsstahles einzubetten sind. Auch eine Schweiß- oder Dornverbindung wird bei manchen Bauarten vorgeschlagen, die dann zuzumörteln ist.

Die verlangte Übertragung von Schubbeanspruchungen in Fugenlängsrichtung kann durch trapezförmige Verzahnung der Fugenränder

(Teilung etwa 25 cm) erheblich verbessert werden. Die profilierten vertikalen Kanten steigern die noch übertragbare Schubspannung von 0,5 auf 0,8 MN/m^2. Vier Bewehrungsschlaufen je m (8 mm Durchmesser BSt I) und ein in Fugenlängsrichtung eingelegter Stab (16 mm Durchmesser BSt I) bringen eine weitere Steigerung der Schubbelastbarkeit von 0,8 auf 2,2 MN/m^2. Eine größere Anzahl Bewehrungsstähle mit kleinerem Durchmesser hat sich als vorteilhafter erwiesen als eine kleinere Anzahl mit entsprechend größeren Durchmessern.

Diese Ergebnisse /65/ trugen viel zur sicheren Beherrschung derartiger Baukonstruktionen bei, deren Wirtschaftlichkeit später noch eingehend bei den Bauarten, die sich in der Bautechnik durchsetzen und behaupten konnten, überprüft worden ist /64/.

5.3.2. Kornhaufwerk-Füllung

Von Pflasterungen her ist allgemein bekannt, daß mit Sand gefüllte Fugen den Steinen bei normaler Beanspruchung sowohl einen ausreichenden Halt geben als auch bei jahreszeitlichen Temperaturwechseln die auftretenden Raum- und Längenänderungen ohne weiteres aufnehmen. Nur bei höheren Fahrbeanspruchungen werden die Fugen mit Mörtel ausgefüllt.

Es gibt Anwendungsfälle, bei denen nicht oder nur selten begangene Betonplatten zum Schutz der Abdichtung aufgelegt werden. Die größten Plattenabmessungen werden aus Transportgründen oder - an Ort hergestellt - wegen der Gefahr von Schwindrissen in Grenzen gehalten und betragen beispielsweise bei Dächern 2 x 2 m.

Die Fugen sind beispielsweise bei 7 cm dicken Platten oben 16 mm und unten 8 mm breit und werden, um ein Zusetzen mit Flugstaub zu vermeiden, mit Sand gefüllt. Dies geschieht aus der Vorstellung heraus, der Flugstaub könnte sich sonst in den Fugen sammeln und mit der Zeit so dicht lagern, daß eine freie Bewegung der Plattenränder schließlich verhindert wird. Auch soll unerwünschter Pflanzenwuchs ausgeschlossen werden.

Ein umfangreicher Bedarfsfall war Anlaß, die für die Verformung der Fugenfüllung erforderlichen Kräfte in einer Maschine nachzuprüfen. An einem rd. 175 mm breiten Fugenstück wurden im Laboratorium Randbewegungen mit einer Frequenz von 0,06 Hz und $\pm$ 1 mm Weg erzeugt und die auftretenden Kräfte mit Hilfe von Quarzgebern gemessen. Verändert wurde bei den Versuchen die Kornzusammensetzung des Sandes (2/4, 1/4, 1/2, 0,5/4, 0,5/1 und bindiger Boden) und sein Feuchtigkeitsgehalt. Die Veränderung der Füllung durch wiederholte Fugenrandbewegungen war dabei von besonderem Interesse (Abb. 38).

Bei allen Fugen mit Einkornhaufwerk bewirkten die Fugenrandbewegungen zunächst eine dichtere Lagerung. Die Steifigkeit der Füllung, das ist der sich bei der Verengung der Fuge aufbauende Widerstand, war zunächst vernachlässigbar gering und stieg auch bei Wegen über 0,5 mm nur sehr langsam linear an. Unabhängig von der Sandkörnung stellte sich im stationären Zustand (nach 7 Stunden), nachdem sich das Verhalten nicht mehr erkennbar änderte, eine Kraft-Weg-Abhängigkeit ein, die erst nach etwa 0,5 bis 0,9 mm Fugenverengung eine danach deutlich steil ansteigende Reaktionskraft erkennen ließ. Der Anstieg betrug fast einheitlich 690 kN/m Fuge und 1 mm Weg. Dies entspricht bei einer 7 cm dicken Bodenplatte, gleichmäßige Verteilung über die Höhe vorausgesetzt, einer Druckbeanspruchung je 1 mm Fugenweg von

$$\sigma_D = \frac{690000}{100 \cdot 7} = 986\ N/cm^2 = 9{,}86\ MN/m^2 \qquad (124)$$

Der Zertrümmerungsgrad der aus Quarzsand bestehenden Fugenkörnung war bei allen Korngrößen klein.

Feuchte Füllungen neigten umso mehr zum Zusammenbacken, je mehr sie Feinkornanteile hatten. Insbesondere der bindige Boden (Gartenerde) folgte dann der Fugenverbreiterung nicht mehr. Er löste sich vielmehr vom Rand ab oder machte einen Riß auf, der sich erst nach einem entsprechenden Leerweg wieder schloß (Abb. 39).

Das Ergebnis war hiermit, daß Sandfüllungen als Fugenverschluß durchaus brauchbar sind und infolge der meist immer vorhandenen Restfeuchtigkeit auch im Fugenraum verbleiben. Das Eindringen von Flugstaub führt bei ausreichender Fugenbreite und den üb-

Abb. 38. Fugenprüfmaschine

Abb. 39. Riß in einer bindigen Füllung des Fugenraumes

lichen Plattengrößen von 2 x 2 m nicht zu Kräften, die im Sommer zu einer Beschädigung der Betonplattenränder führen könnten.

5.3.3. Plastische Füllung

Für Fugen, an deren Rändern nur sehr geringe Wege auftreten, haben sich Füllungen bewährt, die nachgiebig sind und ihre Rückverformung nur aus dem Haften an den Fugenflanken erfahren. Begrifflich handelt es sich dabei um ein Verschließen der Fuge, das nur unter günstigen Umständen fallweise auch ein Dichten sein kann.

Derartige plastische Fugendichtungsmassen unterscheiden sich von elastischen Dichtungsmassen, die bei höherem Dehnvermögen auch eine große Rückstellelastizität aufweisen, deutlich durch ihre Spannungs-Dehnungs-Linien (Abb. 40). Eine mangelnde Rückstellelastizität führt bei größeren Wegen zum sogenannten "Kaugummieffekt", der frühzeitig nach Runzelbildung zu Längsrissen oder auch zum Ablösen von den Flanken der Fuge führen kann. Meist bildet sich aber eine Verjüngung, an der die Dichtung nach wenigen Bewegungsspielen abreißt.

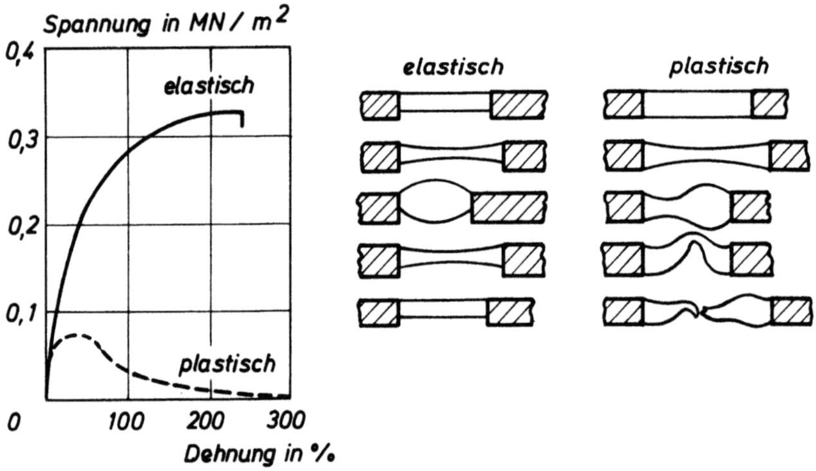

Abb. 40. Gegenüberstellung von elastischem und plastischem Dichtstoffverhalten

Je nach Verwendungszweck sind kalt oder warm zu verarbeitende Füllungen in Anwendung:

Plastische Fugendichtungsmassen
Heißvergußmassen
Kaltvergußmassen

Plastische Fugendichtungsstoffe bestehen aus hochmolekularem Kunstkautschuk (Polyisobutylen oder Butylkautschuk), dem plastifizierende Weichmacher beigemischt sind. Durch Zusetzen trocknender Öle erreicht man auf der Oberfläche eine Hautbildung. Der weich bleibende Kern kann dann Verformungen bis höchstens 5 % der Fugendicke auf die Dauer aufnehmen, andernfalls reißt die Haut. Sie bildet sich dann im Rißgrund neu, was schließlich an dieser Stelle zum vollständigen Austrocknen und Erhärten führt. Derartige Dichtstoffe werden zum Dichten von Fugen zwischen Glas und Rahmen verwendet, wo nur geringe Verformungen auftreten. Bei höherer Beanspruchung (Hochhäuser) wird zusätzlich auch eine elastische Versiegelung notwendig, die an Glas einwandfrei haftet. Sie ist nach außen hin abgeschrägt, so daß das Wasser nicht zwischen Versiegelung und Glasoberfläche stehen bleiben kann. Der altbekannte Fensterkitt aus Leinöl und mineralischen Füllstoffen, der durch Trocknen vollkommen erhärtet, ist heute nur noch bei Scheibengrößen bis 0,6 m^2 und niedrigen Gebäuden üblich.

Heißvergußmassen werden u. a. zum Füllen von waagerechten Fugen bei Pflasterungen, Betonstraßen und ähnlichem verwendet. Sie bestehen aus Bitumen und Steinmehl sowie aus Zusätzen (Asbest, Gummi, Kunststoffe), die die Zugfestigkeit und die Haftung erhöhen. Der Anwendung entsprechend unterscheidet man

Pflasterfugenvergußmassen (etwa 50 Masseprozente Bitumen B 45 oder B 65 und 50 % Steinmehl von Zementmahlfeinheit),

Betonfugenvergußmassen (geblasenes Bitumen, Gesteinsmehl und Zusätze) und

Schienenfugenvergußmassen mit hoher Standfestigkeit bei Wärmebeanspruchung.

Auf Flugplätzen müssen Fugenfüller gegen Flugkraftstoff beständig sein. Daher wird dort das Bitumen durch Kunststoffe oder Steinkohlenteerpech ersetzt.

Die Aufgaben eines Fugenvergusses, der unter wechselnden Umweltbedingungen geschlossen bleiben soll (aber nicht vollkommen dicht sein kann), besteht darin, das Eindringen von Feuchtigkeit weitgehend zu verhindern. Obwohl Bitumen einen sehr hohen Längen-Ausdehnungskoeffizienten besitzt (0,2 mm/m K), hat sich diese Verfahrensweise bei Schwarzdecken bewährt. Die Fugenrandbewegungen bleiben nämlich hier trotzdem klein, weil die Behinderung am Untergrund (auch bei der manchmal eingebauten Trennlage aus Papier) und der Spannungsabbau durch Kriechen von großem Einfluß ist. In Abständen anzuordnende Querfugen können aus demselben Grund entfallen und sind nur als Anschlußfugen zu füllen. Auch Gußasphaltdecken werden bekanntlich ohne Dehnungsfugen ausgebildet. Fugen, die sich aus der Gestaltung im Untergrund ergeben, sind im befahrenen Bereich des Gußasphaltes als Vergußfuge auszubilden. Selbst Dehnungsfugen können so überbrückt werden, wenn die Beweglichkeit der Dichtungsschicht durch eine Trennschicht erhalten bleibt und auf diese Weise eine ausreichende Dehnlänge für die Bewegung der Fugenränder von der Baukonstruktion her zur Verfügung steht.

Bei Bauteilen, die der Witterung ausgesetzt sind, wird das Dichtbleiben eines derartigen Fugenvergusses nicht nur vom einwandfreien Haften an den Fugenflanken, sondern auch vom Brechpunkt und Erweichungspunkt des Bitumens abhängen. Die DIN 1995 beschreibt die Prüfverfahren, die DIN 1996 Blatt 19 die Prüfung bituminöser Massen auf Dehnbarkeit und Haftvermögen. Ein 100 x 200 mm großes und 15 mm dickes Stück Heißvergußmasse wird danach durch nachgeahmtes Fugenverbreitern bei - 10 °C oder nach vorangegangener Lagerung in Kraftstoff zum Abreißen gebracht. Die ertragene Fugenverbreiterung, auf 1/10 mm genau angegeben, ist das Maß für die Dehnbarkeit und das Haftvermögen. Ein Voranstrich kann die Haftung verbessern.

Bei Betonstraßenfugen ist es vor allem wichtig, das Erweichen im Sommer und das Verspröden im Winter in Grenzen zu halten. Bei Bitumina hoher Penetration (weich) liegt zwar der Brechpunkt zwischen -20 °C und -15 °C, ihr Erweichungspunkt übersteigt aber nicht +32 °C bzw. 41 °C. Man setzt daher 13 % mineralischen Füller, 1,5 % Asbest, 0,5 % Zellulosefaser und 12 % Gummimehl zu und erhält nach dem Ring- und Kugelverfahren bei 25 °C eine Penetration von 31 mm den Brech- und Erweichungspunkt bei 19 bzw. 31 °C. Die Haftfestigkeit beträgt dann 0,17 MN/m^2 /66/.

Das Gummimehl verwandelt sich bei Devulkanisation in Kautschuk, der in seiner chemischen Zusammensetzung dem Bitumen ähnlich ist und daher mit diesem eine homogene Masse bildet, die eine höhere Erweichungstemperatur und einen niedrigeren Brechpunkt aufweist. Auch Asbestfasern setzen den Erweichungspunkt hinauf, während synthetische Fasern den Brechpunkt um etwa 2 °C absenken.

Anschlußfugen können auch statt durch Vergießen mit bituminösen Fugenbändern hergestellt werden, die in Rollenform mit Trennstreifen handelsüblich sind. Diese werden unter Druck an die eine fertiggestellte und mit Voranstrich versehene Fugenflanke angepreßt, bevor der anschließend heiß eingebrachte Gußasphalt das Band zum Schmelzen bringt.

Bei Betonbauwerken sind die Randbewegungen bei Fugen im Erdreich beonders langsam, nämlich 0,01 bis 0,1 mm/h. Bei Fugen, die neben Breitenänderungen auch größere Versetzungen (senkrecht zur Fugenlängsrichtung) erwarten lassen, sieht man an der mehrlagigen Abdichtungsbahn neben deren Verstärkung durch Zulagen aus glatten oder kalottengeriffelten Kupfer- oder Aluminiumbändern (DIN 1708 und 1712) auch eine Fugenkammer vor, die dann mit Klebemasse (ungefülltes Bitumen) oder Fugenvergußmasse sorgfältig zu füllen ist. Sie bewirkt eine Stützung und verhindert, daß die Abdichtung bei größeren Setzungen wie mit einer Schere von den harten Betonkanten verletzt werden kann (Abb. 41).

An offenen Fugen oder Wandanschlüssen sind bei Gußasphalt immer Anschlußfugen erforderlich (Abb. 42). Zur Abdichtung dient Mastix. Es ist ein Gemisch aus Bitumen, Gesteinsmehl und Sand, wobei der Bitumengehalt 13 bis 22 M-% beträgt.

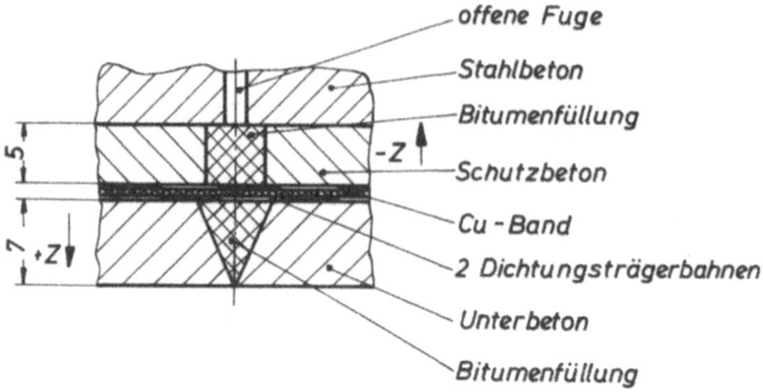

Abb. 41. Setzungsfuge mit Fugenkammer

Es gibt auch Kaltvergußmassen auf Zwei-Komponentenbasis (Bitumen-Polyurethan-Kombination). Eine andere Möglichkeit dieser Art bietet Bitumenpulver, das vor der Verarbeitung mit geeigneten Ölen vermischt wird, nach kurzer Zeit quillt bzw. sich löst und zu einer festen Masse erstarrt.

Emulgierte bituminöse Stoffe, bei denen die in Tröpfchenform befindlichen Bitumenteilchen im Wasser schweben, ermöglichen ebenfalls eine kalte Verarbeitung zu Vergußmassen. Mitgelieferte Stellmittel, durch die eine Verdichtung vorgenommen werden kann, gestatten ein Einstellen der gewünschten Viskosität. Emulsionen haben den Vorteil, daß sie auf feuchtem Untergrund gut haften. Allgemein kann die Bewährung bituminöser Fugenfüllung zum großen Teil darauf zurückgeführt werden, daß in der kalten Jahreszeit entstandene Risse vermeintlich während der warmen wieder "heilen". Ein Dichten im strengen Sinne ist aus diesem Grunde nicht zu erwarten.

Im Hochbau, insbesondere bei Anschlußfugen, deren Ränder nur geringe Wege ausführen, und im Innenausbau werden auch Ein-Komponenten-Fugendichtungsmassen verwendet. Sie sind billiger als die elastischen Fugendichtstoffe und arbeiten auf

Acrylatbasis oder
Kunstkautschuk-Ölbasis.

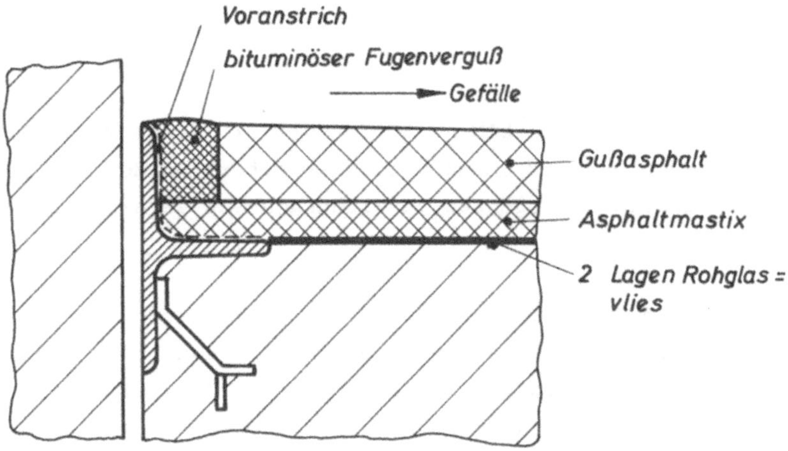

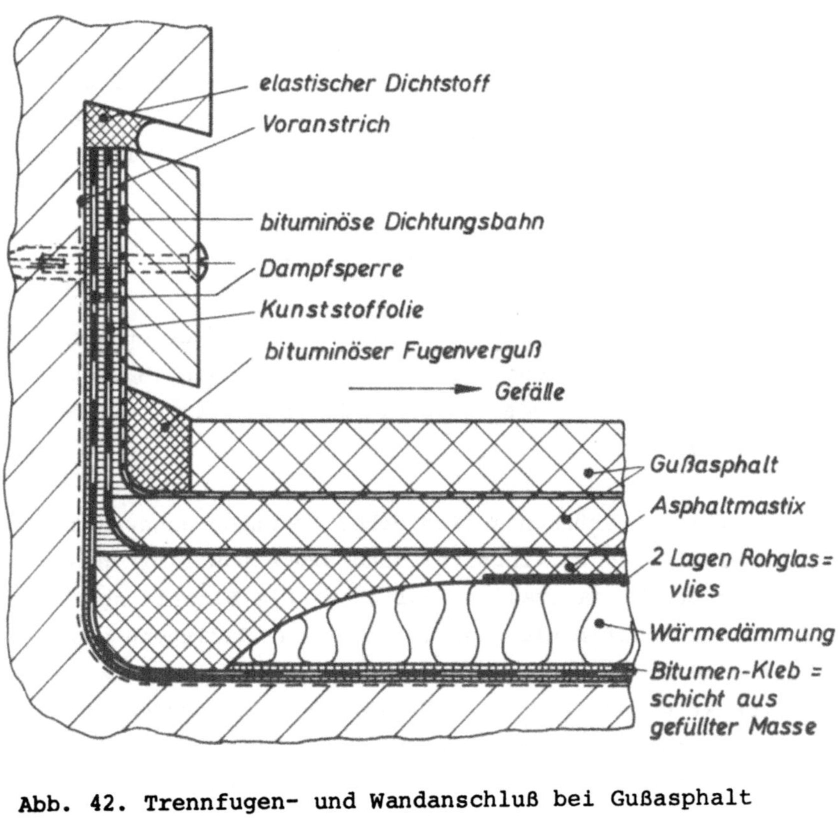

Abb. 42. Trennfugen- und Wandanschluß bei Gußasphalt

In der Fachsprache werden sie gemäß DIN 52460 als plastisch bezeichnet. Sie können in fester und gering klebender Einstellung oder auch in weicher oder stark klebender Einstellung geliefert werden.

Die zur Zeit noch gültige DIN 52460 (Mai 1973) ist im März 1977 durch einen Neuentwurf im Umfang stark erweitert worden, um die sehr unterschiedlich gewordenen Bezeichnungen zu vereinheitlichen.

Für die Güte- und Eigenschaftsprüfung von Stoffen für Fugen und Glasabdichtungen gibt es eine große Anzahl von DIN-Normen, die Prüfverfahren festlegen: DIN 52451 (Juni 1973), DIN 52452 (August 1974) Teil 1 bis 3, DIN 52453 (September 1978) Teil 1 bis 3, DIN 52454 (April 1974), DIN 52455 (Mai 1973) Teil 1 bis 4, DIN 52456 (Mai 1976), DIN E 52457 (November 1976) und DIN 52458 (September 1975).

Bei allen Prüfverfahren ist berücksichtigt, daß eine Prüfung nur an einem "genormten" einheitlichen Baustoff nicht sehr sinnvoll wäre, weil sich dann das Ergebnis nicht auf andere übertragen ließe. Es muß demnach das Verhalten eines Dichtstoffes immer an jenem Baustoff geprüft werden, um den es sich im betreffenden Fall handelt.

5.3.4. Unbelastbare Wand- und Deckenfugenprofile

Das Abdecken oder Verschließen von Fugen, ohne sie ernsthaft zu dichten, ist dann hinreichend, wenn Luftzugwirkungen (Wärmeverluste), Schallübertragung oder auch ein Rauchdurchtritt im Brandfall zu vermeiden sind.

Aus wirtschaftlichen Gründen sollen dabei Lösungen angewandt werden, die dauerhaft und wartungsfrei sind und einen einfachen Einbau ohne großen Zeitaufwand ermöglichen. Die Einhaltung von Maßtoleranzen dürfen sie deshalb nicht zur Bedingung haben. Vorteilhaft sind Verfahren, bei denen auch Schäden an Fugenkanten leicht überdeckt werden können. Schließlich sollen Fugenverschlüsse an zugänglichen Stellen nicht von jedermann aus dem Bauwerk wieder gelöst oder beschädigt werden können.

Da es kaum Fugen gibt, deren Flanken gänzlich unbewegt bleiben, müssen Abdeckprofile so befestigt werden, daß sie sich möglichst nicht lockern. Die bewältigbare Breitenänderung der Fuge wird üblicherweise in % angegeben und beträgt bei Klemmprofilen etwa 5 %, bei Pufferprofilen 2 bis 3 % und bei Profilen mit gefaltetem Mittelstück je nach Faltung bis zu 100 % (Abb. 43).

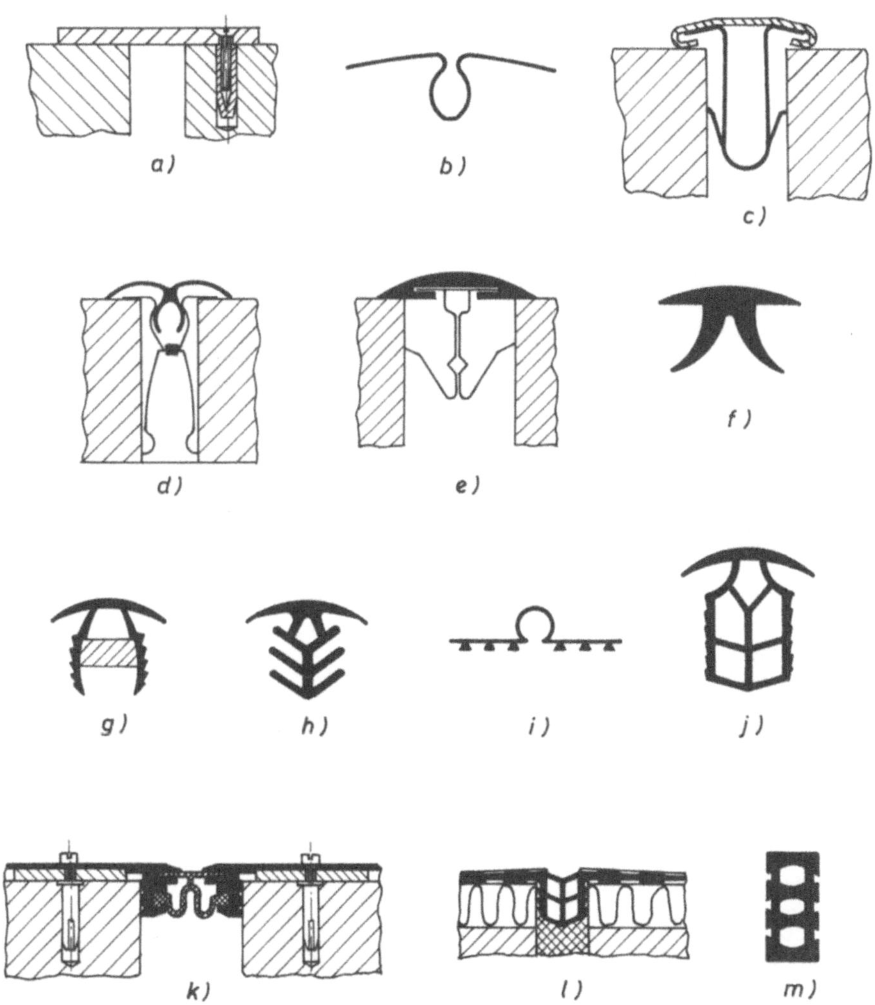

Abb. 43. Unbelastbare Fugenprofile a) Abdeckung b) Fassaden-Klemmprofil (Metall) c) und d) Fassadenprofil mit Haltefedern (60 mm-Stücke) e) Kunststoffprofil mit Haltefedern f) bis h) Kunststoff-Klemmprofile i) Einputz-Profil j) Klemmprofil mit gefaltetem Mittelstück k) Wandprofil für größere XYZ-Wege l) Klemmprofil mit Seitenflanschen für Dachabdichtungen m) Pufferprofil

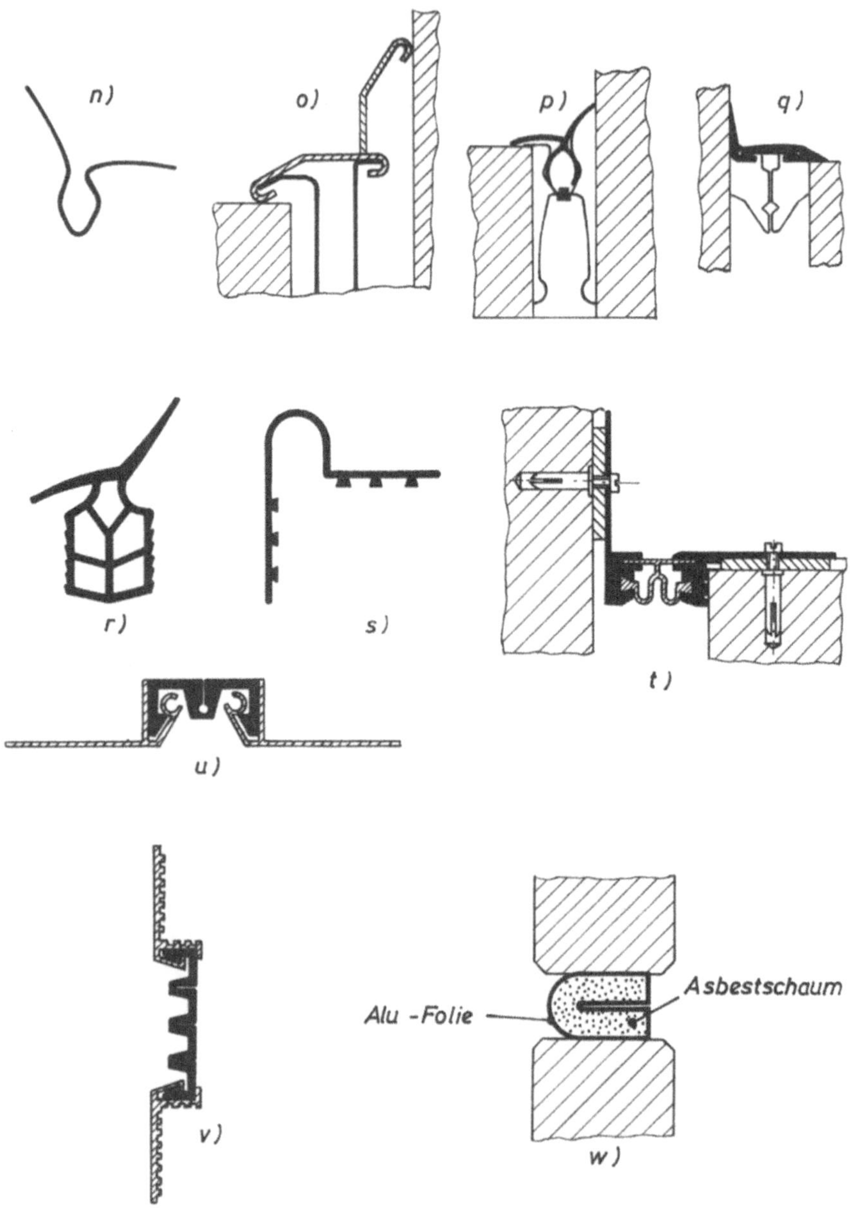

Abb. 43 (Fortsetzung) n) Fassaden-Eckprofil (Metall) o) bis q) Fassaden-Eckprofile mit Haltefedern r) Eck-Klemmprofil mit gefaltetem Mittelstück s) Eck-Einputzprofil t) Wand-Eckprofil für größere XYZ-Wege u) Einputzprofil mit Streckmetall für Wand und Decke v) Einputzprofil für größere XYZ-Wege in Wand und Decke w) Feuerschutz-Verschluß (Feuerwiderstandsklasse F 180)

Treten Bewegungen in Fugenrandrichtung (Y-Richtung) auf, dann muß bei nur geklemmten Abdeckprofilen durch einen Anschlag dafür gesorgt sein, daß diese nicht nach einer Seite hinauswandern. Die Reibungsverhältnisse an den Flanken sind nämlich niemals in beiden Gleitrichtungen und auf beiden Seiten einer Fuge genau gleich.

Die erforderliche Dauerhaftigkeit wird erreicht, indem man nur weitgehend beständige Metalle, wie rostfreien Stahl, Aluminium, Kupfer, Messing oder Kunststoffe wie Polyvinylchlorid (PVC), Chloropren (CR, mit Handelsnamen Neoprene oder Bayprene), Kunstkautschuk (Handelsname Buna) oder Aethylene-Propylene (EPDM, APTK) verwendet. Bei Kunststoffen muß die Weichheit (Shorehärte A zwischen 45 und 65) auch bei Kälte und unter Ozoneinwirkung einigermaßen erhalten bleiben. Die Dehnbarkeit von Kunststoffprofilen darf nicht dazu verführen, sie unter Längs-Zugvorspannungen einzubauen, weil dies zu offenen Stoßfugen führt.

In Abb. 43 sind Fugenprofile der gebräuchlichsten Formen zusammengestellt. Die dauerhafte Klemmwirkung durch Stahlfedern beruht nicht nur auf der beim Hineindrücken gespeicherten Verformungsarbeit, sondern auch darauf, daß sich die Blechkanten bei einem Anstellwinkel unter 90° in den rauhen Untergrund einzuarbeiten bestrebt sind. Das Herausziehen bedarf dann eines viel größeren Kraftaufwandes. Stöße bleiben entweder offen, oder der 5 mm breite Spalt wird mit Dichtstoff gefüllt.

Eine andere Art der Befestigung derartiger Wand- und Deckenprofile besteht im Einputzen von Streckmetall- oder gelochten Metallwinkeln. Auch an Pilzprofilen befindliche Fortsätze und angeschlossene Leinenlappenstreifen, die in den Putz eingebettet werden, erwiesen sich zur Befestigung als geeignet.

Die meist nicht genannten aufnehmbaren Wege in Fugenlängsrichtung (Y-Richtung) sind bei diesen Profilen nicht groß und auch der Ausgleich in zur Wandebene senkrechter Richtung (Z-Richtung) hat bald seine Grenze erreicht. Windschiefe Fugenkanten machen bereits beim Einbau Schwierigkeiten, weil sich eine der Kanten des Deckprofils dann von der Wandfläche abhebt.

Die einfachste Abdeckung mit einer Leiste kann in solchen Fällen helfen, da sie sich in Stücke unterteilen läßt, die jeweils federnd auf dem gegenüberliegenden Rand, auf dem sie nicht befestigt werden dürfen, unter etwas Druck aufliegen.

Die formschlüssige Einpassung von Kunststoffprofilen darf nicht dazu verleiten, von derartigen Fugenverschlüssen eine ausreichende Wasserdichtigkeit im allgemeinen Sinn zu erwarten. Unzulänglichkeiten des Einbaues, Beanspruchungen durch Fugenrandbewegungen und Undichtigkeiten der Bauteilränder machen erfahrungsgemäß die auf dem Papier überzeugende Wirkungsweise wieder zunichte.

Im Rahmen des Brandschutzes ist an Fugen manchmal dafür zu sorgen, daß kein Rauch durchtritt und eine bestimmte Feuerschutzklasse nach DIN 4102 Blatt 4 erreicht wird. Das Einlegen eines Asbestschaumstreifens, der U-förmig gefaltet an seiner außen liegenden Oberfläche mit einer Aluminiumfolie kaschiert ist, entspricht nachweislich F 180. Die Aluminiumfolie erfüllt auch die Aufgabe einer Dampfsperre und verhindert im Winter das Eindiffundieren von Luftfeuchtigkeit aus dem Innenraum. Die Rohdichte dieses Asbestschaumes liegt zwischen 10 und 20 kg/m^3, seine Wärmeleitfähigkeit, die sehr temperaturabhängig ist, beträgt bei 20 °C je nach Rohdichte 0,043 bis 0,061 W/m K. Er wird in Dicken zwischen 10 und 40 mm zu einem Stück gefaltet eingebaut. Die Fugenbreite ist etwa 25 % enger als die Dicke des gefalteten Streifens (Abb. 43 w).

Im Innenausbau gibt es mit Neoprenkleber zu befestigende Sonderprofile verschiedenster Form, wie beispielsweise für die Fuge zwischen Badewanne und Wand, die Spritzwasser ableiten und körperschalldämmend wirken. Sockelleisten zwischen Fußboden und Wand nehmen die hier geringen Fugenrandwege durch Verformung auf.

5.3.5. Belastbare Bodenfugenverschlüsse

Beim Verschließen von Bodenfugen bedarf die Beanspruchung durch Begehen und Befahren besonderer Berücksichtigung. Sie wird in der Regel sehr unterschätzt. Schon ein geringer Überstand ermöglicht beim Begehen eine beachtliche Stoßbeanspruchung durch die Schuhspitze, denn der menschliche Fuß wird durch die dauernde Übung normalerweise beim Vorschreiten nicht höher angehoben, als es unbedingt zur Vermeidung der Bodenberührung erforderlich ist. Die Masse des Fußes stößt dann mit großer Wucht gegen einen vorstehenden Rand des Fugenverschlusses, beschädigt oder lockert ihn in Kürze, wenn er nicht abgeschrägt ist (Abb. 44 a und b). In gewerblich genutzten Räumen sind es die Transportgeräte, die auch bei Polyamidrädern unter Last die Metallwinkel einer Fugenkonstruktion verbiegen, inbesondere, wenn sie mit Geschwindigkeit auffahren. Im Straßenverkehr ist die Häufigkeit der Stöße besonders groß. Beim Überrollen von Fugen an Brücken oder anderen Kunstbauten entstehen Beanspruchungen, die anfangs in ihrer Auswirkung sehr unterschätzt wurden, zumal im Laufe der Zeit der Verkehr immer schwerer und dichter wurde. Die Gestaltung des Fugenverschlusses richtet sich hier nicht nur nach der Größe der zu erwartenden Beanspruchung. Auch der Fugenweg kann sehr groß sein. Die für den Fahrer spürbare Stoßbeanspruchung muß gering gehalten werden. Eisbildung und die nicht auszuschließende Verschmutzung schaffen weitere Schwierigkeiten. An sich wäre es bei kleinen Fugenwegen anzustreben, die Fuge in Fahrbahnen offen zu lassen und eine Selbstreinigung zu ermöglichen. Unter der Fuge liegende Auffangrinnen müssen dann ein Gefälle haben, damit sie bei Regen leergespült werden.

Nichtdichtende Fugen machen bei den Fahrbahnen auch dadurch Schwierigkeiten, daß ihre Abdeckungen beim Überfahren Klappergeräusche verursachen. Mehrachsigen Fugenrandwegen können sie nicht ohne weiteres unbeschränkt folgen. Insbesondere gilt dies für schief und geneigt verlaufende Fugen an Straßenbrücken, bei denen die Schrammborde und ähnliche Sonderkonstruktionen den kinematischen Verhältnissen Rechnung tragen müssen.

Für stoßarmes Überfahren steht bei nicht gedichteten Fugen im schweren Verkehr die verzahnte Ausführung oder eine von Domke entworfene Lamellenkonstruktion zur Verfügung, die für besonders große Fugenwege geeignet ist (Abb. 44 c und d).

Die Entwicklung derartiger schwer belastbarer Straßenfugenverschlüsse hat bereits 1965 zu einer zusammenfassenden und systematisch gegliederten Beurteilung geführt /61/.

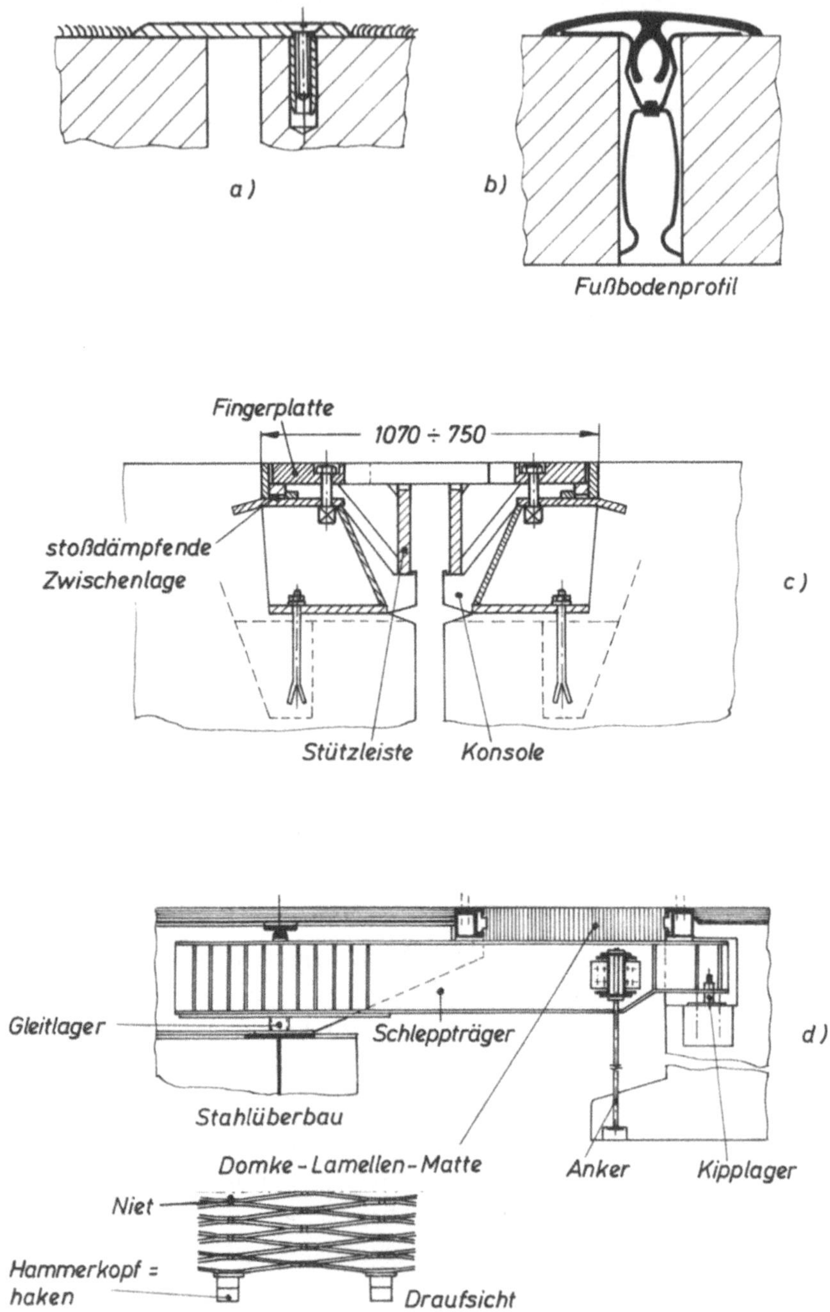

Abb. 44. Belastbare Bodenfugen a) und b) begehbare Innenraumfugen c) und d) Fahrbahnübergänge, verzahnt bzw. mit Lamellen

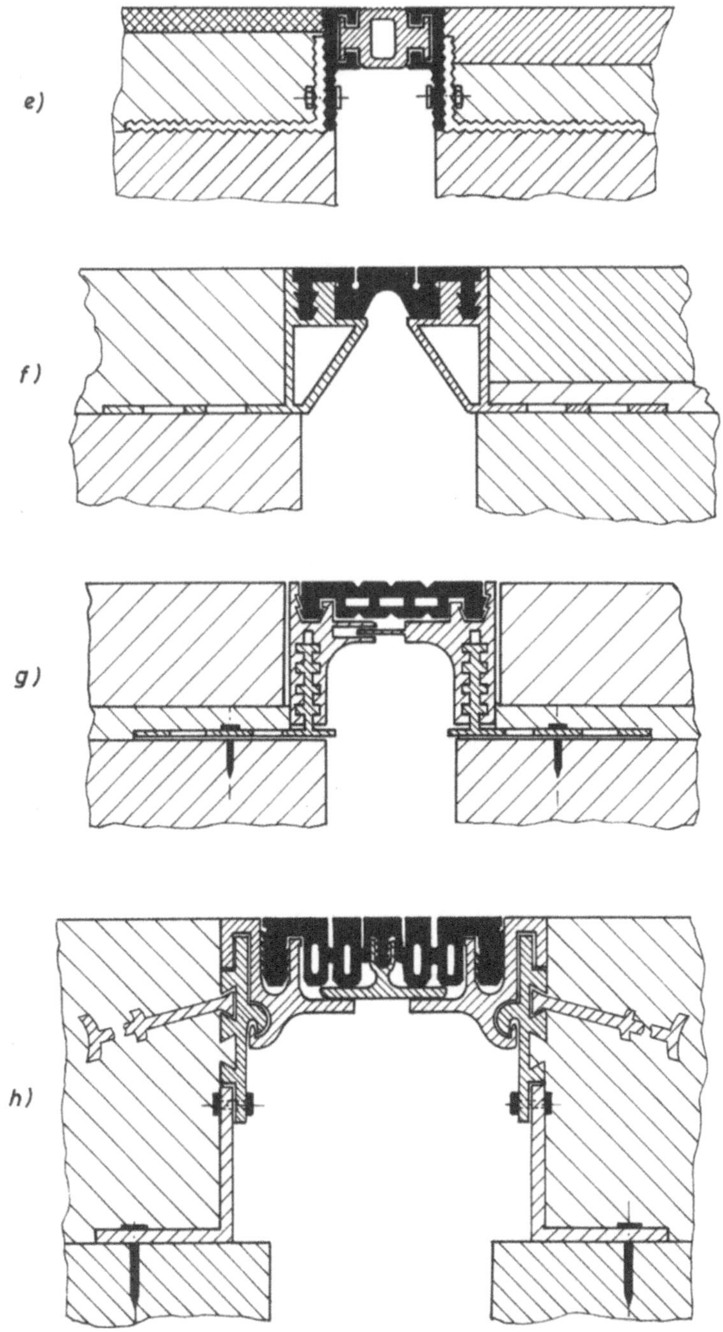

Abb. 44 (Fortsetzung) f) ohne Höhenverstellbarkeit e), g) und h) für verschieden große Wege (X) und mit Lasten befahrbar

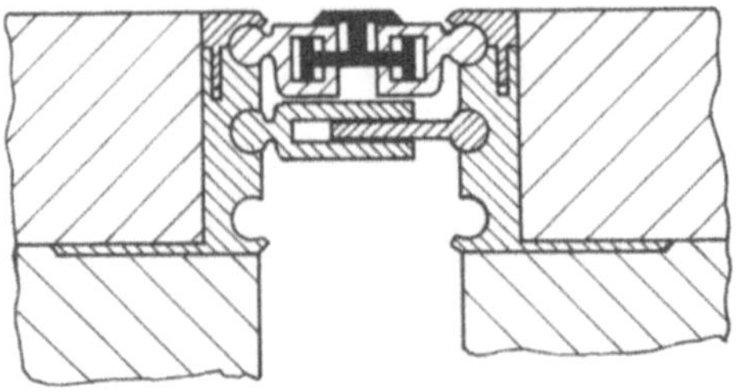

i)

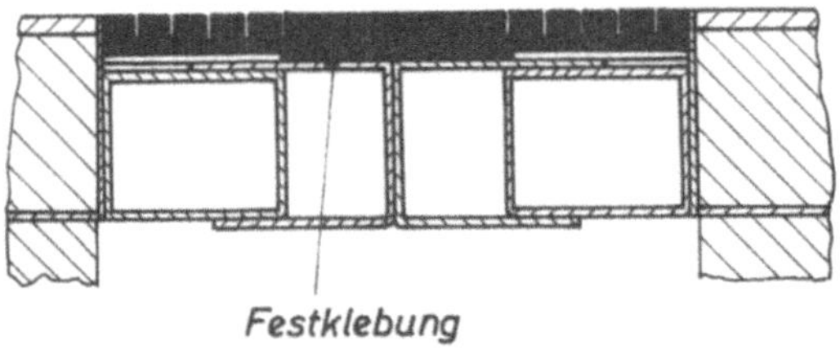

j)

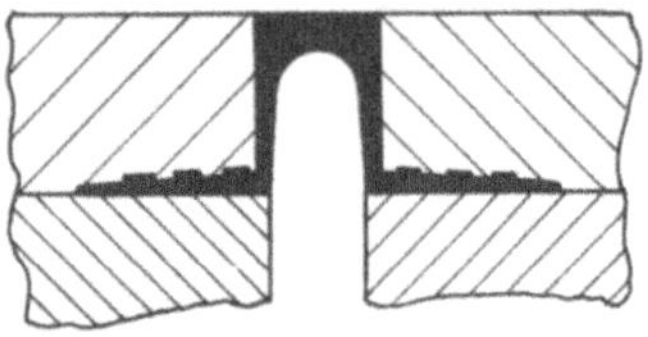

k)

l)

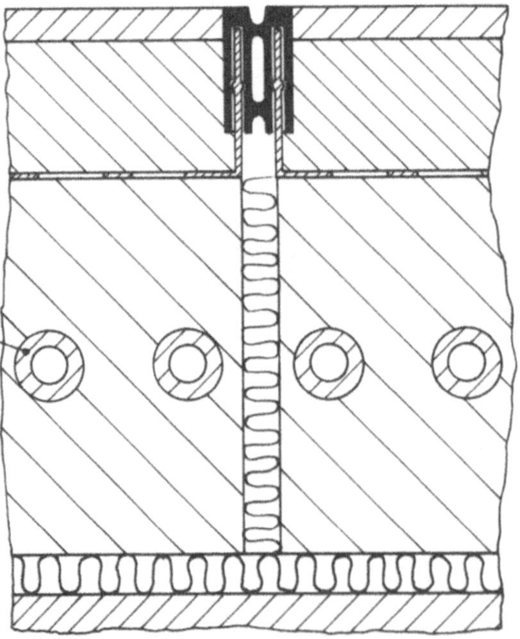

Abb. 44 (Fortsetzung) i) für XYZ-Wege j) für größere XY-Wege k) für kleine X-Wege l) bei Bodenheizung

Bei Bodenfugen von Innenräumen werden an beiden Rändern gelochte Winkel im Estrich eingebettet oder besser noch an der Rohdecke befestigt, die mit einer in der Höhe verstellbaren Halterung ausgestattet sind (Abb. 44 e bis i). In diese wird formschlüssig ein Kunststoffprofil eingedrückt, das Fugenspalte bis zu etwa 30 mm Breite selbsttragend zu überbrücken in der Lage ist. Fugenverbreiterungen von 10 mm sowie geringe Wege in den beiden anderen Achsrichtungen können durch Verformung ausgeglichen werden. Breitere (50 mm) Fugenverschlüsse dieser Art benötigen bereits auskragende Schenkel zur Unterstützung des Verformungsteiles, deren Nut bei langen Fugen gleichzeitig auch zum niveaugleichen Verlängerungsstoß Verwendung findet. Das Fugenspiel darf höchstens 8 mm betragen. Für 25 mm ist bereits eine Gleitkonstruktion erforderlich. Die Fuge verbreitert sich dann auf 70 mm. Als Belastbarkeit werden von den Herstellern je nach Ausführung 150, 400 und 450 kg/cm^2 bzw. Raddrücke bis 1,5 t angegeben.

Für extrem große Fugenwege gibt es Stahl-Hohlkästen (auch Aluminiumprofile sind möglich), die von einer gerieften Kunststoffabdeckung überspannt sind und sich in- und auseinander schieben lassen (Abb. 44 j). Die Fugenbreitenänderung von mehreren cm kann diese Abdeckung durch Dehnung aufnehmen, der mit dem Mittelteil verbundene ungeriefte Bereich sorgt für die Symmetrie der Verformung.

Für wenig arbeitende Bodenfugen im Estrich oder beispielsweise für Fußbodenheizungen gibt es auch einfachere Konstruktionen (Abb. 44 k und l).

Bei einwandfreiem Einbau und einigermaßen parallel bleibenden Fugenrändern kann bei manchen Bodenfugenprofilen Wasserdichtigkeit unterstellt werden, solange diese nur bei Reinigungsarbeiten in Anspruch genommen wird. Dies ist der Grund, weshalb derartige Fugenverschlüsse nicht im Abschnitt "dichtende Profile" behandelt werden.

5.4. Gedichtete Fugen

Bei manchen Fugenverschlüssen kommt zu den bisher im Vordergrund stehenden Anforderungen, Belastungen aufzunehmen, Bauwerksverformungen spannungsfrei zuzulassen und den Geh- und Fahrverkehr ohne Schaden zu ermöglichen, auch die Forderung nach verläßlicher Wasserdichtigkeit hinzu. Selbst geringe Mengen eingedrungener Feuchtigkeit können nämlich bei Bauwerken zu großen Schäden führen. Deren Beseitigung stößt überdies auf große Schwierigkeiten, weil Leckstellen nur schwer zu finden sind. Der feuchte Fleck z. B. im Rauminneren braucht durchaus nicht jener Stelle einer Fuge gegenüber zu liegen, an der das Niederschlagwasser eingedrungen ist.

Die Verwirklichung der Forderung nach Regendichtigkeit von Fassadenfugen wird durch mehrere Randbedingungen erschwert. Neben der Erfüllung technischer Forderungen müssen auch die preiswerte Herstellung, der einfache Einbau (Maßtoleranz - Unempfindlichkeit, Witterungsunabhängigkeit) und die Dauerhaftigkeit Berücksichtigung finden. Die Auswirkungen selbst kleiner Unzulänglichkeiten beim Einbau werden in der Regel unterschätzt und können später, wenn sie zu Schäden geführt haben, nur mit sehr großem Aufwand (Gerüstkosten) in Ordnung gebracht werden.

Aus diesem Grunde ist es erstrebenswert, daß auch bei der Bauleitung volle Klarheit über die Wirkungsweise der angewandten Abdichtungsverfahren herrscht, damit die Ausführenden erforderlichenfalls auf das, worauf es wirklich ankommt, hingewiesen werden können.

5.4.1. Konstruktive (belüftete) Fugen

Konstruktive Fugen stellen eine Lösung dar, die den beim Dichten von Fugen eintretenden Schwierigkeiten aus dem Wege geht.

Den Niederschlägen soll von vornherein die Möglichkeit genommen werden, in Fugen ausreichend tief einzudringen und dadurch zwischen den Außenwandelementen in die Innenräume eines Bauwerkes zu gelangen.

Zur Entwicklung dieser Fugenart gab die Großtafelbauweise den Anstoß. Die Beanspruchung einer Außenwandfugenkonstruktion entsteht durch das vom Wind hochgetriebene Niederschlagwasser, durch die zeitweise unter Überdruck eindringende Außenluft und nicht zuletzt auch durch Schlageinwirkungen beim Transport. Nur unbeschädigte Elementkanten gewährleisten nämlich ein einwandfreies Arbeiten konstruktiver Fugen.

Bei waagerechten Fugen ist ein viel größerer Wasseranfall zu erwarten als bei senkrechten, weil das gesamte Schwallwasser am oberen Fugenrand ankommt und über den Spalt hinwegrinnen muß. Die Aufgabe der Außenwand, Niederschläge vom Gebäudeinneren fernzuhalten, macht an waagerechten und senkrechten Fugen geeignete Dichtungsmaßnahmen erforderlich. Es lag nahe, dafür die folgenden grundsätzlich möglichen Maßnahmen in Betracht zu ziehen:

> Durch entsprechende Gestaltung der Plattenränder geschlossene Fugen,
>
> durch Dichtstoffe oder Dichtungsprofile zu verschließende Fugen oder
>
> belüftete Fugen mit Druckausgleich, aus denen eingedrungenes Niederschlagwasser ggf. wieder herausfließen kann.

Die erstgenannte Lösung schied wegen der nicht beliebig klein zu haltenden Maßtoleranzen im Hochbau (DIN 18202 Bl. 1, 2, 3 und DIN 18203) von vornherein aus. Dichtstoffe und Dichtungsprofile nach dem zweiten Vorschlag führten zum Erfolg, blieben aber mit einigen Nachteilen behaftet, an deren Bewältigung zur Zeit noch gearbeitet wird (siehe Abschnitt 5.4.2 und 5.4.4.). Die Fugen mit Druckausgleich, denen der Gedanke zugrunde liegt, die physikalischen Gegebenheiten so zu verändern, daß das vom Wind angetriebene Niederschlagwasser gar nicht mehr das Bestreben zeigen kann, hinter die Außenwandelemente zu gelangen, ist die technisch anstrebenswerteste Lösung. Sie sucht nämlich klug das zu vermeiden, zu dessen Meisterung die beiden erstgenannten Maßnahmen viel Aufwand treiben müssen.

Über die Gestaltung belüfteter Fugen liegen weitreichende Untersuchungen vor, deren Ergebnisse /67/ und Auswirkungen auf neuere Bauweisen in weiteren Veröffentlichungen /68/ /69/ in vortrefflicher Weise zusammengefaßt und auch weiter entwickelt worden sind. Es braucht hier daher nur auf das Wesentliche eingegangen zu werden.

Die Abdichtung konstruktiver waagerechter Außenwandfugen erfolgt durch eine zur unteren Vorsatzschale gehörende Betonschwelle, über deren Höhe von 120 mm das Niederschlagwasser auch beim größten zu erwartenden Staudruck nicht mehr fließen kann (Abb. 35 a). Durch den steilen Neigungswinkel (über 60°) rinnt eingedrücktes Wasser durch die Schwerkraft nach Ausbleiben des Überdruckes wieder heraus. Die Fugenbreite soll 1,0 cm nirgends unterschreiten, damit sich nicht unter Ausnutzung der Oberflächenspannung ein an beiden Fugenflanken haftender Wasserpfropfen bildet. Da erfahrungsgemäß je nach Windrichtung Druckunterschiede zwischen Außenluft und Innenraum entstehen und auch einige Zeit aufrecht erhalten bleiben, ist gegen eindringende, bereits regenfreie Luft hinter der Schwelle noch eine zweite Sperre unerläßlich. Sie besteht wahlweise aus (auf ein Drittel ihrer Dicke) zusammengedrückter Mineralwolle in Zopfform, aus Polyurethan- oder getränktem Polyäthylenschaum. Unverformt runde Querschnitte sind vorteilhafter als quadratische, weil sie zusammengedrückt bei progressivem Verformungswiderstand ein sicheres Anliegen gewährleisten.

Ein anderer Vorschlag für waagerechte Fugen, die in diesem Fall ohne Schwelle ausgebildet werden, sieht vor, einem einbetonierten PVC-Profil erst bei Montage am Bau ein winkelförmiges Schwellenprofil einzudrücken, das mit zwei Lippen gegen die Hinterwandfläche der darüberliegenden Vorderschale drückt (Abb. 36 b). Die Lippen sind versetzt durchlöchert und können daher ebenso bei durch senkrechte Kanäle belüfteten Wandplatten angewandt werden.

Bei der Auswahl des Dichtungssystems spielen Überlegungen zur möglichst einfachen Herstellung der Bauteile eine entscheidende Rolle. Auch der Arbeitsablauf bei der Bauerstellung geht mit großem Gewicht in die Wertung ein. Die Vermeidung von Feuchtigkeitsschäden bleibt aber das oberste Gebot, während die vermutbaren Energieverluste durch Vergrößerung des a-Wertes, der analog zu der Dichtigkeitsbeurteilung von Fenstern den Luftverlust je 1 m Fuge in m^3/h bei einem Überdruck von 10 Pa angibt, klein und daher ohne Bedeutung bleiben.

Bei senkrechten Fugen wird die Öffnung zunächst durch eine streifenförmige Regensperre aus alterungsbeständigem Kunststoff in mindestens 35 mm Tiefe unter der Außenwandoberfläche verschlossen. Sie reicht beiderseitig in etwa 15 mm tiefe Nuten, die entweder unmittelbar als Profilierung der Wandseitenflächen hergestellt oder aber durch ein eingebettetes Kunststoffprofil gebildet werden. Da der dahinter befindliche Luftraum in die waagerechten Fugen mündet, kann sich dort nie ein nennenswert vom Außendruck abweichender Luftdruck einstellen. Die von oben stockwerksweise einzuschiebende Regensperre kann und braucht daher an ihren Rändern nicht dichtend anzuschließen. Sie läßt dann zwar einzelne Regentropfen durch, es ist jedoch dafür gesorgt, daß diese nicht an ebenen Fugenflanken haftend zur Windsperre gelangen können. Dies wird entweder durch eine zweite, im Beton eingeformte Erweiterung oder durch ein geformtes Kunststoffprofil mit nachgeschaltetem Belüftungsraum (Bilder 35 c bis e) bewirkt. Eine dritte angewandte Lösung stellt eine in die Fugenflanken hinter der Regensperre eingeprägte Waschbrettstruktur dar, die für das Zurückfließen kleiner eingedrungener Regenmengen zur Sperre hin sorgt.

5.4.2. Elastischer Dichtstoffverschluß

Bei Dichtstoffen für Außenwandfugen tritt die Beherrschung der Witterungsbeanspruchung in den Vordergrund. Sie entsteht durch

Niederschläge,
UV-Einstrahlung,
Temperatur und
Alterung.

Hinzu kommt die mechanische Beanspruchung, die sich aus den temperatur- und feuchtigkeitsbedingten Verformungen der Baukonstruktion in drei Achsrichtungen und gegebenenfalls auch aus Setzungen des Baugrundes ergibt.

Die Beanspruchung durch stehendes oder gar drückendes Wasser (Schwimmbecken) kann so groß werden, daß ein dichter Abschluß auf die Dauer nicht mehr mit Sicherheit zu gewährleisten ist.

Die UV-Verträglichkeit läßt sich im Versuch (z. B. mit einem Xenotest-Gerät) überprüfen, bei dem eine dem Sonnenlicht ähnliche Bestrahlung mit Befeuchten und Trocknen im Dauerversuch wechselt. Durch Vergleich mit dem abgedeckten Bereich der eingesetzten Probe ist eine einigermaßen wirklichkeitsgerechte Beurteilung möglich. Diese Prüfung ist nach der DIN 18540 zwar nicht vorgesehen, sie wird aber in Fachkreisen für wichtig und aufschlußreich gehalten /70/. Auf die genormten Prüfverfahren bei niedriger (-20 °C) und hoher (-70 °C) Temperatur sowie alle sich zum Teil auch auf die Alterungsbeständigkeit auswirkenden Eigenschaften, wie die

Rauminhaltsänderung,
Verträglichkeit mit anderen Baustoffen,
Chemikalienbeständigkeit (Reinigungsmittel) und mit ausreagierten Dichtstoffen (bei Ausbesserungen),
Bindemittelwanderung,
Verfärbung von Beton,
Standvermögen,
Haft- und Dehnverhalten unter Umwelteinflüssen,
Verarbeitbarkeit,
Verformung unter Druck und
Rückstellvermögen,

sei auf die DIN-Blätter 52451 bis 52457 verwiesen. Diese Normen über elastische Dichtstoffe, wie sie zum Abdichten von Außenwandfugen verwendet werden, erfahren durch eine weitere DIN 18540 eine Ergänzung. Sie befaßt sich im Teil 1 (Oktober 1973) und in dem bereits erschienenen Neuentwurf des Teiles 1 (Juli 1978) mit der konstruktiven Ausbildung der zwischen Beton- und Stahlbetonfertigteilen im Hochbau vorgesehenen Fugen. Teil 2 (Oktober 1973) dieser Norm betrifft die Anforderungen und Prüfungen an bzw. von Fugendichtungsmassen. Der Teil 3 (Oktober 1973) und der bereits vorliegende Neuentwurf des Teiles 3 (Juli 1978) behandelt schließlich die bei der Abdichtung zu verwendenden Fugendichtungsmassen und deren Verarbeitung.

Die mehr als 2 Jahrzehnte (1954) zurückliegenden ersten Versuche, arbeitende Bauwerksfugen durch Füllen mit elastischen Massen zu dichten, waren deshalb oft ein Mißerfolg, weil man sich über das ungewohnte Verformungsverhalten derartiger Stoffe zunächst keinerlei Gedanken machte. Erst viel später - wie die Erscheinungsjahre der dazu gehörigen DIN-Normen zeigen - ging man den hier herrschenden Gesetzmäßigkeiten genauer nach. Da aber DIN-Normen kein Lehrbuch sind, trugen sie zur Allgemeinkenntnis der Zusammenhänge verhältnismäßig wenig bei. Bis heute werden beim Entwurf von abzudichtenden Bewegungsfugen oft noch die gleichen Fehler wie anfangs gemacht: Den Fugenspalt möglichst tief vollfüllen und ihn recht schmal machen, damit er wenig sichtbar bleibt und nicht zu viel teuren Dichtstoff verbraucht.

Es ist daher für den Bauausführenden wichtig, die ursächlichen Zusammenhänge zu kennen. Die nach DIN 52460 (Mai 1973) als elastische Dichtstoffe bezeichneten Massen lassen sich von den plastischen durch keine scharfen Grenzen trennen. Aus der Erfahrung ist an Hand des unterschiedlichen Rückstellvermögens eine Untergliederung möglich. Dieses Rückstellvermögen (nach DIN 52458 zu messen) gibt an, um wieviel Prozente sich ein nicht vollelastischer Dichtstoff nach vorausgegangener Dehnung wieder zurückverformt. Es wird hier eine Dichtungsmasse als

elastisch bei mehr als 90 %,
elastisch mit plastischen Anteilen bei 50 bis 90 %,
plastisch mit elastischen Anteilen bei 10 bis 50 % und
als plastisch mit weniger als 10 %

Rückstellvermögen bezeichnet.

Bei elastischen Dichtstoffen sorgt diese Eigenschaft dafür, daß der sogenannte "Kaugummieffekt" nicht eintritt.

Die zweite wichtige Erkenntnis betrifft die Dehnungsbehinderung, die dann gegeben ist, wenn ein an sich gut dehnbarer Dichtstoff gleichzeitig in seiner Querdehnung gehemmt wird. Die sogenannte Dreiflächenhaftung (DIN E 52460) bewirkt, daß der Dichtstoff ein erheblich geringeres Verformungsvermögen aufweist und einreißt. Es steht dann keine ausreichende Dehnlänge zur Verfügung. Abb. 45 zeigt die falsche und richtige Ausführung von Stoß-, Überlappungs- und Winkelfugen. Die für eine spannungsarme Verformung unerläßliche ausreichende Dehnlänge wird durch eine Hinterfüllung gewonnen, die aus einem geschlossenzelligen runden Schaumstoffprofil besteht. Es wird unter 15 bis 25 % Stauchung (bei Schwimmbecken sogar 50 %) in die Fuge eingedrückt und muß eine glatte geschlossene Oberfläche besitzen. Die geringe Wasseraufnahme des Schaumstoffes (etwa 3 Raum-% nach 7 Tagen) und die Temperaturbeständigkeit im Bereich zwischen -30 °C und +70 °C ist wichtig. Solche Rundprofile sind von 6 bis 50 mm Durchmesser handelsüblich und bestehen aus Polyäthylenschaum mit einer Rohdichte zwischen 30 und 40 kg/m³. Die nicht gegebene Beständigkeit von Polyäthylen gegen UV-Strahlen ist ohne Bedeutung, da eine Hinterfüllung nicht dem Sonnenlicht ausgesetzt ist. Die Wärmeleitfähigkeit zwischen 0 °C und 40 °C liegt im Bereich von 0,036 bis 0,041 W/m K, die Wasserdampf-Diffusionsstromdichte bei 0,15 g/m²d, der Wasserdampf-Diffusionswiderstandsfaktor beträgt 4000 (an 60 mm dicken Platten gemessen). Bei Platzmangel ist nach der Norm auch das Unterlegen eines Trennfolienstreifens aus Polyäthylen (z. B. 0,2 mm dick) zulässig. Ölhaltige oder bituminöse Hinterfüllungen sind zu vermeiden, weil sie die Eigenschaften der Dichtstoffe verändern können.

Bei Bodenfugen mit heißen Dichtungsmassen, die mit über 50 °C eingebracht werden (z. B. bituminöse Stoffe) muß die Hinterfüllung besser durch temperaturbeständigere Stoffe, die aber ebenfalls nicht wassersaugend sein dürfen, ersetzt werden.

Eine Hinterfüllung bewirkt neben ihrer eigentlichen Aufgabe, die Haftung auf einer dritten Fläche zu verhindern, durch ihre runde Form auch die richtige Formgebung für den Dichtstoffquerschnitt: Sie begrenzt die Fugentiefe und damit auch die Dicke der Fugendichtungsmasse gemäß DIN 18540 Blatt 3 und gibt ihr die beabsichtigte, in der Mitte liegende Querschnittsverdünnung. Dadurch sind die Flanken-Haftspannungen im Vergleich zur Zugbeanspruchung in der Mitte geringer und eine schnellere Verformung - falls sie doch einmal auftreten sollte - führt nicht gleich zum Abreißen an der Haftfläche. Die Adhäsion ist manchmal geringer als die Kohäsion. Eine leicht konkave Oberfläche an der Sichtfläche kann diese günstige Spannungsumlagerung noch unterstützen (Abb. 46).

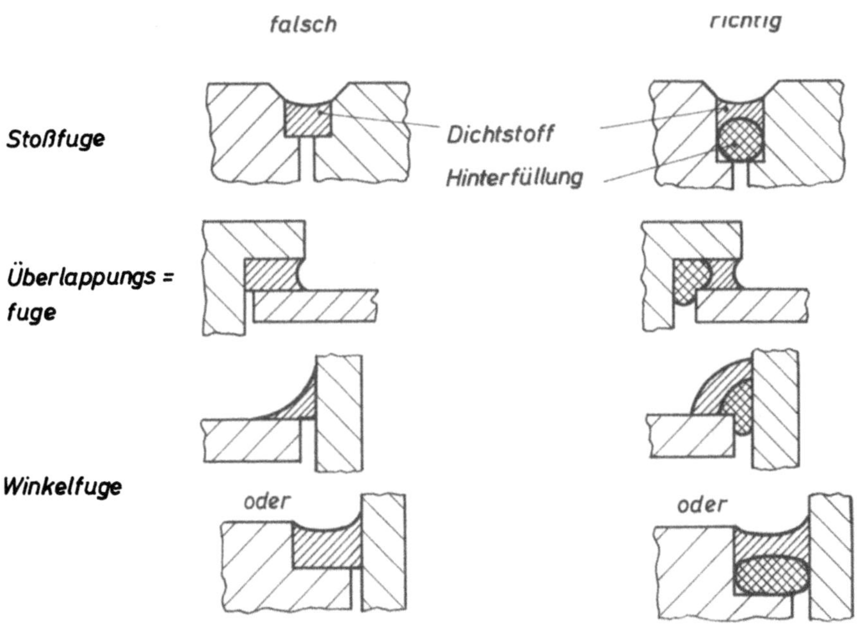

Abb. 45. Vermeidung der Dreiflächenhaftung bei mit Dichtstoff verschlossenen Fugen

Die Fugenbreite richtet sich nach dem Dehnverhalten des Dichtstoffes. In den ersten Jahren der Anwendung wirkte die Angabe der aus einem Zugversuch ermittelten Bruchdehnung, die leicht einige 100 % betragen konnte, auf den Anwender irreführend. Auch heute noch wird von manchen Herstellern die Bruchdehnung genannt. Mittlerweile weiß man aber, und viele Hersteller von Dichtungsmassen geben dies auch in ihren Firmenschriften richtig an, daß eine erheblich kleinere Prozentzahl für die noch ertragbare Dehnung zutreffend und nach der Norm zu berücksichtigen ist. Jene nämlich, die unter Witterungseinfluß auf die

Dauer das Dichtbleiben einer Fuge noch gewährleistet. Umfangreiche Forschungsarbeiten /70/ /71/ /72/ gaben schließlich Auskunft darüber, worauf es bei der Dauerhaftigkeit eines Fugenverschlusses ankommt, wie die Schadensformen zu erklären sind und welche Dichtungsarten Aussicht haben, sich bei Bewegungsfugen auf lange Dauer zu bewähren. Gleichzeitig war aus den Versuchen zu erkennen, wo man bei den Prüfungsanforderungen über das notwendige Maß hinausgegangen war. Die Entwicklung zeigte deutlich wieder den bekannten Weg vom ahnungslos Vereinfachenden über das Komplizierte zum Einfach-Wesentlichen.

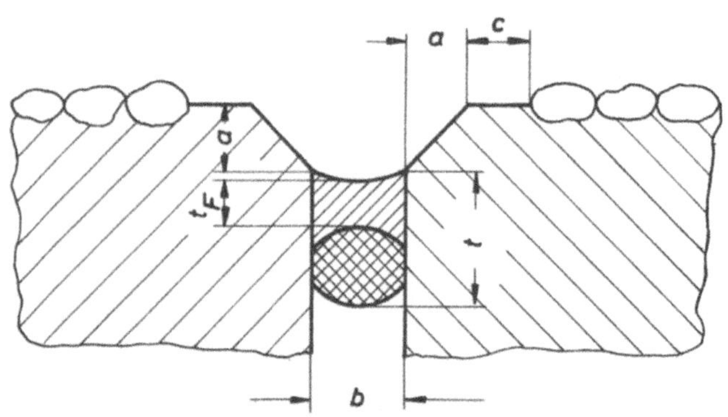

$a \geq$ 10mm Fase
$b =$ Fugenbreite
$c \geq$ 10mm Fasche
$t_F =$ Dicke der Fugendichtungsmasse
$t \geq$ 30 oder $= 2b$ ... Fugenflanke

b in mm	10	15	20	25	30	35
t_F in mm	8 ±2	10 ±2	12 ±2	15 ±3	15 ±3	20 ±4

Abb. 46. Querschnittsform der Fugendichtung nach DIN 18540 Teile 1 und 3

Vereinfachend wirkte z. B. die aus Versuchen gewonnene Einsicht, daß eine Prüfung von Fugenmassen durch Bewitterung nicht auch gleichzeitig eine wechselnde Verformung enthalten muß. Die Erprobung von Dichtstoffen allein und ohne Haftpartner erwies sich als unzureichend. Der wirkliche Einfluß von UV-Strahlen, die nach ersten Überlegungen als nicht in die Tiefe der Fugendichtstoffe eindringend beurteilt wurden, beruht nach den Versuchen zunächst auf einer Versprödung einer dünnen Oberflächenschicht. Bei gleichzeitiger wechselnder Verformung ermöglicht Rißbildung das Vordringen in tiefere Schichten und führt schließlich dort zu ernsten Schäden.

Bei der Beurteilung der durchgeführten Versuche /72/ ist zu berücksichtigen, daß zu dieser Zeit noch der Dichtstoff allein geprüft wurde. Heute weiß man, daß besser das Verhalten der ganzen Fuge, wie sie im Bauwerk gestaltet werden soll, zu untersuchen ist. In einem Mehrfachprüfgerät nach Abb. 47, das sowohl im Wärmeschrank als auch in der Kühltruhe einstellbare Fugenrandwege nachahmt, stellt jede Probe bei Anriß ihr Zählwerk selbsttätig ab. Der Rißverlauf kann durch eine Robotkamera in Bildern festgehalten werden.

Abb. 47. Dauerbiege-Prüfgerät für Dichtungsmassen und Fugenprofile (X-Wege)

Die DIN 18540 Teil 1 (Oktober 1973) trug den vielerorts gewonnenen Forschungsergebnissen Rechnung und setzte die wesentlichen Abmessungen für die Fugengestaltung zwischen Beton- und Stahlbetonfertigteilen fest (Abb. 46). Bei Fugen zwischen anderen Bauteilen können die im Bild angegebenen Breiten b um jeweils 5 mm verringert werden (DIN E 18540, Teil 3, Juli 1978, Ziff. 5.1). Die für t_F angegebenen Werte berücksichtigen bereits eine Raumverminderung der Dichtungsmasse im Endzustand. Sie müssen demnach bei der Herstellung der Fugenfüllung etwa an der oberen Grenze liegen. Hinsichtlich der Vorbereitung der Haftfläche ist in der Regel neben Reinigung und Befreiung von losen Bestandteilen durch Ausblasen ein Voranstrich erforderlich, vorausgesetzt, daß dieser vom Dichtungsstoffhersteller für den betreffenden Baustoff verlangt wird. Die Verarbeitung soll nur bei Temperaturen unter 24 °C erfolgen. Bei rascher nächtlicher Abkühlung kann nämlich eine zu bald auftretende Dehnung im Dichtstoff Haftschäden verursachen. Die untere Grenze der Verarbeitungstemperatur (etwa 5 °C) ist durch die zu träge Aushärtung der Zweikomponenten-Masse gegeben. Voranstriche müssen ablüften. Sie kühlen sich dadurch ab und können vorübergehend einen Kondenswasserfilm aufweisen, der ein einwandfreies Haften verhindert. Blasen im Dichtstoff dehnen sich bei Wärme aus und verursachen manchmal Leckstellen. Da die Hinterfüllung im allgemeinen vorher in die Fuge eingedrückt worden ist, muß beim Voranstrich (Primer) darauf geachtet werden, daß dieser ausschließlich auf die Fugenflanken aufgetragen wird und nicht auf die Hinterfüllung. Eine äußerlich wirklich saubere Fuge erhält man nur, wenn die Fugenränder zuvor abgeklebt wurden.

Die Breite der Fasche soll bei Waschbeton etwa dem Größtkorndurchmesser entsprechen und dient dazu, einem Abriß der Kanten beim Transport vorzubeugen /67/.

Besonderer Überlegungen bedürfen Dehnungsfugen in Schwimmbecken, da in diesen mit zusätzlichen Beanspruchungen durch Wasserdruck und Chemikalien (Reinigungsmittel, Chlorwasser, Meerwasser) zu rechnen ist. Insbesondere bei Freischwimmbecken muß auch an die Überwinterung gedacht werden. Fachverbände haben hierzu Richtlinien verfaßt, in denen praktische Erfahrungen ihren Niederschlag gefunden haben /73/ /74/.

Bei Beckenauskleidungen obliegt, wie bei Fassaden, die Wasserabdichtung nicht der keramischen Bekleidung, sondern der umschließenden Betonkonstruktion des Beckens. Mit Zementmörtel geschlossene Plattenfugen können auch bei bestem Kornaufbau nicht dicht sein und die elastisch zu verschließenden Dehnungsfugen können allein durch die Stützwirkung der Hinterfüllung dem hydrostatischen Druck auf die Dauer keinesfalls standhalten. Die Erfahrungen lehren, daß 33 m-Becken auch in der Betonwanne keiner Dehnungsfuge bedürfen. Sind diese aber bei längeren Becken vorhanden, dann müssen sie auch im Belag an gleicher Stelle fortgeführt werden. Durch den sich hinter der Dehnungsfuge aufbauenden gleich großen hydrostatischen Druck erfährt der Dichtstoff dann keinerlei Kraftwirkung.

Becken im Freien sind durch wechselnde Temperatur höher beansprucht als die in Hallen. Auch Fußbodenheizungen, die in der Regel nicht dauernd eingeschaltet bleiben, führen zu wiederholten thermischen Längenänderungen, die durch Dehnungsfugen von weniger verformten Teilen des Belages ferngehalten werden müssen. In größeren Becken mit über 33 m Länge haben sich umlaufende Dehnungsfugen im Belag (soweit nicht ohnehin den Dehnungsfugen in den Betonwänden zu folgen war) bewährt, die 0,5 m von den Wänden entfernt im Boden verlaufen und an ihren Enden durch die Wandbekleidung hochgeführt werden. Sie müssen sich bis zur nächsten Dehnungsfuge im Bodenbelag der Halle oder bis zu dessen Enden fortsetzen und dürfen nirgends enden. In Hallenbädern können Dehnungsfugen im Belag entfallen, soweit sie nicht wegen vorhandener Trennfugen der Betonwanne erforderlich sind. Alle Teile im Becken, die im Beton verankert sind (z. B. Einstiege), müssen durch elastisch verschlossene Anschlußfugen vom Belag getrennt werden.

Bei Schwimmbecken mit Beckenrand-Überflutung ist auch die ungewöhnliche Beanspruchung zu bedenken, die durch das Wasser entsteht, das durch den Verlegemörtel und den Stoßfugenmörtel der Überflutungsrinnen in den Verlegemörtel der ersten Plattenreihen des Umlaufes eindringt. Es steht unter einem Überdruck von einigen cm Wassersäule. Die parallel zum Beckenrand verlaufende Dehnungsfuge wird dadurch von unten vom Wasserdruck beansprucht und hält auf die Dauer nicht dicht. Das Hochziehen einer Abdichtungsbahn zu einer Schwelle (als Feuchtigkeitssperre) kann verläßlicher wirkend durch zwei Winkel aus nichtrostendem Stahl ersetzt werden, die mit ihren Schenkeln den Fugenspalt bilden. Er wird wie alle anderen Dehnungsfugen mit elastischem Dichtstoff in bereits beschriebener Weise geschlossen. In durch Wasserdruck zeitweise beanspruchten Dehnungsfugen wählt man, um ein festeres Klemmen zu erreichen, den Durchmesser des Hinterfüllungsprofils doppelt so groß, wie die Fuge breit ist.

Nach Klärung der Wirkungsweise von elastischen Dichtstoffen in zu dichtenden Bauteilfugen ist noch auf die Art und die unterschiedlichen Eigenschaften der zur Verfügung stehenden Dichtungsmassen einzugehen. Eine umfangreiche, aber sehr übersichtliche Zusammenstellung fast aller zur Zeit handelsüblichen Dichtstoffe findet sich in /75/. Darin sind u. a. auch die Handelsnamen, die Rohstoffbasis und maximale Bewegungsaufnahme der einzelnen Erzeugnisse enthalten. Die kritische Durchsicht dieser Zusammenstellung läßt den Hinweis angebracht erscheinen, daß die von manchen Erzeugern ausgewiesene Bruchdehnung oder die Angaben wie ± 25 % Dehnung nicht unbesehen einer Fugenbemessung zugrunde gelegt werden darf. Die DIN 18540 sieht in Teil 2 zur Kennzeichnung des Haft- und Dehnverhaltens unter Abschnitt 3.3 vor, daß bei 150 % aufgebrachter Dehnung kein Ablösen vom Kontaktmaterial und keine Rißbildung eingetreten sein darf und die für 100 % Dehnung erforderliche Zugspannung 40 N/cm^2 nicht überschreitet. Bei der Prüfung in Kälte (-20 °C) sind 60 N/cm^2 noch zulässig. Der Nachweis der stets höher liegenden Bruchdehnung ist in der Norm nicht verlangt, weil diese für das praktische Verhalten keine unmittelbare Bedeutung hat. Die zumutbare "Dauerdehnung" mit dem Plus-Minus-Zeichen zu versehen, stammt noch aus der Zeit vor dem Erscheinen der DIN 18540, als auch in Fachkreisen vielfach Unklarheit darüber herrschte, welches Dehnvermögen eigentlich anzugeben sei. Die Norm legt nun eindeutig in Teil 1 Abschnitt 3 fest, daß die höchstmögliche "Gesamtverformung der Fugendichtungsmasse", das ist die Stauchung und die Dehnung, in Prozenten anzugeben ist.

Nach dem heutigen Stand der Technik stehen zum Dichten von Fugen, an deren Rändern Wege zu erwarten sind, folgende Dichtstoffarten zur Verfügung:

Polysulfid-Dichtungsmassen SR (Sulfid-Rubber), zweikomponentig, Spannung bei 100 % Dehnung 50 N/cm^2, Shorehärte A 18 bis 25, praktische Dehnfähigkeit 25 %, Dichte 1,7 g/cm^3, Rauminhaltsverminderung 1 %, offene Zeit 2 bis 4 Stunden, Durchhärtezeit 24 bis 30 Stunden, elastisch im Bereich von -55 bis +125 °C, widerstandsfähig gegen mechanische Beanspruchung, verschiedene Chemikalien und Mineralöl.

Gleichfalls handelsübliche Einkomponenten-Polysulfid-Dichtstoffe besitzen sehr lange Härtezeiten (bis 6 Wochen), sind physiologisch nicht unbedenklich und bei chemischer Belastung nicht immer ausreichend alterungsstabil. Sie werden daher seltener verwendet.

Silikondichtungsmasse (Si) einkomponentig, drei Vernetzungsarten sind möglich: alkalisch, sauer und neutral. Alkalisch vernetzte sind fast 100 % elastisch einstellbar, hohes Rückstellvermögen, bis 40 % praktische Dehnfähigkeit (genutzt werden aber in der Regel nur 20 bis 25 %), Dichte 1,03 bis 1,24 g/cm^3, Rauminhaltsverminderung 3 %, volle Vernetzung nach 2 bis 8 Tagen, chemikalienbeständig, Shorehärte A bis 28, Bruchdehnung bis 450 %, zum Teil noch bei Minustemperaturen (-15 °C) verarbeitbar, beständig zwischen -40 und +180 °C. Sauer vernetzende Silikondichtungsmassen eignen sich für den Fenster- und Sanitärbereich, ebenso wie alkalisch vernetzte. Sie sind strahlungsresistent (Kernkraftwerk-Luftkanalabdichtungen). Neutral vernetzende Silikondichtungsmassen besitzen zwar eine besonders hohe Dehnfähigkeit, sie vernetzen aber zu langsam und nicht durchgehend. Die Entwicklungen sind noch nicht abgeschlossen.

Polyurethan-Dichtungsmassen (PUR), ein- oder zweikomponentig, in der ersten Art durch die Luftfeuchtigkeit aushärtend, Dichte 1,35 g/cm^3, Verarbeitbarkeit zwischen 0 und 35 °C, offene Zeit 5 Stunden, Rauminhaltsminderung 3 %, Shorehärte A 30 bis 40, Bruchdehnung etwa 300 %, praktische Dehnfähigkeit 15 bis 20 %, Temperaturbeständigkeit -40 °C bis +90 °C, Rückstellvermögen über 90 %, UV-empfindlich, feuchtigkeitsempfindlich (Haftminderung), Primer unerläßlich. Bei zweikomponentigen Dichtstoffen dieser Art ist die Dichte 1,45 g/cm^3, Verarbeitung zwischen 0 °C und 35 °C, offene Zeit eine Stunde, auspolymerisiert bei 20 °C nach etwa 6 Stunden, Rauminhaltsveränderung ± 1 %, Shorehärte A 25 ± 3, Bruchdehnung etwa 400 %, praktische Dehnfähigkeit 25 %, temperaturbeständig zwischen -30 °C und +80 °C, Rückstellvermögen fast 100 %, abrieb- und mineralölfest (Bodenfugen). Einkomponenten-PU-Dichtstoff wird vorwiegend für Anschlußfugen, der Zweikomponenten-PU-Dichtstoff auch für Dehnungsfugen eingesetzt.

Außer diesen Erzeugnissen haben auch

Acryl-Dichtungsmassen,
Butylkautschuk-Dichtungsmassen (IIR = Isobutylen-Isopren-Rubber) und
Polyisobutylen-Dichtungsmassen (PIB)

einen Marktanteil, der sich aber wegen ihrer geringen praktischen Dehnfähigkeit (PIB und IIR) oder großen Rauminhaltsverminderung (Acryl 12 bis 15 %) nicht auf Dehnungsfugen im Außenbereich erstreckt.

In Abb. 48 sind die Spannungs-Dehnungs-Linien bei -20 und +20 °C der beschriebenen Dichtstoffe zusammengestellt und zum Vergleich auch ein für derartige Zwecke nicht brauchbarer Ölkitt (bei +20 °C) eingezeichnet /76/.

Polysulfid-, Silikon- und Polyurethan-Dichtstoffe zeigten bei verschiedenen Bewitterungs- und Beanspruchungsbedingungen nach zweijährigem Untersuchungszeitraum nur Änderungen in den Dehnungseigenschaften, die im Bereich der Meßwertstreuung lagen. Lediglich in der Steifigkeit änderte sich der Silikon-Dichtstoff (bei 50 % Dehnung Anstieg der Zugspannung von 33 auf 39 N/cm^2) und Polyurethan-Dichtstoff (bei 50 % Dehnung Abfall der Zugspannung von 36 auf 26 N/cm^2) geringfügig, während der Polysulfid-Dichtstoff unverändert blieb.

Silikon-Dichtstoffe sind so wie andere makromolekulare Stoffe schimmelpilzanfällig, was zu Verfärbungen führt und im Sanitärbereich hygienisch unerwünscht ist. Fungizide Schutzstoffe wirken nur vorübergehend, so daß regelmäßiger Reinigung der Vorzug gegeben werden muß /77/. Von einem Überstreichen elastisch gedichteter Fugen ist abzuraten, da Anstrichstoffe auf die Dauer gleichgroße Dehnungen nicht mitmachen können, reißen und mit der Zeit abblättern.

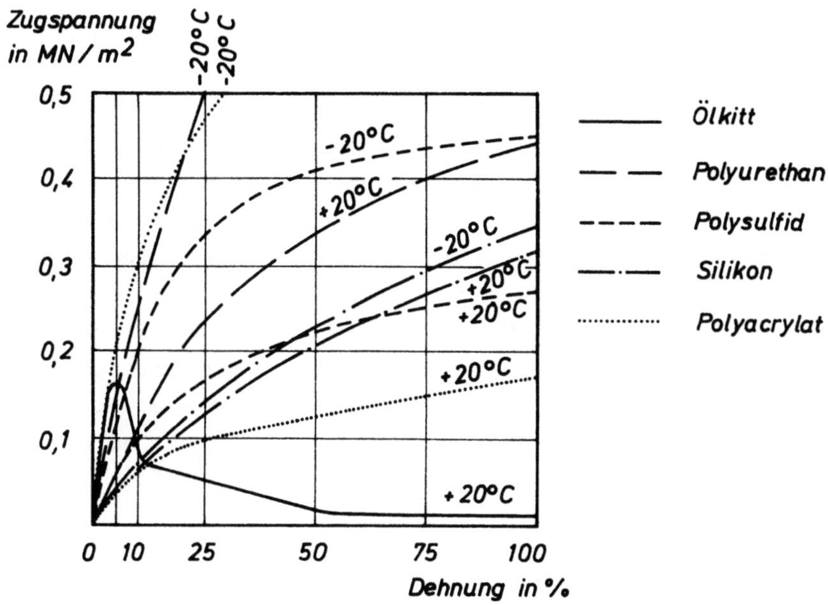

Abb. 48. Spannungs-Dehnungsschaubild von Ölkitt und verschiedenen Dichtstoffen bei +20 °C und -20 °C

Die Lebenserwartung von mit elastischen Dichtungsmassen verschlossenen Außenwandfugen wird etwa mit 20 Jahren und höher angesetzt /78/. Sie ist in dieser Veröffentlichung in Abhängigkeit von der Art des Dichtstoffes bei richtiger Fugenbemessung und einwandfreier Verarbeitung wie folgt angegeben:

Dichtstoff Typ	gleich oder mehr Jahre
Polysulfid	22
Silikon	15
Polyurethan	10
Butylkautschuk	15
Acryl (plastisch)	15
Acryl (polymer)	15

Aus eigener Erfahrung kann aber ergänzt werden, daß es praktisch erforderlich und empfehlenswert bleibt, alle 4 bis 5 Jahre die

Außenwandfugen aus der Nähe zu überprüfen und sich anbahnende Schäden auszubessern.

Nicht leicht zu nehmen sind Schäden, die in vom Boden erreichbaren Fugen manchmal durch mutwilliges Eindrücken von Fingern entstehen. Eine Abdeckung mit einer Edelstahlschiene, die nur einseitig zu befestigen ist, wird deshalb empfohlen.

Auf Betonfahrbahnen von Flugplätzen muß der Fugenverschluß kraftstoffbeständig (Kerosin) sein. Man verwendet dann Teerpech mit Gummianteilen und Füllstoffen und erhält so einen Dichtstoff, der meist ohne Voranstrich bei 170 bis 200 °C zu vergießen ist. Auch Teerpech mit Polysulfid-Polymer ergibt eine kerosinbeständige Masse, die aber auf Zweikomponentenbasis (mit Härter) arbeitet, über + 5 °C kalt einzugießen ist, auf dem Altverguß gut haftet und nach 3 bis 4 Tagen aushärtet. Die offene Zeit liegt zwischen 0,5 und 2 Stunden und die Temperaturbeständigkeit bei gutem Dehnvermögen zwischen - 40 °C und + 60 °C.

Eine international zusammengesetzte europäische Kommission (UEATc = Union Européenne pour l'Agrément technique dans la Construction) hat im Jahr 1975 /79/ gemeinsam Richtlinien über Fugendichtungsmassen für den Hochbau ausgearbeitet, die nicht nur die Terminologie vereinheitlicht, sondern auch allgemeine und spezielle Anforderungen, eine Klassifizierung der Dichtungsmassen und Prüfverfahren, Lieferanforderung sowie die Güteüberwachung einvernehmlich festgelegt hat. In einem Anhang werden auch die heute bekannten Fugendichtungsmassen in ihren Eigenschaften den Anwendungen zugeordnet und Empfehlungen für die Auswahl gegeben. Wertvolle Angaben für die Prüfweise bilden den Schluß dieser beachtenswerten Arbeit.

Obwohl Fugenbreitenänderungen den Hauptanteil an der Dichtstoffbeanspruchung haben und deren alleinige Berücksichtigung sicher in vielen Fällen ausreicht, soll allgemein noch darauf hingewiesen werden, wie sich gegenseitiges Verschieben der Fugenflanken und Wege durch Verbiegen unterschiedlich aus der Wandebene heraustretender Tafelränder auswirken. Dazu betrachtet man zwei einander gegenüberliegende Punkte der Fugenränder und ermittelt dann die Dehnung, welche die gedachte Verbindungsstrecke nach Abschluß aller größten Verformungen erfahren würde. Diese Berechnungsweise gibt ein Ergebnis, das auf der sicheren Seite liegt, weil die Gleichzeitigkeit der Größtwerte den ungünstigsten Fall darstellt. Sind die drei Achsrichtungen mit X, Y und Z bezeichnet, dann ist die größte Dehnung

$$\varepsilon_{max} = \frac{\Delta b}{b} = \frac{1}{b} \sqrt{(b+\Delta X)^2 + \Delta Y^2 + \Delta Z^2} - 1 \qquad (125)$$

worin die Δ-Werte die jeweiligen Verschiebungen in den drei Achsrichtungen XYZ und b die ursprüngliche Fugenbreite bedeuten (Abb. 49). Durch die Parallelverschiebung der Fugenflanken (Y-Richtung) bildet sich aus dem gleichen Grund wie bei schubbeanspruchten Stegblechen eine wellige Verformung (Faltung), deren Neigung mit zunehmendem ΔY gegen die Fugenlängsachse immer weniger steil wird. Der Dehnung ε_{max} entspricht eine quer dazu wirkende Stauchung, die Wellenberge und -täler verursacht. Dieses kennzeichnende Aussehen der Oberfläche läßt das Auftreten von Schubbewegungen sicher erkennen und ist auch von Anstrichschichten oder fugenüberbrückenden Tapeten her bekannt. Die Zerstörung erfolgt bei Dichtstoffen durch Überdehnung oder Versagen des Haftens an der Fugenflanke.

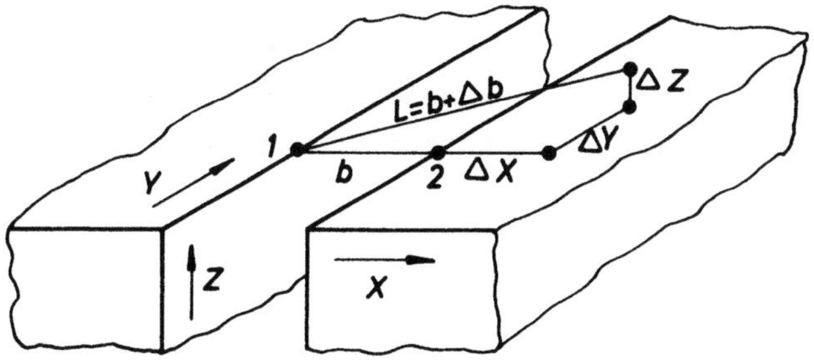

Abb. 49. Bezeichnung der Riß- oder Fugenrandwege

In obiger Gleichung sind außer b alle anderen Größen bekannt: Die Δ-Werte durch die Abmessungen, den Baustoff und die anzusetzende Klimabeanspruchung und ε_{max} praktisch als Gesamtdehnung (Dehnung und Stauchung), die dem vorgesehenen Fugendichtstoff zuzumuten ist. Bei Fugenrandbewegungen wird man einfachheitshalber einen geschätzten Wert für b annehmen, ε_{max} ausrechnen und überprüfen, ob diese Dehnung dem Dichtstoff zuzumuten ist. Trifft dies nicht zu, so ist die Rechnung mit einer größeren Breite b zu wiederholen.

Ist, wie in vielen Fällen, nur eine Fugenbreitenänderung (in X-Richtung) zu erwarten, dann ergibt sich b aus der Gleichung unmittelbar durch Auflösen mit

$$b = \frac{\Delta X}{\varepsilon_{max}} \quad \text{in mm} \qquad (126)$$

5.4.3. Überbrückungen

In der Bautechnik ist es oft erforderlich, arbeitende Fugen abdichtend zu überbrücken. Man möchte dabei ohnehin notwendige, bereits vollflächig überdeckende Abdichtungsbahnen nicht unterbrechen oder Lösungen anwenden, die nicht auf bestimmte Gestalt und Ausführung des Fugenspaltes angewiesen sind. Es werden dann Bänder ausreichender Breite verwendet, die in der Regel an den Fugenrändern festgeklebt oder verwahrt werden. Der Übergang von Bändern zum Profil ist nicht immer ganz scharf abzugrenzen. Es sollen aber alle an Fugen erforderlichen Maßnahmen bei Verwendung von Bahnen und Bändern als "Überbrückungen" vorweg behandelt werden und den Profilen mit deutlich erkennbar angepaßten Querschnittsformen ein weiterer Abschnitt vorbehalten bleiben.

5.4.3.1. Dichtungsbahnen

Da sich bei Fugenrandbewegungen in der X- und Y-Richtung (Abb. 49) der ursprünglich zum Überspannen einer Fuge erforderliche Bedarf an Dichtungsbahn erheblich vergrößert, ist die Voraussetzung für das Dichtbleiben ein ausreichender Vorrat an Dehn im Fugenbereich. Dieser sollte nur bei sehr kleinen Randwegen durch eine teilweise Inanspruchnahme der an sich geringen Bahndehnung (2 % DIN 18190) gedeckt werden. Bei größeren Wegen kann eine größere Dehnlänge dadurch erreicht werden, daß unter die Bahn über dem Fugenspalt ein 20 bis 33 cm breiter Schleppstreifen (einseitig mit dem Untergrund verklebt) aus nackter Pappe (DIN 4122 Abschnitt 5.4.1) verlegt wird. Sind die Wege der Fugenränder jedoch nicht mit Sicherheit vorauszusagen, dann wird nach der DIN 4122 Abschnitt 8.1.8 zu verfahren sein, und die ohnehin mehrlagige Abdichtung ist durch mindestens zwei Lagen 0,1 mm dicke und 300 mm breite kalottengeriffelte Kupferbänder oder durch 0,2 mm dicke Aluminiumbänder gleicher Ausführung und Größe zu verstärken.

Derartig gedichtete Fugen dürfen aber keine wiederkehrenden Bewegungen ausführen, der zu erwartende Weg in Z-Richtung (Setzungen) darf 10 mm nicht überschreiten. Bei größeren Wegen muß eine mit plastischer Vergußmasse zu füllende Fugenkammer ausgebildet werden, und die Abdichtung ist mit 4 kalottengeriffelten Kupferblechen von 0,2 mm Dicke zu verstärken (Abb. 50). Bei sehr großem Fugenspiel verwahrt man die Abdichtung an den Fugenrändern und überbrückt die Fugen mit Kunststoff- oder Metallbändern. Für Ecken im Fugenverlauf gibt es handelsübliche Formteile, die Randwege in allen drei Achsrichtungen spannungsarm aufnehmen.

Auf Dachdecken kann einfacher nach den Richtlinien /80/ mit Schlaufen in zusätzlich einzuklebenden Kunststoffbahnen gearbeitet und deren Durchhang durch ein eingelegtes Kunststoffrundprofil sichergestellt werden (Abb. 51). Eine technisch besonders ansprechende Lösung ist, die Fugen durch Verdicken der Wärmedämmschicht oder des Deckenbetons entlang der Fugenränder von der Wasserbelastung weitgehend freizuhalten. Erwünschterweise wird dann nicht mehr über die Dehnungsfuge hinweg entwässert.

Schlaufenbleche, wie sie im Tiefbau verwendet werden, sollten bei Dachdeckenfugen mit Wegen in X- und Y-Richtung nicht eingesetzt werden, weil sie in der Fugenlängsrichtung (Y) außerordentlich steif sind und sich bei größeren Wegen lösen.

Die DIN 4122 vermeidet es, auf Komponenten der Fugenbewegungen im einzelnen einzugehen, und beschränkt sich im Abschnitt 8.1.8.5. auf die Forderung, daß Abdichtungen den zu erwartenden Beanspruchungen zu genügen haben. Es ist aber offensichtlich, daß eine Schubbeanspruchung in allen Dichtungsbahnen nach Überwindung der in dieser Richtung vorhandenen beachtlichen Steifig-

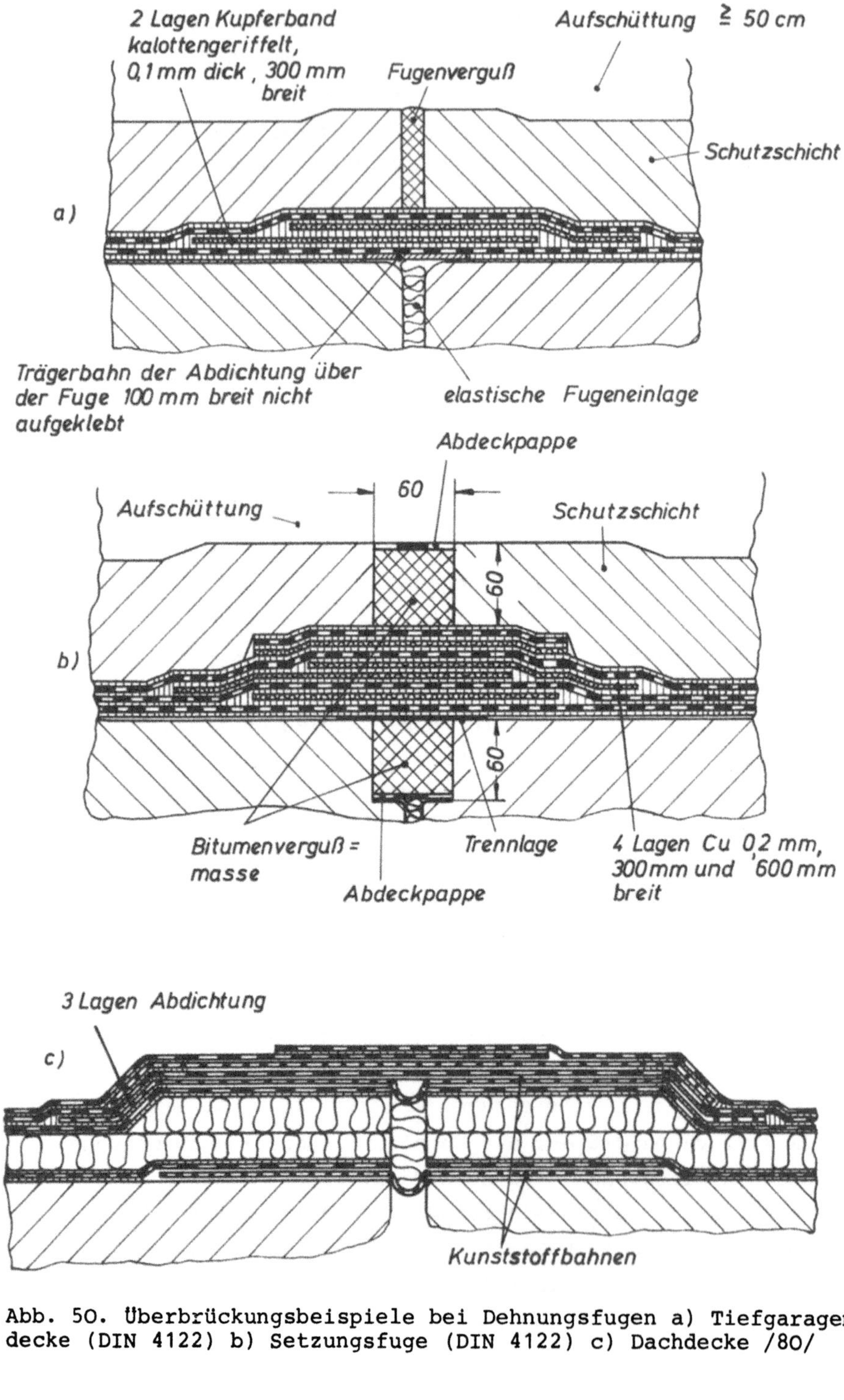

Abb. 50. Überbrückungsbeispiele bei Dehnungsfugen a) Tiefgaragendecke (DIN 4122) b) Setzungsfuge (DIN 4122) c) Dachdecke /80/

keit auch bei Schlaufenbildung zu einem Faltenwurf führt, der wegen der damit verbundenen Ablösung und der Rißgefahr unerwünscht ist. In Y-Richtung dürfen daher nur kleine Wege zugelassen werden. Eine Lösung für große Y-Verschiebungen der Fugenränder behandelt erst der nächste Abschnitt.

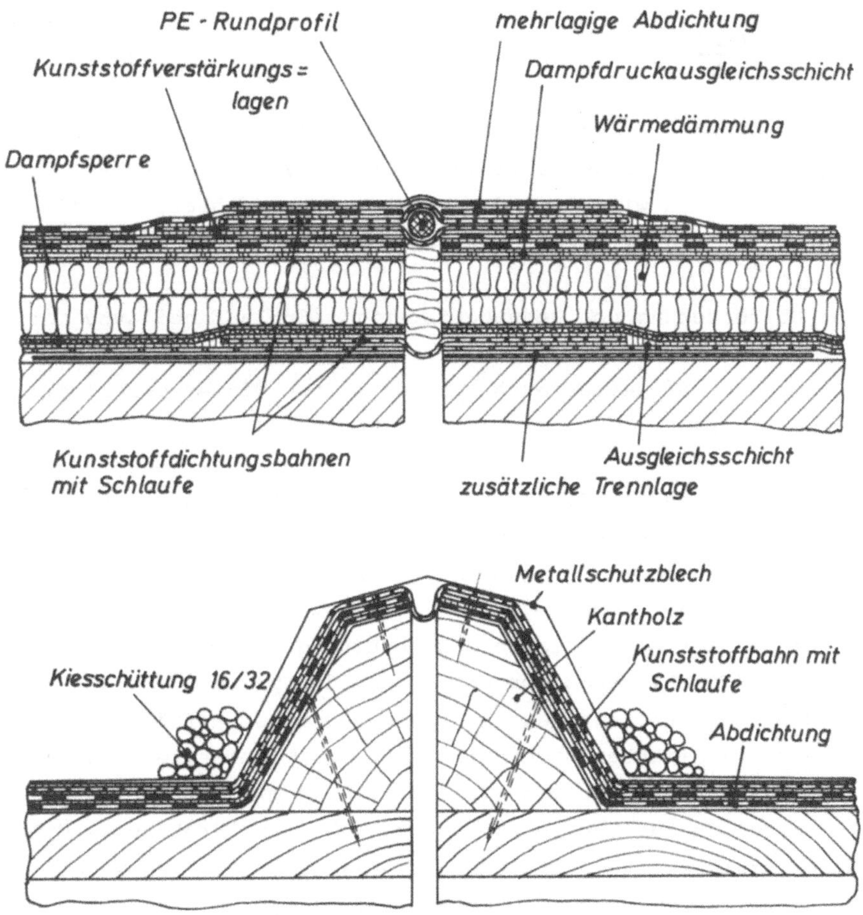

Abb. 51. Weitere Überbrückungsbeispiele bei Dehnungsfugen in Dachdecken /80/

Im Tiefbau werden für größere Setzungen auch die Fugenkammern entsprechend zu bemessen sein. Die Beanspruchung der Trägerbahnen ist auf den 0,50- bis 0,67fachen Wert der Zugfestigkeit zu begrenzen /81/. Dabei soll für Rohfilzpappen und Glasvlies der erstgenannte, für Glasgewebe und Chemiefaservlies der zweite

Wert gelten.

Die Verlängerung einer Bahn beim Auftreten von Setzungen (in Z-Richtung) ist zunächst gering, da bei kleinen Winkeln α das zur Hypotenuse eines Dreiecks gewordene Bahnstück zunächst nicht viel länger ist als die Kathete des Dreiecks selbst, aus der sie hervorgegangen ist. Es besteht nämlich der Zusammenhang

$$\varepsilon = \frac{1-\cos\alpha}{\cos\alpha} \qquad (127)$$

wobei α jener Winkel ist, um den sich die Dichtungsbahn über der Fuge gegen die Waagerechte schräg gestellt hat. Nur bei größeren Setzungen wird dann die Dehnung rasch größer, vor allem, wenn auch eine Fugenverbreiterung hinzukommt.

Bei der Überbrückung von Dehnungsfugen mit Schlaufenbildung ist bei der Werkstoffauswahl größte Vorsicht geboten. Nicht alle Dichtungsbahnarten weisen auch bei Kälte noch die erforderliche Biegsamkeit auf.

Die DIN 16935 sieht in Abschnitt 6.5 bei der Prüfung von Polyisobutylen-Bahnen den Biegeversuch bei -10 °C Kälte vor, den die Dichtung in einem 100 mm breiten Streifen, um eine Rundung mit 2 mm Halbmesser gebogen, rissefrei aushalten muß. Dieser Versuch ahmt aber die Schlaufenbeanspruchung im Bauwerk weder hinsichtlich der Biegebeanspruchung noch der Temperatur ausreichend wirklichkeitsgetreu nach. Aus gegebenem Anlaß wurden Versuche mit zwei Arten Dichtungsbahnen, Polyisobutylen (1,5 mm dick) und Kunststoff-Bitumen-Schweißfolie (4 mm dick) in 50 mm breiten Streifen auf dem in Abb. 52 zu sehenden Gerät bei -20°C im Kälteschrank durchgeführt und durch wiederholtes langsames Falten und wieder Geradestrecken das Verhalten geprüft. Während die erstgenannte Bahn auch bei 90.000 Spielen noch keinerlei Veränderungen zeigte, brach die zweite bereits zwischen 40 und 220 Faltungen spröde durch. Dieses Ergebnis wurde durch Beobachtungen an ausgeführten Dächern bestätigt (Abb. 53).

Risse in bituminösen Dichtungsbahnen entstehen nicht nur durch Fugenrandbewegungen, sondern auch durch die aus dem üblichen Rahmen fallenden Eigenheiten des Bitumens. Dieser viskoelastische

Abb. 52. Dauerbiegeprüfgerät beim Falten von Dichtungsbahnproben (PIB)

Abb. 53. Riß in einer Dachdichtungsbahn an einer Dehnungsfuge

und thermoplastische Dichtstoff hat einen Längen-Ausdehnungskoeffizienten von 200 · 10^{-6} /K, eine sortenunabhängige spezifische Wärmekapazität von 1,7 bis 1,9 kJ/kg K und eine Wärmeleitzahl von 0,17 W/m K. Bei hoher Erwärmung durch die Sonne werden die durch Behinderung entstehenden Druckspannungen rasch durch Kriechen abgebaut, oder es treten bei unterschiedlicher Oberflächenfärbung (Einstreuung) Verschiebungen auf. Bei späterer Abkühlung bewirken Zugspannungen insbesondere an Stellen, wo Schmutzverkrustungen plötzliche Querschnittsverdickungen hervorgerufen haben, Anrisse durch Kerbwirkung.

Die Nachgiebigkeit von Bitumen führt auch in Wänden an waagerechten Abdichtungen gemäß DIN 4117 und 4122 zu Rissen, wenn die in die Mörtelfuge eingelegte Bahn später unter der Auflast ihre Dicke vermindert und die verformungsempfindliche Putzschicht im Fugenbereich überfordert.

5.4.3.2. Fugenbänder

Das Einlegen normgemäßer Zulagen und Verstärkungen zur Verbesserung der Dichtigkeit führte folgerichtigerweise zur Entwicklung von Dichtungsbändern. Deren Aufgabe ist das wasserdichte Schließen von Fugen. Je nach Beanspruchungsart und technischen Möglichkeiten mußte die Form angepaßt werden. Wie so oft in der Technik waren auch die ersten Formen der Fugenbänder nach handwerklichem Gefühl gestaltet. Erst viel später setzte die noch heute in manchen Teilbereichen in Fluß befindliche Weiterentwicklung ein.

Den Aufgaben entsprechend entstanden folgende Fugenbandarten (Abb. 54).

Arbeitsfugenbänder (innenliegend, außenliegend)
Dehnungsfugenbänder (innenliegend, außenliegend)
Fugenverschlußbänder und
Einbetonierprofile (zur Abdichtung und Verwahrung)

Neben der Dichtwirkung waren noch einige andere Anforderungen zu erfüllen, wie ausreichend genau erzielbarer Sitz im Bauteil, wenig Schalungsverschnitt, soweit sichtbar gute optische Wirkung, keine Behinderung der Bewehrung und möglichst geringe Schwächung der Wand- oder Sohlendicke. Den lagegerechten Einbau erzielt man mit an den Randwulst der Profile aufsetzbaren Klammern oder mit dünnen, an den Querschnitt angefügten mitextrudierten Streifen, die an der Schalung mit Nägeln befestigt werden können.

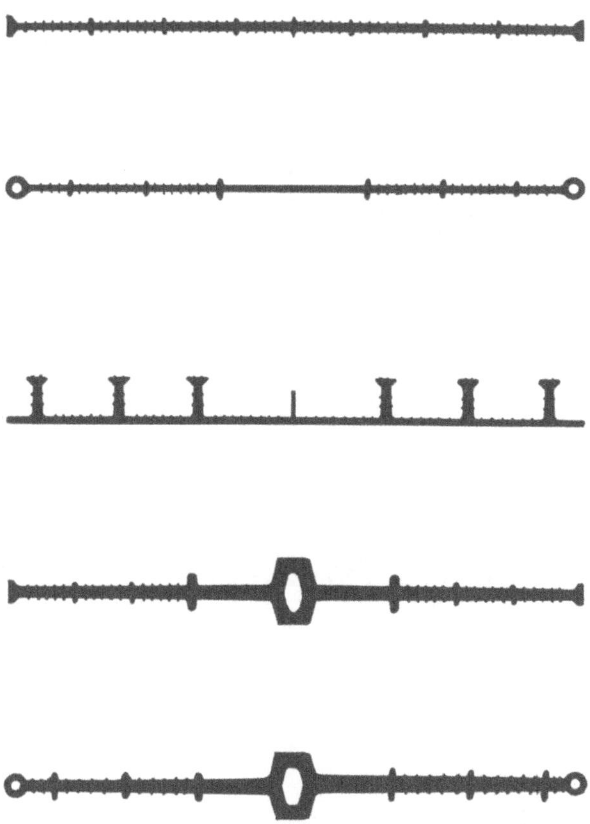

Abb. 54. Fugenbänder a) geripptes Arbeitsfugenband mit Randwülsten b) mit Randschläuchen c) Außen-Preßfugenband mit Nagellasche d) und e) Dehnungsfugenbänder

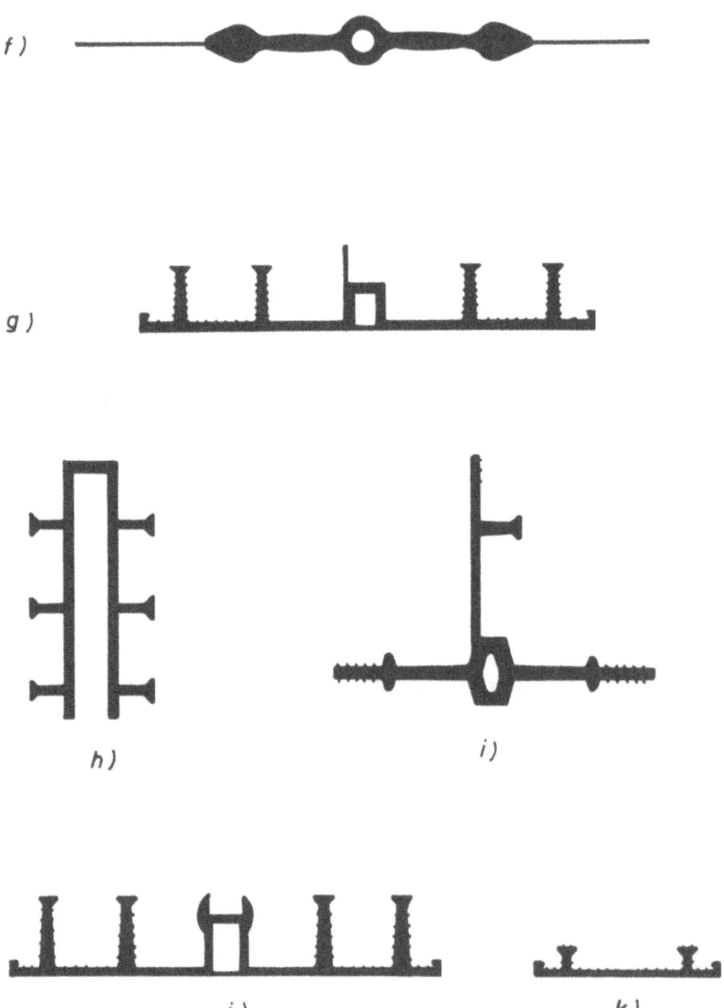

Abb. 54 (Fortsetzung) f) Fugenband mit Stahllaschen g) Außenfugenband mit Nagellasche h) Innenfugenband i) Eckfugenband j) Außenfugenband mit Klemmlaschen für die Fugenfüllung k) Einbetonierprofil für die Randverwahrung von Abdichtungsfolien

Als Werkstoff haben sich vor allem PVC-weich und Kunstkautschuk (Polychloropren) durchgesetzt. Die Hersteller geben für die Stoffe folgende Kennwerte an:

	PVC	Polychloropren
Reißfestigkeit in MN/m^2 bei		
+20 °C	10	10,1
-20 °C/-30 °C	15	12,6
Bruchdehnung in % bei		
+20 °C	360	456
-20 °C/-30 °C	200	460
Shorehärte A bei		
+20 °C	60	76
-20 °C/-30 °C	80	56

Bei Polychloropren gelten alle bei Kälte gemessenen Werte für -30 °C.

PVC-Bänder können mit einem Lötkolben, der einen als Heizfläche angesetzten Flügel besitzt, an Stößen durch Dazwischenstecken und Aneinanderpressen der bei 160 °C teigig gewordenen Flächen verlängert werden. Für Kunstkautschuk gibt es baustellengerechtes Vulkanisierwerkzeug, das die Bandenden durch Überkleben mit zwei verschieden breiten Rohkautschukfolien und anschließendem Erwärmen mit Hilfe eines Heizgerätes in 35 bis 45 Minuten vollwertig verbindet. Auf der Baustelle sollen in der Regel nur gerade Stoßverbindungen hergestellt werden, deren einwandfreie Verbindung sich durch Abknicken leicht nachprüfen läßt. Für Eckverbindungen gibt es Formstücke (flache Kreuzungen, flache T-Stücke, flache Ecken und senkrechte Kreuzungen, senkrechte T-Stücke und senkrechte Ecken). Verwickelte Formen werden besser im Werk hergestellt und fertig angeliefert.

Die Hersteller geben für die Standardgüte meist nur bedingte Ölbeständigkeit an und empfehlen für Ölbeanspruchung eine Sondergüte. Im Zusammenhang mit einem Schadensfall wurde das Verhalten eines üblichen, als bedingt ölbeständig bezeichneten Fugenbandes 160 Tage lang in Motoröl getestet. Die gefürchtete Weichmacherauswanderung betrug nach dieser Zeit nur rd. 3 % des Probengewichtes. Die Shorehärte A stieg nur von 83 auf 85 an, und eine Verhärtung ist demnach lediglich in sehr geringem Ausmaß eingetreten. Berücksichtigt man dabei noch, daß im Laboratorium das Öl in großer Menge und laufend an der Oberfläche austauschbar zur Verfügung steht, während im ölgetränkten Sandboden kaum eine Fließgeschwindigkeit vorhanden und der Ölfilm kapillar haftend gebunden ist, so wird mit einer Zerstörung eines Fugenbandes durch Öl im Boden in absehbarer Zeit nicht zu rechnen sein.

Die Dichtigkeit eines Dehnungsfugenbandes wird nur zum geringen Teil durch das Haften am Beton erreicht. Beim Dehnen durch Fugenverbreiterung muß der Querschnitt des Bandes durch die negative Querdehnung dünner werden und sich vom Beton lösen. Durch die Vergrößerung des Bandquerschnittes an den Rändern wird beim Herausziehen eine Keilwirkung und ein gleichzeitiges Dichten ererzielt. In gleicher Weise bewirken die Querschnittsfortsätze verschiedenster Form, die alle beim Herausziehen und unter einseitigem Wasserdruck gegen den umschließenden Beton gepreßt werden, eine zusätzliche Verbesserung der Dichtigkeit.

Die ursprüngliche Überlegung, wie ein derartiges Profil besonders sicher gegen Umläufigkeit zu gestalten wäre, war naheliegender Weise die, entlang seiner Oberfläche einen möglichst langen Wasserweg zu schaffen. Man sah daher mehrere Ankerrippen vor, die das Leckwasser umströmen mußte. Insbesondere an außenliegenden Dehnungsfugen- und Fugenverschlußbändern war die Möglichkeit gegeben, je nach anstehendem Wasserdruck bis zu drei längere T-förmige Ansätze auf jeder Seite vorzusehen.

Bei Dehnungsfugenbändern hatte man gleichzeitig einen mehr oder weniger großen Fugenweg zu beachten. Vorweg muß aber gesagt werden, daß Arbeits- und Dehnungsfugenbänder zwar größere Fugenrandbewegungen in X- und Z-Richtung dichtbleibend mitmachen, in Y-Richtung sich aber als außerordentlich steif erweisen und besser nicht beansprucht werden sollten. Der Gestaltung der Dehnungsfugenbänder lag die Absicht zugrunde, den beiden profilierten äußeren Bereichen das Dichten zu übertragen, während der mittlere Teil durch seine glatte Ausführung mit einem Mittelschlauch oder durch eine Z- oder U-förmige Stufung die Fugenrandwege aufnehmen kann.

Eine zusätzliche Verbesserung der Dichtigkeit wurde u. a. mit einvulkanisierten Stahllaschen (etwa 70 mm breit und 1 mm dick) erreicht, die auch aufgeklemmt oder anvulkanisiert werden können. Da selbst leicht angerostetes Stahlblech eine sehr innige Haftverbindung mit Beton eingeht, ist dadurch eine verläßliche und praktisch unverschiebliche dichte Haftung an den Fugenprofilrändern gewährleistet. Ein Umfließen ist kaum mehr möglich, es sei denn, der Beton weist größere Undichtigkeiten auf.

Aus Versuchen ist bekannt, daß das Dichthalten eines Fugenbandes einerseits vom wirksamen Wasserdruck und andererseits von der Größe der Fugenwege in der X- und Z-Richtung abhängt. Die Leistungsfähigkeit kann durch Kennlinien, mit dem Wasserdruck in bar als Parameter, gekennzeichnet werden (Abb. 55). Der dabei angesetzte Sicherheitsbeiwert liegt mindestens bei 3,0 und beinhaltet das Vermeiden jeder Art von Schäden (Abplatzungen des Betons, Wasserumläufigkeit, Bandbeschädigung).

Da Fugenbänder vor allem bei unterirdischen Bauwerken oft durch den Wasserdruck hoch beansprucht sind, setzte sich die Studiengesellschaft für unterirdische Verkehrsanlagen /82/ zum Ziel, in einem groß angelegten Forschungsprogramm Verbesserungen zu untersuchen, die ein verläßlicheres Dichten durch Fugenbänder auch bei höheren Drücken und größeren Verschiebungen gewährleisten könnten.

Drei Wege wurden dabei beschritten:

Gerippter runder Wulst an den Bandrändern mit härter eingestelltem Kern (Shorehärte A 80 gegenüber sonst 60),

gerippter runder Wulst an den Bandrändern, dessen Hohlraum nach dem Einbau mit Epoxidharz verpreßt wird und der für das Harz auch Austrittsöffnungen besitzt und

kreuzförmig aufgelöster Wulst in Form von drei T-förmigen Rippen.

Die untersuchten Querschnitte in der Form von Abb. 55 d zeigten als Ergebnis der Untersuchungen nach den drei Vorschlägen:

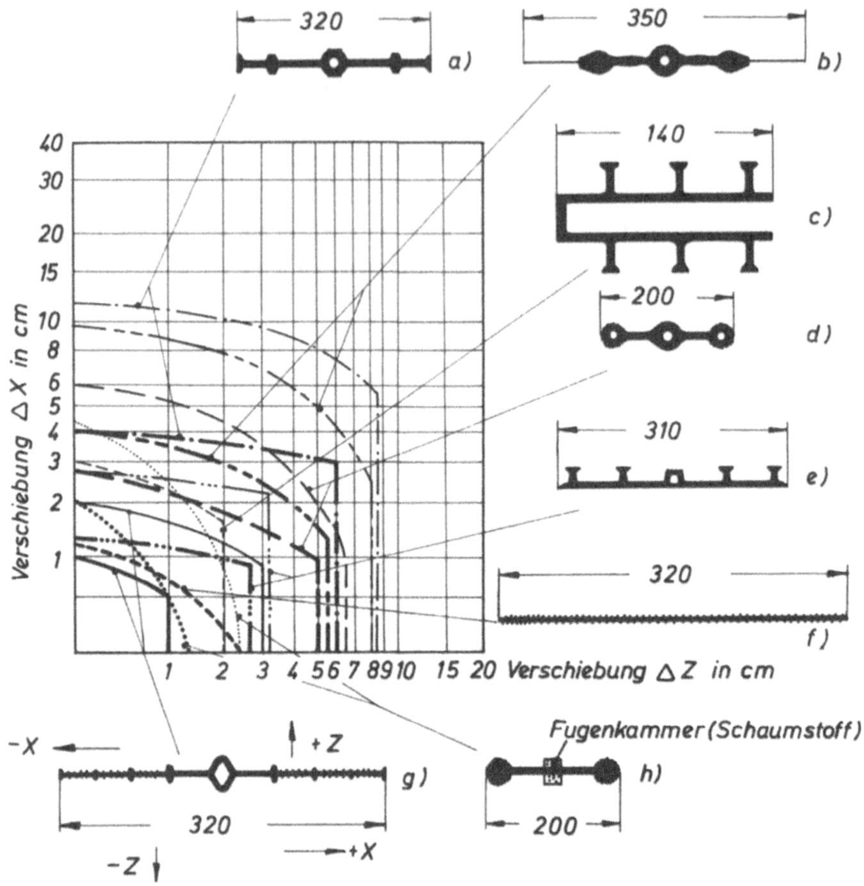

Abb. 55. Anwendungsbereich verschiedener Fugenbänder bei einer Fugenbreite von 2 cm und 2 bar Wasserdruck (obere Kennlinie dünn) bzw. 5 bar Wasserdruck (untere Kennlinie dick) a) mit Ankerrippen b) mit Stahllaschen c) Innenfugenband d) Injektionsfugenband e) Außenfugenband f) geripptes Arbeitsfugenband g) geripptes Dehnungsfugenband h) Hantelform
a), b), d) und h) aus Kunstkautschuk, sonst aus PVC-weich

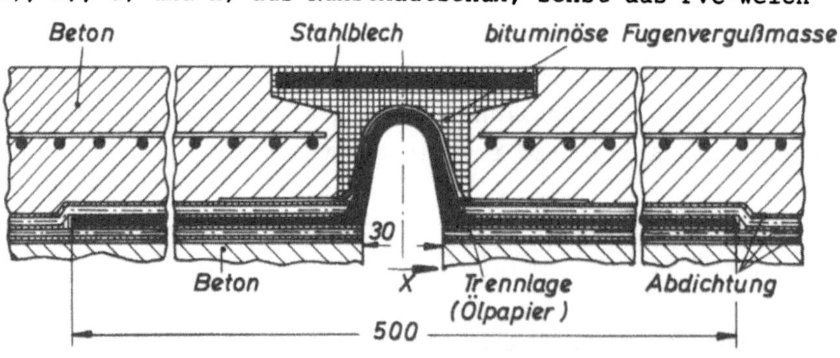

Abb. 56. Schlaufenfugenband aus Polychloropren für Gleisbrücken mit Schotterbett (X = $\pm$10 mm)

Ein Verrippen der Randwulste ergibt eine verbesserte Verankerungs- und Dichtwirkung. 25 bis 30 Rippen in Form von gleichseitigen Dreiecken mit 3 mm Seitenlänge sind zu empfehlen.

Harte Kerne in gerippten Randwülsten bringen eine weitere Verbesserung der Dichtigkeit.

Das Injektionsfugenband ist bis zu 5 bar Wasserdruck einwandfrei dicht, wenn die zulässigen X- und Z-Wege nicht überschritten werden.

Austrittsöffnungen ließen sich nicht sicher freihalten und haben sich daher nicht bewährt.

Auch kreuzförmige Rippen ergaben eine gute Dichtwirkung, besonders dann, wenn sie mit kleinen Rillen versehen waren.

Dehnungsfugen, bei denen mit einem zeitweisen vollständigen Schließen des Spaltes gerechnet werden muß, machen zum Schutz des Mittelschlauches eine sogenannte "Mittelschlauchkammer" erforderlich, die nach dem Schalen durch Einlegen zweier Hartschaumleisten (Füllstücke) beim Betonieren gebildet wird. Diese Vorsorge ist auch bei großen Z-Bewegungen angebracht, da sich der Dehnteil des Profils, durch eine Abfasung der Kanten unbeschädigt, wesentlich weiter abwinkeln läßt, ohne zu reißen.

Einzubetonierende innen- und außenliegende Dehnungsfugen- und Fugenverschlußbänder haben den Nachteil, daß sie nicht ausgetauscht und erneuert werden können.

Ein notfalls zugängliches und erneuerbares eingeklebtes Schlaufenfugenband, wie es die Richtlinien der Deutschen Bundesbahn empfehlen, zeigt Abb. 56.

Fugenbänder besonderer Art wurden auch für die Fugenabdichtung im Hochbau entwickelt. In Großtafelbauweise hergestellte Wohnungsbauten wiesen nach einigen Jahren Feuchtigkeitsschäden auf, die auf in der Anfangszeit verwendete wenig geeignete Fugendichtstoffe oder auf eine falsche Fugenbemessung zurückzuführen waren. Die guten Erfahrungen mit Polysulfid-Dichtungsmassen sprachen dafür, undicht gewordene Fugen durch daraus vorgefertigte Klebebänder nachträglich zu schließen. Dichtstoffgefüllte Fugen versagen, wenn sie zu schmal bemessen waren, die Füllung gealtert oder von Anfang an nicht ausreichend dehnfähig war oder wenn ihre Haftung an den Flanken aus irgendeinem Grund unzureichend ist. Eine Instandsetzung üblicher Art wird durch das Nachschneiden und das Säubern der Flanken von alten Dichtstoffresten teuer. Das Polysulfid-Klebeband überbrückt die undichte Fuge und bringt alle Voraussetzungen für eine lange Lebensdauer mit, vorausgesetzt, daß es sachgerecht befestigt wird. Die Dehnlänge ist jetzt erheblich größer als die Fugenbreite geworden, die dem verbliebenen alten Fugendichtstoff zur Verfügung stand. Nur 20 % der Bandbreite werden zum Haften am Untergrund verwendet, der Rest überbrückt den Fugenbereich. Die Haftfläche des Betons ist von Staub und sonstigen Verunreinigungen zu säubern (erforderlichenfalls zu überschleifen) und mit einem Voranstrich zu versehen. Ein Kleber wird dann in Form einer Raupe aufgetragen und das Fugenband mit einer Rolle aufgedrückt.

Diese Klebebänder werden 3 bis 5 mm dick und 25 bis 140 mm breit hergestellt. Die technischen Daten von Polysulfid sind:

Dichte 1,5 g/m^3
Spannung bei 100 % Dehnung und 20 °C 0,12 MN/m^2, bei -20 °C 0,28 MN/m^2,
Rückstellvermögen 80 %
Temperaturbeständigkeit -35 °C bis 150 °C und
Verarbeitungstemperatur 0 bis 80 °C

Die durch das Überspannen eines verbreiterten Fugenbereiches gewonnene Dehnlänge kann durch Schlaufenbildung (nach innen) noch weiter vergrößert werden. In manchen Fällen ist auch das Einkleben U-förmiger Streifen in die Fuge möglich (Abb. 57).

Versuche des Verfassers ergaben, daß durch je 18.000 Faltungen bei Temperaturen von -20 °C, -5 °C, 0 °C, +20 °C, +40 °C, +60 °C, +80 °C weder das Band noch seine Befestigung auf dem Beton der Prüfeinrichtung einen Schaden erlitten. Lediglich die höchste Temperatur bewirkte eine bleibende Dehnung von 17 %.

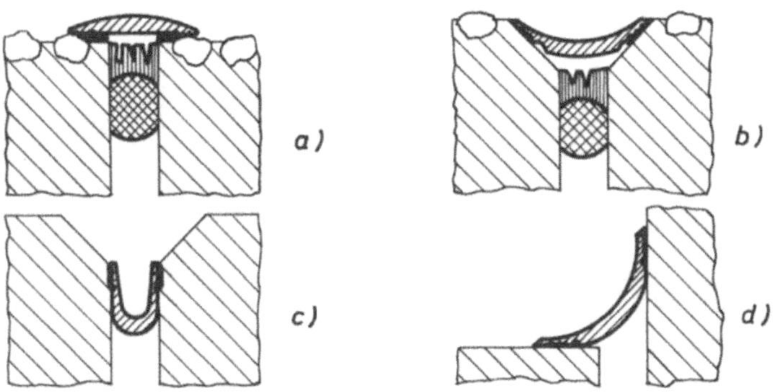

Abb. 57. Fugenabdichtung mit einem Polysulfidband a) bei Waschbeton b) bei vorhandener Fase c) in U-Form d) in einer Eckfuge

Durch neuzeitliche Bauweisen ergab sich ein Bedarf an Fugenverschlüssen, die Wege von mehreren cm in allen drei Achsrichtungen aufnehmen können. Im Brückbau und z. B. in Parkhäusern waren konstruktive Lösungen, arbeitende Fugen zu schließen, schon früher bekannt und üblich. Sie dienten dort auch gleichzeitig zur Ableitung des Niederschlagwassers (Abb. 58). Auch in anderen Zweigen der Technik, wie im Maschinenbau, sind seit langem sogenannte Gewebekompensatoren verwendet worden, die in Luftleitungen die Übertragung von Bewegungen aller Art verhindern. In der Bautechnik war man zunächst bestrebt, mit einer einfachen Formgebung auszukommen, was in diesem Fall bedeutet, nur glatte Bänder aus geeignetem Werkstoff an den beiden Fugenrändern festzuklemmen und den erwarteten Wegen durch einen ausreichenden Durchhang zu entsprechen. Die zumutbaren Wege eines derartigen Fugenverschlußbandes, das in der Regel aus PIB- oder Polychloropren hergestellt wird, lassen sich ähnlich wie bei Dichtstoffen berechnen. Ein Unterschied besteht nur darin, daß es wegen der erwünschten langen Lebensdauer und Wartungslosigkeit richtig ist, für die Dichtung keine Dehnung, sondern lediglich eine Streckung auf Kosten des eingeplanten Durchhanges zuzulassen.

Gemäß Abb. 49 sind, wenn b die Fugenbreite und L die freie Dichtungsbahnlänge bedeuten, die möglichen Fugenwege ($\Delta X, \Delta Y, \Delta Z$) durch die Gleichung

$$L = \sqrt{(b+\Delta X)^2 + \Delta Y^2 + \Delta Z^2} \quad \text{in mm} \qquad (128)$$

von der Dichtungsbahnlänge abhängig.

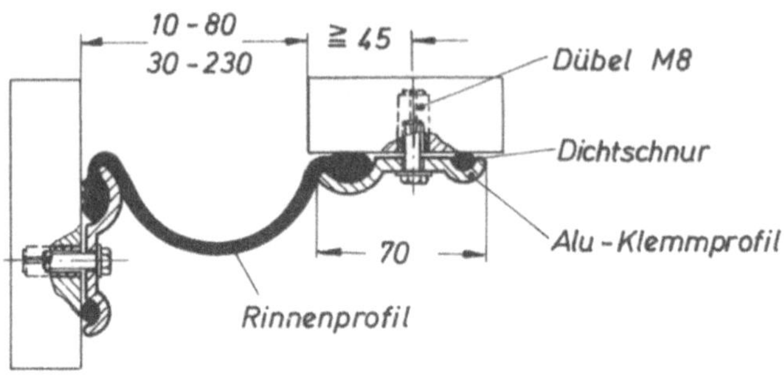

Abb. 58. Fugenverschluß (gleichzeitig Wasserableitung)

Bei Versuchen, die zur Nachprüfung des praktischen Verhaltens durchgeführt wurden, ist auch auf die Schwierigkeiten bei Ekken und T-Stößen von Fugen eingegangen worden, deren Verformungsfähigkeit in den drei Achsrichtungen zunächst recht undurchschaubar schienen. Die Forderung, an Ecken als auch an T-förmigen Einmündungen die gleichen Wege wie auf gerader Strekke zu beherrschen, ließ sich im Versuch dann auf einfache Weise lösen. An Hand eines Gedankenmodells wurden die Zusammenhänge auch für diese Stellen des Fugenverschlußbandes klar. Abb. 59 zeigt einen T-Fugenstoß, bei dem aus Gründen der Deutlichkeit der Durchhang der Bahnen durch Unterstellen von senkrechten Holzleisten zu einer dachförmigen Auslenkung nach oben umgeformt worden ist. Straffung und keine Inanspruchnahme der Dehnung vorausgesetzt, wird daraus ersichtlich, daß in senkrechter Richtung (Z-Richtung) der vordere Fugenrand nur so weit verschoben werden kann, bis die beiden im Bild noch abgewinkelten Dachflächen in einer Ebene liegen. In X- und Y-Richtung wird es möglich sein, jeweils getrennt aber nicht gleichzeitig, den vollen Unterschied zwischen überbrückender Bandlänge L und Fugenbreite b für einen Verschiebeweg, wie er sich aus der Gleichung (128) ergibt, zu nutzen. Die gegenseitige Abhängigkeit der Wege in X- und Y-Richtung wird gleichfalls aus dieser Gleichung deutlich. Durch die auch bei Dächern an Eck- und T-Stößen üblichen Einfügungen steht dann aus dem Durchhang immer ebensoviel Bandlänge zur Verfügung, wie ohne Inanspruchnahme der Dehnung gebraucht wird.

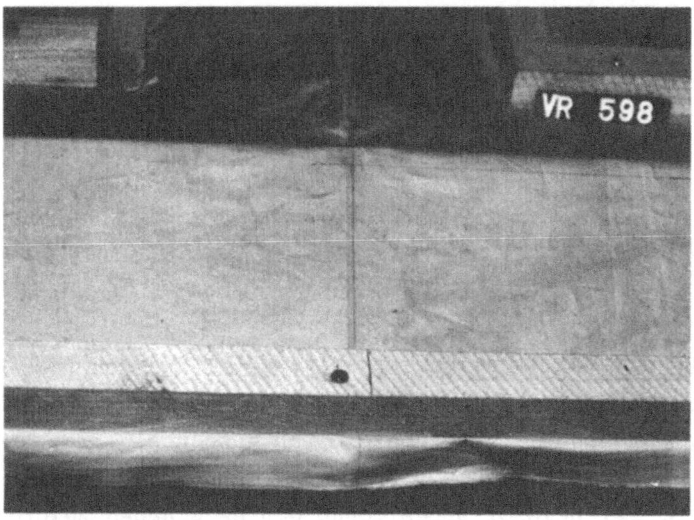

Abb. 59. Fugen-T-Stoß im Versuch

Diese Lösung ist aber nicht die einzig mögliche. Bei textilbewehrten Bahnen wird auch mit Z-förmigen Einfaltungen gearbeitet. Die Abdichtung gegen anstehendes Niederschlagwasser macht dann aber im Bereich der Klemmung Schwierigkeiten. Die Forderung, in allen drei Achsrichtungen möglichst große Wege zu bewältigen, ohne die Dehnfähigkeit des Fugenbandwerkstoffes nennenswert in Anspruch zu nehmen, führte deshalb zur Gestaltung von Wellfugenbändern. Sie werden aus alterungsbetändigem Polychloropren hergestellt (Auswölbung 48 mm, Wellung 15 mm hoch) (Abb. 60). Die Steifigkeit ist dadurch außerordentlich gering. Eck-, Kreuz- und T-Verbindungen werden vorgefertigt geliefert. Im Temperaturbereich von -40 °C bis +120 °C bleiben sie ausreichend verformungsfähig. Die Befestigung kann entweder durch bloßes bituminöses Einkleben in eine Dachabdichtung oder durch zusätzliches

Klemmen mit Fest- und Losflansch (60 x 5 mm und alle 150 mm verschraubt) geschehen.

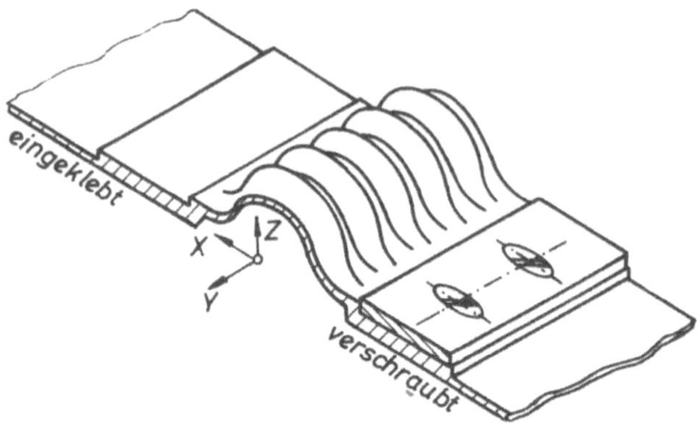

Abb. 60. Wellfugenband aus Polychloropren für Fugenrandverschiebungen in XYZ-Richtung (±10 mm)

Die zulässigen Fugenwege werden bei gewellten Dichtungsbändern am besten im Versuch bestimmt. Abb. 61 zeigt die an einem gewellten Fugendichtungsband aus Polychloropren gewonnenen Ergebnisse, das bei -20 °C in X-Richtung 23000mal um 32 mm auf einer Prüfmaschine (Abb. 52) gelängt wurde, ohne daß es Schäden zeigte.

Zum Schluß sei noch ein Fugenverschluß schwerster Ausführung behandelt, wie er in Fahrbahnen z. B. an Brückenfugen eingebaut wird. Da er nicht nur belastbar, sondern auch abdichtend ist, wird er in diesem Abschnitt behandelt. Die Fugenüberbrückung erfolgt dabei durch ein dichtes Chloropren-Band (System Stog), das der Beanspruchung beim Überfahren entsprechend in seiner Querschnittshöhe veränderlich gestaltet ist (Abb. 62).

Für schwere Ausführungen und Wege über 100 mm werden die Polychloropren-Teile durch einvulkanisierte Flachstähle verstärkt und ergeben die in Abb. 63 dargestellten Bewegungsmöglichkeiten in X- und Y-Richtung. Sie sind, wie das unterste Schaubild zeigt, mit beachtlichen Reaktionskräften verbunden, die von den die Fuge bildenden Bauteilen aufgenommen werden müssen.

Die Angaben der Kräfte berücksichtigen nicht, daß diese sich in-

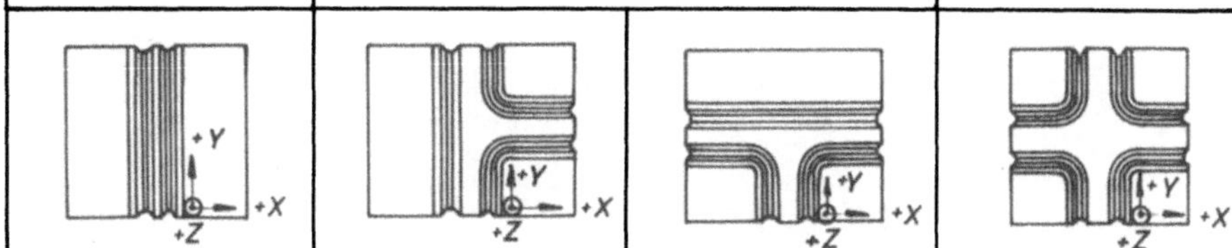

durchgehende Fuge			T-Stück						Kreuzungsstück		
mm			mm			mm			mm		
X	Z	Y	X	Z	Y	X	Z	Y	X	Z	Y
+48	+38	+86	+37	+30	+82	+28	+30	+70	+36	+45	+79
-11	-38	-86	-11	-30	-82	-13	-30	-70	-11	-45	-79

Abb. 61. Zweifach gefaltetes Fugenband aus Polychloropren

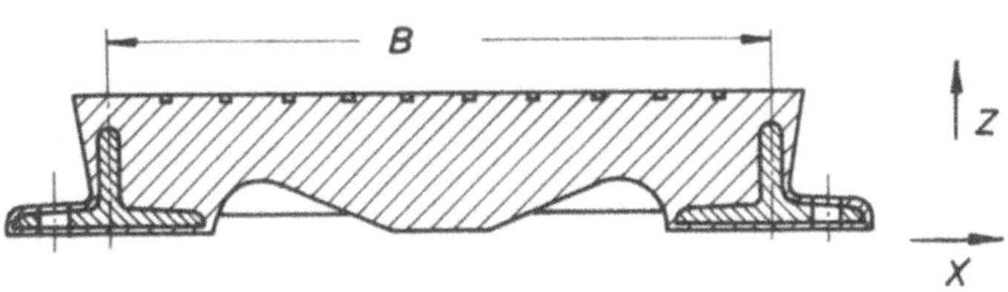

Typ	Breite B [mm]	Dehnwege in mm x	y	z	
30	130	± 15	± 40	± 20	+ 30 %
80	272	± 40	± 60	± 40	
130	352	± 65	±100	± 70	

Abb. 62. Fahrbahnübergang (System Stog)

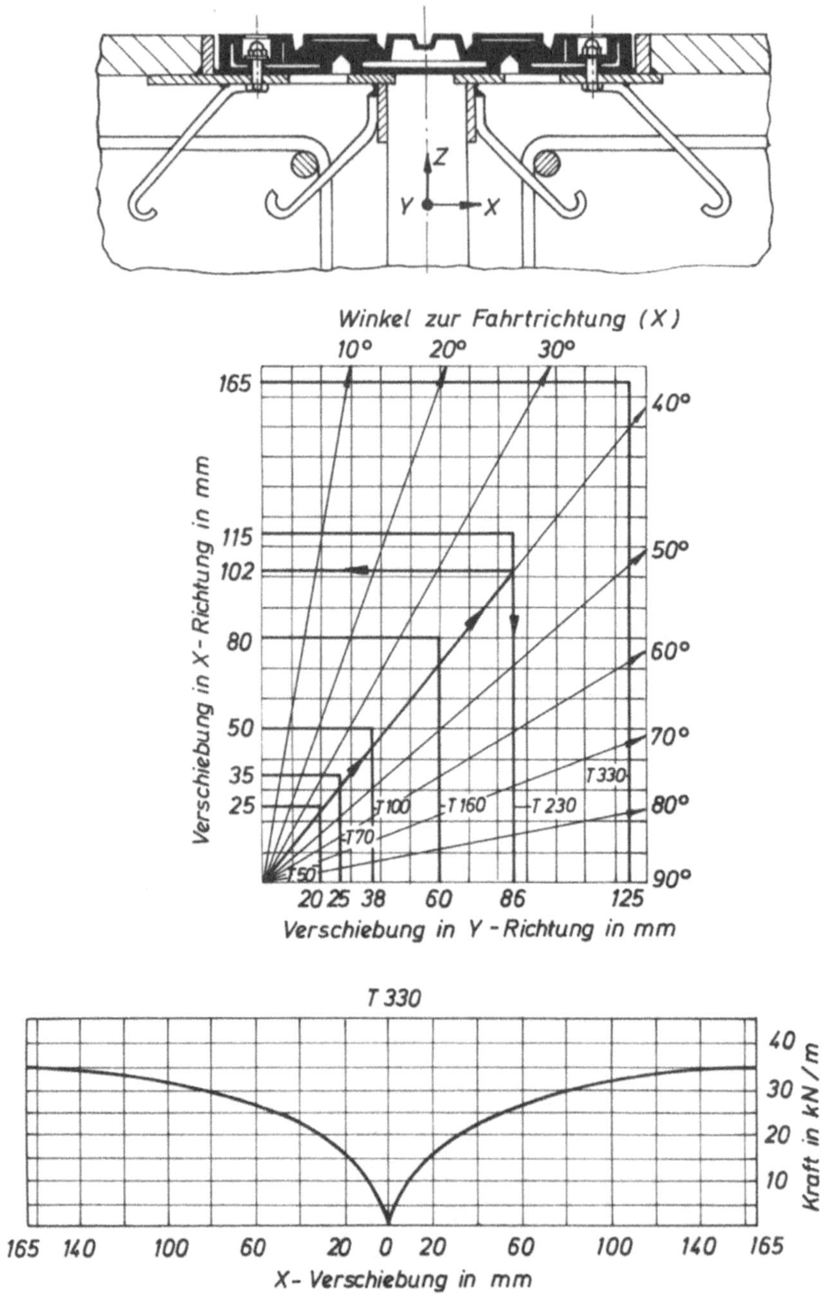

Abb. 63. Fahrbahnübergang mit Stahleinlagen

nerhalb von etwa 4 Monaten um 50 % durch Relaxation vermindern.

Als eine Besonderheit dieser Konstruktion ist auf die Verbindung innenliegender weicher Polychloroprenbereiche mit außenliegenden härteren Schichten des gleichen Kunststoffes hinzuweisen. Der Hersteller gibt als Kenndaten dafür an:

	weich	hart
Dichte g/m³	1,25	1,40
Shorehärte A	30 ± 5	60 ± 5
Zugfestigkeit MN/m²	11	17
Bruchdehnung %	800	450
Bruchdehnung bei - 20 °C in %	760	410
Schubmodul MN/m²	0,38 ± 0,5	1,0 ± 0,2
Einfriertemperatur °C	-20	-23

Verbindungen zwischen Fugenbändern können auf der Baustelle durch Vulkanisieren mit zugehörigen Geräten hergestellt werden. Beim Einbau muß die jeweils herrschende Temperatur berücksichtigt werden. Durch eine aufzusetzende Einstellvorrichtung läßt sich das Band entsprechend vordehnen oder vorstauchen.

Wasserdruckhaltende bituminöse Abdichtungen im Boden liegender Bauwerksfugen sind in der DIN 4031 (März1978) behandelt. Nach Abschnitt 12 müssen Bewegungsfugen Bewegungen aller Art zulassen. Bei Dehungsfugen mit Wasserdruck bis 0,3 bar und bis 20 mm Fugenbreite wird mindestens eine 0,2 mm dicke Zulage aus Stahl- oder Kupferblech auf der Außen- und Innenseite der Dichtung auf mindestens 300 mm Breite zur Verstärkung empfohlen, die mit je einer Lage Pappe zu überkleben ist. Für höhere Drücke und breitere Fugen ist die Zahl der Blechlagen zu vermehren und deren Tragfähigkeit statisch nachzuweisen. Besondere Maßnahmen, die nicht benannt werden, sind bei Setzungen (Z-Richtung) über 1 cm und bei Bewegungen anderer Art erforderlich. Die abdichtende Wirkung darf nach Abschnitt 3 auch bei nachträglich entstandenen Rissen von 10 mm Breite und 2 mm Verwerfung (Z-Richtung) nicht verloren gehen.

5.4.4. Dichtende Profile

Die Beanspruchung von Außenwandfugen durch Klima- und Flankenbewegungen und die unvermeidbaren stofflichen und konstruktiven Unzulänglichkeiten bei der Bauteilherstellung haben dazu geführt, daß auch heute noch die Meinungen, ob ein Fugenspalt durch bloßes Einpressen eines Kunststoffprofiles auf die Dauer vollwertig gedichtet werden kann, nicht einhellig sind. Auch nachweislich alterungsbeständigen Stoffen, wie Polychloropren und anderen hochentwickelten Polymeren, hält man ein Nachlassen der zum Dichten erforderlichen Anpreßkraft nach einigen Jahren vor. Den widersprechenden Laboratoriumsergebnissen begegnet man mit Mißtrauen, weil sie unter zeitraffenden Bedingungen gewonnen werden mußten.

Ob eine Fuge dauernd dicht bleibt, hängt davon ab, daß

keine Alterung des Fugenprofilwerkstoffes eintritt,
ein ausreichendes Rückverformungsvermögen unter allen klimatischen Bedingungen gewährleistet ist,
das dichte Anschließen an die Fugenflanken trotz aller Fugenrandbewegungen aufrecht erhalten bleibt und
ein unter den gegebenen Möglichkeiten ausreichend sachgerechter Einbau erfolgen kann.

Im Hintergrund steht dabei unausgesprochen, aber oft entscheidend der vertretbare Aufwand an Material und Lohnkosten.

Die Beanspruchungen, denen Fugenverschlüsse im Laufe der Jahre durch die Witterung ausgesetzt sind, werden fast immer unterschätzt. Alle Möglichkeiten des Versagens lernt man nur durch die Anschauung bei der Beurteilung zahlreicher Schadensfälle kennen. Es ist dann nicht Schwarzmalerei, wenn man Erfahrungen mit gut gemeinten Lösungen anführt, die sich nach einigen Jahren als nicht brauchbar erwiesen. Viele Einflußgrößen, die tagaus tagein mit oft extremen Temperaturen und anderen ungünstigen Klimaeinflüssen zusammenwirken, und die Unzulänglichkeiten bei der Bauausführung sind der Grund, weshalb oft überzeugend wirkende Lösungsvorschläge sich letzten Endes doch nicht so bewähren, wie man erhoffte.

Die Werkstoffe für Fugenprofile, die der Beanspruchung in Außenwandfugen nachgewiesenermaßen standhalten, sind nicht allzu zahlreich:

Polyurethan-Weichschaumstoff (PUR, imprägniert),
Chloropren-Kautschuk (CR) und
Äthylen-Propylen-Dien-Kautschuk (EPDM, Buna AP)

PVC-Weich eignet sich dagegen als Plastomer wegen seines geringeren Rückstellvermögens wenig für Klemmprofile, wenn diese dichten müssen.

Da Kunststoffe im allgemeinen sich kaum zusammendrücken lassen und sich wie eine eingeschlossene Flüssigkeit verhalten (Querdehnzahl etwa 0,5), brauchen sie, um ausreichend elastisch verformbar zu sein, Hohlräume, die das Profil weich machen. Diese Überlegung führt folgerichtig zu Schaumstoffen, wenn eine besonders große Verformbarkeit verlangt wird. Offenzelligkeit vorausgesetzt, lassen sich diese auch bituminös, mit Kunstkautschuk (und/oder Silikon) tränken, wodurch eine zeitlich verzögerte Rückverformung erreicht wird. Silikon bewirkt überdies eine besonders geringe Wasseraufnahme. Die Kraft-Verformungslinie derartiger Schaumstoffe ist progressiv (Abb. 64) und wird durch die Tränkung kaum beeinflußt. Wasserdichtigkeit ist nach Angabe der Hersteller bis etwa 0,2, günstigstenfalls 0,5 bar gewährleistet und setzt eine Stauchung von 85 bis 90 % der entspannten Dicke voraus. Geringere Verformungen (20 %) gelten bereits als schlagregensicher (gemäß Beanspruchungsgruppe D nach DIN 18055 Teil 2). Bei Staub- und Zugluftdichtigkeit ist eine Stauchung von 66 % erforderlich. Derartige Abdichtungsbänder werden in Rollenform auch auf 15 bis 20 % der Ausgangsdicke zusammengedrückt geliefert. Ein Vorlaufstreifen aus silikonisiertem Papier sichert gegen vorzeitige Entspannung, deren Temperaturabhängigkeit vom Hersteller mit folgenden Stundenzahlen angegeben wird:

Rückstellen auf die Ausgangsdicke	bei einer Stauchung von		
	40 %	60 %	80 %
	Zeit in Stunden		
bei 0 °C	42	52	72
+5 °C	24	32	36

Rückstellen auf die Ausgangsdicke	bei einer Stauchung von		
	40 %	60 %	80 %
	Zeit in Stunden		
+10 °C	11	18	24
+20 °C	0,17	0,33	0,50
+30 °C	0,05	0,08	0,12

Die Rohdichte der CR-Schäume beträgt 140 bis 160 kg/m³. Sie sind temperaturbeständig zwischen -40 °C und +100 °C und werden bis zu Querschnitten 60 x 80 mm hergestellt, wobei durch einseitigen werkseitigen Kleberauftrag das Einlegen von zwei Bändern in bebesonders breite Fugen möglich ist. Bei Beton wird von den Firmen ein Voranstrich verlangt.

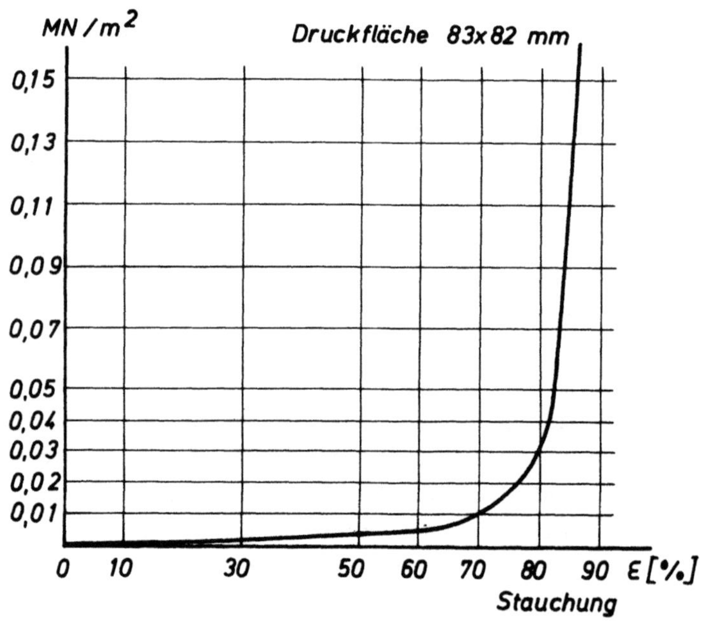

Abb. 64. Spannungs-Stauchungslinie eines mit Bitumen getränktem Polyurethanschaumes (Rohdichte 140 kg/m³)

Mit Bitumen getränkte Bänder können bei höheren Temperaturen "Ausbluten", d. h., sie sondern das Bitumen ab. Da Kunststoffe bei andauernder Erwärmung ihre Länge etwa um 3 % verkürzen, besteht die Gefahr, daß sich Stoßfugen öffnen und die Regendichtigkeit zunichte gemacht wird.

An Stößen, Ecken und Kreuzungspunkten ist daher in Längsrichtung eine Zugabe erforderlich und der Streifen darf keinesfalls unter Zug eingelegt werden.

Obwohl die Verwendung von Schaumstoffprofilen für Dehnungsfugen des Montagebaues technologisch bestechend einfach scheint, hat sie sich bisher gegenüber den porenfreien elastischen Dichtstoffen auf PUR- und Polysulfidbasis nur selten durchsetzen können. Das Hintansetzen der Schaumstoffe hat vor allem baupraktische Gründe, die nicht von der Hand zu weisen sind. Die Tränkung mit Perbunan N-Latices verbessert zwar die Haftung und vermindert die Wasseraufnahme, sie ersetzt aber bei sehr unebenen Fugenflanken und in ihrer Breite veränderlichen Außenwandfugen nicht ganz den innigen Verbund der porenfreien elastischen Dichtstoffe. Die Maßhaltigkeit der Fugen wird durch andere Maßtoleranzen ungünstig beeinflußt, und das Abdichten läßt als zuletzt durchzuführende Baumaßnahme eine Richtigstellung nicht mehr zu. Dieser unsichere Dichtschluß, der insbesondere bei Perbunan-C- und Chloropren-Dichtstoffen noch durch deren äußere geschlossene Haut bei wasserdichten Schaumstoffbändern (Moosgummi) zu befürchten ist, war der Grund, weshalb in der Montagebauweise bei Außenwandfugen den elastischen Dichtstoffen meist der Vorrang gegeben wurde. Verarbeitungstechnisch wirken sich ebenfalls die widersprüchlichen Forderungen ungünstig aus, daß einerseits das leichte Einfügen verlangt und nur durch Weicheinstellung des Fugenprofiles erzielbar ist, andererseits aber für das Dichten ein großer und auf Dauer unverminderter Anpreßdruck gebraucht wird.

Eine interessante Lösung zur Überwindung des Dilemmas, genügend großer Anpreßdruck bei leichter Einbaubarkeit, wurde mit sogenannten Vakuumprofilen versucht (Abb. 65 c). Vor dem Einbau wird aus dem einseitig geschlossenen Hohlraum des Moosgummi-Profiles die Luft durch eine Vakuumpumpe soweit ausgepumpt, daß es sich flachdrückt und in den Fugenraum leicht einschieben läßt. Dort federt es, wieder belüftet, auseinander und erzeugt den gewünschten Anpreßdruck.

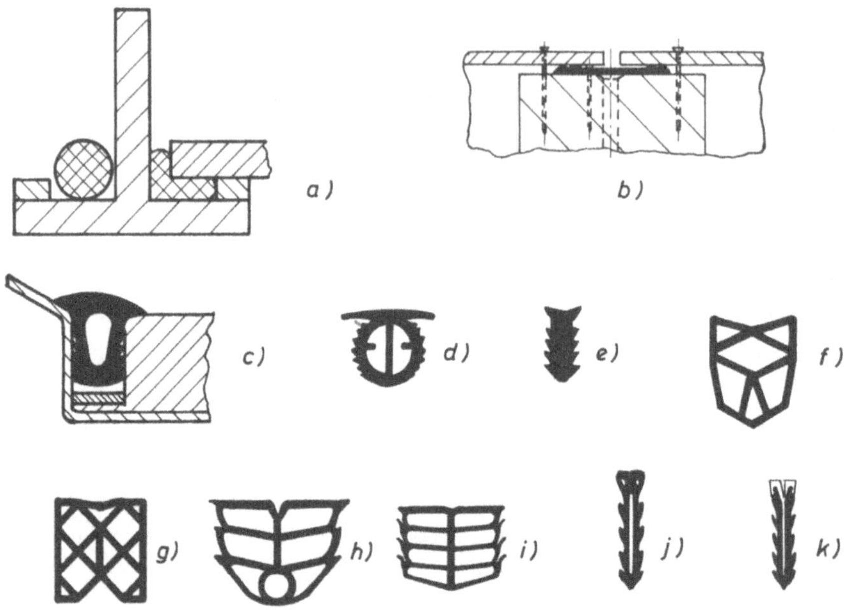

Abb. 65. Dichtende Profile a) gedrückte Rundschnur mit härterem Beilageband b) Hinterlegeband mit Dichtlippen c) Vakuumprofil d) Fugenprofil mit Abdeckleiste e) Fugenkeil f) und g) glatte Fugenprofile h) und i) Fugenprofil mit Dichtungslippen j) Betonstraßenprofil k) Fahrbahnplatten-Profil mit Alu-Kopf

Dieses Verfahren hatte schon früher bei dichten Kunststoffprofilen in Raumfugen des Betonstraßenbaus Anwendung gefunden, sich aber wegen des im Vergleich zum Fugenverguß größeren Aufwandes nicht allgemein durchsetzen können.

Bei dem Bestreben, durch ausreichende Weichheit leicht einbaubare Außenwand-Fugenprofile zu erzielen, boten sich die vorzüglichen Eigenschaften von Chloropren (CR) und EPDM-Kautschuk an, bei denen Wasserundurchlässigkeit und Alterungsbeständigkeit unbestritten sind. Das wichtige Problem der Abdichtung an den Fugenflanken in meist nicht ganz gelungener Ebenflächigkeit und

Maßhaltigkeit besteht aber auch hier.

Perbunan C hat nach Angaben des Herstellers folgende Eigenschaften:

Dichte 1,24 g/cm^3
spezifische Wärmekapazität 1,67 kJ/kg K
Wärmeleitzahl 0,23 W/m K
Längen-Ausdehnungskoeffizient 200 x 10^{-6}/K
Zugfestigkeit bis 25 MN/m^2
Bruchdehnung bis 650 %
bleibende Verformung nach Zug bis 25 %
bleibende Verformung nach Druck sehr gering
Shorehärte A 40 bis 95
Wärmebeständigkeit -40 bis +100 °C
Flammwidrigkeit (nach DIN 4102 schwer entflammbar)
Alterungsbeständigkeit bei Witterung gegeben
Ölbeständigkeit geringes Quellen

Das Abdichten vereinfacht sich wesentlich, wenn die Fugenflanken mit Sicherheit nur ein Verengen des Spaltes erwarten lassen. Es liegt dann die von Dachverglasungen und vielen anderen Aufgabenstellungen im industriellen Bereich bekannt zuverlässige Abdichtung mit einem im Querschnitt runden oder rechteckigen bandförmigen Profil vor. Das Dichten erfolgt durch Zusammendrücken (Abb. 65 a). Dabei ist die Stauchung durch ein härteres Beilageband begrenzt. Das dauernde Dichtbleiben wird durch die Rückfederung erzielt. Bei porösem Untergrund ist immer ein Voranstrich erforderlich. Eine andere Möglichkeit besteht im Niederdrücken der Dichtlippen von unterlegten Streifen (Abb. 65 b), die bei den sogenannten Hinterlegebändern für die Abdichtung von Asbestzementplatten an Fassaden Anwendung findet.

Bei maßgerecht herstellbaren Fugenbreiten ist das Eintreiben eines Fugenkeiles (Abb. 65 e) möglich. Die Dichtwirkung kann wie bei den meisten folgenden Profilformen durch mehrere Lippen verstärkt werden, die sich gegebenenfalls den Unebenheiten besser anpassen und auch das Herausziehen erwünschterweise erschweren (Abb. 65 h und i).

In Fugen einzudrückende Profile werden auch ohne zusätzliche Dichtungslippen eingesetzt (Abb. 65 f und g). Schläuche lassen sich entweder verdeckt in hinter der Außenwandfläche zurückspringende Nuten einbringen oder sie besitzen eine den Spalt abdeckende Leiste (Abb. 65 d). Diese kann die Stoßfugenränder überdecken oder den Eckfugen angepaßt werden. Im Inneren der Profilquerschnitte lassen sich, weil die Herstellung durch Extrudieren erfolgt, leicht Stege unterbringen, die eine beliebige Steifigkeit einzustellen gestatten (Abb. 65 f bis i). Die Lippen an der Außenfläche dienen bei den zwei letztgenannten Profilen zur besseren Anpassung an Unebenheiten der Flankenflächen.

Bei diesen annähernd rechteckigen Kastenprofilen zielt die Lage der innenliegenden Stege darauf ab, von Anfang an eine gewollte Art der Verformung einzuleiten und eine gleichbleibende, vom Verformungsweg möglichst unabhängige Rückstellkraft zu erzeugen. Auch bei derartigen Profilen muß darauf hingewiesen werden, daß größere Fugenrandbewegungen, selbst bei nach Voranstrich festgeklebten Profilen, weitgehend auf X- und Z-Wege beschränkt bleiben müssen, da in der Fugenlängsrichtung (Y-Richtung) ein wesentlich größerer Verformungswiderstand wirksam wird. Er wirkt sich als Haftspannung aus und führt nach dem Ablösen zu Undichtigkeiten. Auch bei größerer Fugenbreite muß eine ausreichende Vorspannung gewährleistet sein, die dann eine besondere Vorrichtung beim Einbau erforderlich macht. Als größte beherrschbare Breitenänderung werden 50 mm angegeben (Fugenbreite 47 bis 97 mm), für die ein Profil von 60 x 98 mm zur Verfügung steht. In der Endbreite dichtet es aber nur noch durch die Festklebung.

Die Fugenflanken müssen nicht nur eben und erforderlichenfalls ausgebessert sein, sie dürfen auch nach innen nicht mehr als 10° und nach außen nicht mehr als 5° von der Parallelität abweichen. Die kleineren und mittleren Profile werden bei noch nassem Voranstrich von Hand oder mit einer Rolle in die Fuge eingedrückt.

Im Montagebau tritt als zusätzliche Schwierigkeit die dichte Gestaltung der Fugenkreuzungspunkte auf, die bei allen Verfahren Schwachstellen sind und besonderer Überlegungen und Sorgfalt bei der Ausführung bedürfen. Undichtigkeiten an sich kreuzenden

Fugen können durch Verwendung einer Sonderzange, die die Profile jeweils bis zu Hälfte sauber auszuschneiden gestattet, vermieden werden. Kreuzungen und schräg zuführende stumpfe Stöße werden nach Säuberung nachträglich verklebt.

Folgerichtig überlegte man auch, wie sich besonders bei größeren Fugenrandwegen die Dichtigkeit durch eine formschlüssige Verklammerung in einem dann vorzusehenden Anschlußprofil sicherstellen ließe. Die aus dem Montagebau bekannte, als bloße Regensperre wirkende Dichtung ließ sich zur Fugendichtung dadurch umbauen, daß die Enden des mäanderförmig gewölbten Dichtungsprofiles keilförmige Aluminiumleisten aufgepreßt erhielten, die durch Lippen dichtend an die einbetonierten Trägerleisten angedrückt werden (Abb. 66 a). Ein aufzusprühendes Gleitmittel vermindert die Reibung beim geschoßweisen Einschieben.

Die von drei Profilgrößen zu bewältigenden Fugenbreitenänderungen (in X-Richtung) können zwischen 10 und 30, 20 und 50 bzw. 40 und 80 mm liegen. Eine Bewältigung von Wegen in den beiden anderen Richtungen (Y und Z) ist wegen der Wellung zu erwarten. Der Einbau wird aber nur solange einfach bleiben, als keine größeren Maßabweichungen bei der Schlitzbreite in den Trägerleisten, wie sie durch Verdrücken der Schalung oder Verunreinigungen durch eingedrungene Zementschlämme entstehen können, vorhanden sind.

Für alle Dichtprofillösungen gilt, abgesehen von der Kostenfrage, daß sie anders als bei den mit Dichtstoff verschlossenen Fugen durch nicht mehr ausbesserbare Unzulänglichkeiten bei den Vorarbeiten in ihrer dauernden Dichtwirkung gefährdet sind.

Ein besonders für Betonstraßen entwickeltes Fugenprofil /83/ wird in vorgeschnittene Fugen eingeklebt oder hinter dem Fertiger in den Frischbeton einer Fahrbahn eingerüttelt (Abb. 65 j und k). Für Längsarbeitsfugen ist die Form des Profiles etwas anders. Die Lippen haben hier die Aufgabe, sich im Frischbeton der nachträglich hergestellten seitlichen Bahn zu verankern. Für Flugplätze wird ein Profil empfohlen, das oben mit einem in der Mitte geschlitzten und daher nachgiebigen Aluminiumteil verbunden ist. Die beim Einsatz von Enteisungsgeräten vorübergehend auftretende Temperatur von etwa 400 °C gefährdet dadurch das darunter liegende CR-Profil nicht.

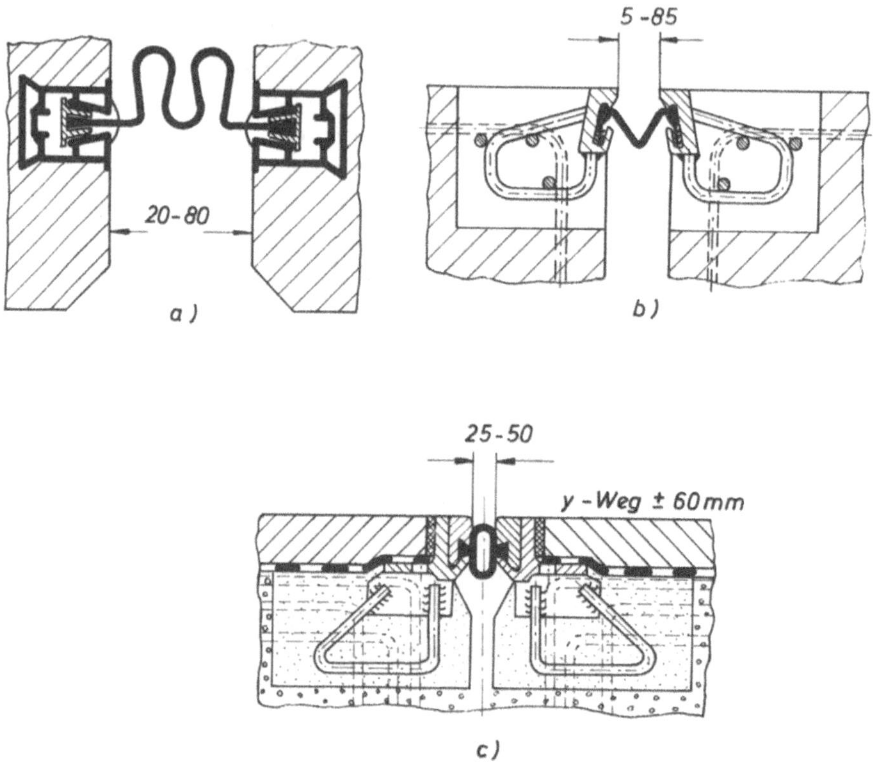

Abb. 66. Profile mit dichtendem Formschluß a) konstruktive Fugendichtung (Beton-Fertigteilbau) b) Fahrbahnübergang bei Leichtverkehr c) wasserdichter Fugenverschluß für große Y-Wege (Flughafen Berlin-Tegel)

Bei Fahrbahnfugen an Brückenbauwerken haben sich in entsprechend robust bemessene stählerne Randschienen einzuklemmende CR-Profile seit langem bewährt (Abb. 66 b und c). Dichtungslippen oder Festklemmen in zu öffnenden schwalbenschwanzförmigen Nuten mit Verschraubung gewährleisten hier eine sichere Wasserdichtigkeit. Da Bewegungen in Y-Richtung parallel zur Fuge meist klein sind, genügen derartige Konstruktionen in der Regel den auftretenden Fugenwegen. Sie zeichnen sich durch Unempfindlichkeit gegen Witterungseinflüsse und Alterung aus. Bei dichtem Verkehr ist auf eine verläßliche Verankerung der dynamisch beanspruchten Fugenrandprofile im angrenzenden Konstruktions-Stahlbeton durch angeschweißte Bewehrungsbügel oder zwischengeschaltete Grobblechrippen großer Wert zu legen.

Neuzeitliche Bauweisen haben Fugenprofile erforderlich gemacht, die selbsttragend bei Fenster-, Fassaden- und Wandelementen eingebaut sind, und die gleichzeitig auch die Aufgaben des Abdichtens erfüllen müssen (Abb. 67 a und b). In das H-förmige Profil aus CR-Kunststoff werden dabei industriell vorgefertigte und daher sehr maßgerechte Sandwich-Elemente eingesteckt. Auf einer Seite des Profiles ermöglicht eine Nut das Ausklappen zweier Flanschhälften. In diese Nut kommt danach eine sogenannte Spreizschnur, die mit einem Sonderwerkzeug eingezogen werden kann. Sie drückt dadurch die vier Flansche verläßlich dichtend gegen die Ränder der Elemente.

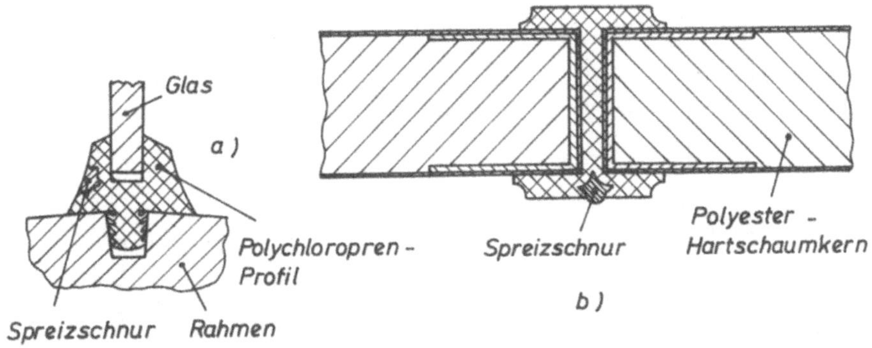

Abb. 67. Selbsttragende Profile aus Polychloropren

Die Shorehärte A des Profiles und der Spreizschnur sind aufeinander abgestimmt (60 bis 70 und 80). Elemente aus wetterfestem Stahl (Patinax, Cor-Ten) erhalten im Bereich der Dichtung einen glättenden und gegen Unterrosten schützenden Anstrich.

Anlage 1. Bauphysikalische Kennwerte

c ... spezifische Wärmekapazität in kJ/kg K

ρ ... Rohdichte in kg/m³

λ ... Wärmeleitzahl in W/m K

α_T ... Längenausdehnungskoeffizient in 10^{-6}/K

μ ... Diffusionswiderstandsfaktor

S_{24} ... Wärmespeicherkennwert ($0{,}23\sqrt{\rho\lambda c}$) in W/m² K

Baustoff	ρ	λ	c	α_T	μ	S_{24}
Mörtel und Betone						
Kalkmörtel, Kalkzementmörtel, Mörtel aus hydraulischem Kalk	1800	0,87	1,1	11	15-35	9,5
Zementmörtel	2000	1,4	1,1	11	15-35	12,8
Kalkgipsmörtel, Gipsmörtel, Anhydritmörtel, Kalkanhydritmörtel	1400	0,70	0,9	25	10	6,8
Gipsputz ohne Zuschlag	1200	0,35	0,9	25	10	4,5
Anhydritestrich	2100	1,2	0,9	25	10	11,0
Zementestrich	2000	1,4	1,1	11	15-35	12,8
Kunststoffzementputz	1900	0,87	1,1	12	30	9,8
Dispersionsputz	1800	0,87	1,0	15	20	9,1
Dämmputz	600	0,20	0,9	15	5-20	2,4
Normalbeton nach DIN 1045 (Kies- oder Splittbeton mit geschlossenem Gefüge; auch bewehrt)	2400	2,1	1,1	12	70-150	17,1

Baustoff	ϱ	λ	c	α_T	μ	S_{24}
Leichtbeton mit haufwerksporigem Gefüge, z. B. nach DIN 4232						
- mit nicht porigen Zuschlägen	1600	0,81	1,1	10	3	8,7
nach DIN 4226 Teil 1,	1800	1,1	1,1	10	10	10,7
z. B. Kies	2000	1,4	1,1	10	5-10	12,8
- mit porigen Zuschlägen nach	600	0,23	1,1	12	5-15	2,8
DIN 4226 Teil 2, ohne Quarz-	1000	0,35	1,1	12	5-15	4,5
sandzusatz	1600	0,76	1,1	12	5-15	8,4
	2000	1,1	1,1	12	5-15	11,3
Leichtbeton und Stahlleichtbeton mit geschlossenem Gefüge (nach den Richtlinien für Bemessung und Ausführung von Leicht- und Stahlleichtbeton mit geschlossenem Gefüge), hergestellt ganz oder teilweise						
- unter Verwendung von Zuschlägen	1000	0,47	1,0	60	70-150	5,0
mit porigem Gefüge nach DIN 4226	1600	0,87	1,0	8-10	70-150	8,6
Teil 2	2000	1,2	1,0	8-10	70-150	11,3
- unter Verwednung von Blähton und	800	0,3	1,1	7	70-150	3,7
Blähschiefer nach DIN 4226 Teil 2,	1000	0,38	1,1	7	70-150	4,7
ohne Quarzsandzusatz Herstellung	1300	0,56	1,1	7	70-150	6,5
des Betons güteüberwacht	1600	0,73	1,1	7	70-150	8,2

Baustoff	ρ	λ	c	α_T	μ	S_{24}
Gasbeton nach DIN 4164	400	0,14	1,1	8	5–15	1,8
	600	0,19	1,1	8	5–15	2,6
	800	0,23	1,1	8	5–15	3,3
Bauplatten						
Wandbauplatten aus Leichtbeton	800	0,29	1,0	7	5–15	3,5
(DIN 18162)	1200	0,47	1,0	7	5–15	5,5
Wandbauplatten aus Gips nach	600	0,29	0,8	15	5–10	2,7
DIN 18163, auch mit Poren,	900	0,41	0,8	15	5–10	4,0
Hohlräumen, Füllstoffen oder	1200	0,58	0,8	15	5–10	5,4
Zuschlägen						
Gipskartonplatten nach DIN 18180	900	0,21	0,8	25	8	2,8
Asbestzementplatten	2000	0,58	1,0	60	20–50	7,8
nach DIN 274, Teil 1-4						
Mauerwerk aus Mauerziegel						
Vollklinker	2000	1,0	0,9	4	100	9,8
Hochlochklinker	1800	0,79	0,9	4	100	8,2
Vollziegel, Lochziegel	600	0,35	0,9	5	5–10	3,2
Leichtziegel, Hochfeste	1000	0,47	0,9	5	5–10	4,7
Ziegel	1600	0,70	0,9	5	5–10	7,3
	2000	1,0	0,9	5	5–10	9,8
Kalksandsteine (DIN 106 Teil1)	1000	0,50	0,9	8	5–10	4,9
	1600	0,79	0,9	8	5–10	7,8
	2000	1,1	0,9	8	15–25	10,2

Baustoff	ϱ	λ	c	α_T	μ	S_{24}
Hüttensteine (DIN 398)	1000	0,47	1,0	8-10	70-100	5,0
	1600	0,64	1,0	8-10	70-100	7,4
	2000	0,76	1,0	8-10	70-100	9,0
Mauerwerk aus Betonsteinen						
Lochsteine aus Leichtbeton nach	600	0,35	1,1	7	5-10	3,5
DIN 18149	1000	0,65	1,1	7	5-10	6,2
	1600	1,0	1,1	7	10-15	9,6
Hohlblocksteine aus Leichtbeton						
nach DIN 18151						
- (2 K-Steine, Breite $\leq$ 240 mm,	600	0,33	1,1	7	5-10	3,4
3 K-Steine, Breite $\leq$ 300 mm,	1000	0,52	1,1	7	5-10	5,5
4 K-Steine, Breite $\leq$ 365 mm)	1400	0,73	1,1	7	5-10	7,7
- 2 K-Steine, Breite 300 mm	600	0,35	1,1	7	5-10	3,5
	1000	0,65	1,1	7	5-10	6,2
	1400	0,91	1,1	7	5-10	8,6
Vollsteine aus Leichtbeton nach	600	0,35	1,1	7	5-10	3,5
DIN 18152	1000	0,47	1,1	7	5-10	5,2
	1600	0,79	1,1	7	5-10	8,6
Hohlblocksteine und T-Hohlblock-						
steine aus Normalbeton mit ge-						
schlossenem Gefüge nach DIN 18153						
- (2 K-Steine, Breite $\leq$ 240 mm,						
3 K-Steine, Breite $\leq$ 300 mm,	$\leq$1800	0,92	1,1	12	3-10	$\leq$ 9,8
4 K-Steine, Breite $\leq$ 365 mm)						

Baustoff	ρ	λ	c	α_T	μ	S_{24}
- (2 K-Steine, Breite 300 mm,	$\leq$1800	1,3	1,1	12	3-10	$\leq$11,7
3 K-Steine, Breite 365 mm)						
Gasbeton-Blocksteine nach DIN 4165	600	0,24	1,1	8	5-10	2,9
	800	0,29	1,1	8	5-10	3,7
Wärmedämmstoffe						
Mineralische und pflanzliche						
Faserdämmstoffe nach DIN 18165						
Teil 1						
Wärmeleitfähigkeitsgruppe						
035	20-200	0,035	0,6	1	1	0,1-0,5
040	8-300	0,040	0,6	1	1	0,1-0,6
045	8-400	0,045	0,6	1	1	0,1-0,8
050	8-500	0,050	0,6	1	1	0,1-0,9
Korkplatten nach DIN 18161 Teil 1						
Wärmeleitfähigkeitsgruppe						
045	20-500	0,045	1,5	1	10	0,3-1,3
055	30-500	0,055	1,5	1	10	0,4-1,5
Schaumkunststoffe nach DIN 18164						
Teil 1						
- Polystyrol-Hartschaum						
Wärmeleitfähigkeitsgruppe						
040		0,040				

Baustoff	ρ	λ	c	α_T	μ	S_{24}
PS-Partikelschaum	≥ 15	0,040	1,4	60	20-50	≥ 0,2
	≥ 30	0,040	1,4	60	40-100	≥ 0,3
PS-Extruderschaum	≥ 25	0,040	1,4	60	80-300	≥ 0,3
-Polyurethan-Hartschaum, überwiegend geschlossenzellig nach DIN 7726 Teil 1 mit R 11 ($CF\ Cl_3$) getrieben						
Wärmeleitfähigkeitsgruppe						
025	≥ 30	0,025	1,4	25	30-100	≥ 0,2
035	≥ 30	0,035	1,4	25	30-100	≥ 0,3
-Phenolharz-Hartschaum						
Wärmeleitfähigkeitsgruppe						
035	≥ 30	0,035	1,4	60	30-50	≥ 0,3
045	≥ 30	0,045	1,4	60	30-50	≥ 0,3
-Schaumkunststoffe, an der Baustelle hergestellt, nach DIN 18159						
-Polyurethan-Ortschaum						
Wärmeleitfähigkeitsgruppe						
030	30	0,030	1,7-2,1	75	30-100	≤ 0,3
035	30	0,035	1,7-2,1	75	30-100	≤ 0,3
-Aminoplast-Montageschaum						
Wärmeleitfähigkeitsguppe						
040	10	0,040	1,4	50	5-10	0,2

Baustoff	ρ	λ	c	α_T	μ	S_{24}
Schaumglas						
Wärmeleitfähigkeitsgruppe						
045	100-150	0,045	0,8	8	5000-∞	0,4-0,5
060	100-150	0,060	0,8	8	5000-∞	0,5-0,6
Holz- und Holzwerkstoffe						
Eiche	800	0,21	2,4	5	40	4,6
Buche	800	0,17	2,4	5	40	4,2
Fichte, Kiefer, Tanne	600	0,14	2,7	5	40	3,5
Sperrholz nach DIN 68705	600	0,14	2,7	20	50-400	3,5
Holzspan-Flachpreßplatten nach DIN 68763	700	0,14	2,7	-	50-100	3,7
Holzspan-Strangpreßplatten nach DIN 68764	800	0,17	2,7	-	20	4,4
Holzfaserplatten nach DIN 68750						
- harte Holzfaserplatte	1000	0,17	2,7	-	70	4,9
- poröse Holzfaserplatte	$\leq$ 200	0,047	2,7	1	5	$\leq$ 1,2
	$\leq$ 300	0,058	2,7	1	5	$\leq$ 1,6
Holzwolleleichtbauplatten nach DIN 1101	600	0,013	1,6	60	2-5	0,8
Beläge und Abdichtungsstoffe						
Linoleum nach DIN 18171	1000	0,17	1,9	2	500	4,1
Korklinoleum nach DIN 18172	700	0,081	1,9	-	-	2,4
Linoleum-Verbundbeläge nach DIN 18173	1000	0,12	-	-	-	-

Baustoff	ϱ	λ	c	α_T	μ	S_{24}
Kunststoffbeläge, z. B. PVC	1500	0,23	1,0	60	50000-125000	4,3
Textil-Bodenbeläge	300	0,081	-	-	-	-
Korkparkett	200-400	0,070	2,5	80	60	1,4-1,9
Asphalt	2000	0,70	1,0	30	2000	8,6
Bitumen	1100	0,17	1,8	200	100000	4,2
nackte Dachpappe nach DIN 52129	1200	0,17	1,5	20	2000-3000	4,0
Dachpappe nach DIN 52128	1200	0,17	1,3	20	1500-100000	3,7
Metalle						
Stahl	7800	60	0,5	12	∞	111,3
Kupfer	8300	380	0,4	17	∞	258,3
Aluminium	2700	200	0,9	24	∞	160,3
Sonstige Stoffe						
Lose Schüttungen aus Sand, Kies, Splitt	1800	0,70	0,8	-	4	7,3
Fliesen	2000	1,0	0,9	9	∞	9,8
Glas	2500	0,81	0,8	8	∞	9,3
Natursteine						
- kristalline, metamorphe Gesteine (Granit, Basalt, Marmor)	2800	3,5	0,9	8	100	21,6
- Sedimentgesteine (Sand-, Muschelkalk, Nagelfluh)	2600	2,3	0,8	8	20	15,9
Außenwandverkleidungen aus Glasmosaik oder Keramik	2000	1,2	0,9	9	200	10,7

Baustoff	ϱ	λ	c	α_T	μ	S_{24}
Wasser	1000	0,60	4,2	60	-	11,5
Luft	1,29	0,024	1,0	-	1	$<$ 0,1

Anlage 2. Dampfsättigungsdruck über Wasser und Eis in Abhängigkeit von der Temperatur in N/m² = Pa

°C	0,0	0,1	0,2	0,3	0,4	0,5	0,6	0,7	0,8	0,9
-30	37	37	37	36	36	35	35	35	34	34
-29	41	41	40	40	40	39	39	38	38	38
-28	46	46	45	45	44	44	43	43	42	42
-27	51	50	50	49	49	48	48	47	47	46
-26	57	57	56	55	55	54	54	53	52	52
-25	63	62	62	61	61	60	59	59	58	57
-24	70	69	69	68	67	67	66	65	64	64
-23	76	76	75	74	74	73	73	72	71	70
-22	85	84	83	82	81	80	80	79	78	77
-21	93	93	92	91	90	89	88	87	86	85
-20	103	102	101	100	99	98	97	96	95	94
-19	114	113	112	111	110	109	107	106	105	104
-18	126	124	123	122	121	120	118	117	116	115
-17	137	136	135	133	132	131	129	128	127	126
-16	150	149	148	146	145	144	142	141	139	138
-15	165	164	162	161	159	158	157	155	153	152
-14	180	179	178	177	176	173	172	170	169	167
-13	198	197	195	193	191	190	188	186	184	182
-12	217	215	213	211	209	208	206	204	202	200
-11	237	235	233	231	229	228	226	224	221	219
-10	260	258	255	253	251	249	246	244	242	239
-9	283	280	279	276	274	272	269	267	264	262
-8	310	306	304	301	298	296	294	291	288	286
-7	337	335	332	330	327	324	321	318	315	312
-6	368	365	362	359	356	353	350	347	343	340
-5	401	398	395	391	388	384	381	380	375	372
-4	436	432	430	426	423	429	415	419	408	405
-3	476	472	468	464	460	456	452	448	444	440
-2	517	514	509	505	501	496	492	488	483	480
-1	562	557	552	547	543	538	534	531	527	522
-0	611	605	600	595	591	586	582	577	572	567
0	611	616	621	626	630	634	639	644	648	653
1	657	662	667	672	677	682	686	690	695	700
2	705	710	716	721	727	732	736	742	747	753
3	759	765	770	776	781	786	792	797	803	808
4	813	819	825	831	837	842	848	854	861	866
5	872	878	884	889	895	901	907	913	919	925

°C	0,0	0,1	0,2	0,3	0,4	0,5	0,6	0,7	0,8	0,9
6	935	941	948	954	961	968	975	982	988	994
7	1001	1008	1016	1023	1030	1038	1044	1051	1059	1066
8	1072	1081	1088	1095	1102	1110	1117	1125	1133	1140
9	1147	1155	1163	1171	1179	1187	1194	1202	1210	1218
10	1228	1237	1244	1253	1261	1270	1279	1287	1295	1303
11	1312	1321	1330	1340	1348	1357	1366	1375	1385	1394
12	1402	1412	1422	1431	1441	1450	1459	1469	1479	1488
13	1497	1507	1517	1528	1538	1547	1558	1568	1578	1588
14	1598	1609	1620	1631	1642	1652	1662	1673	1684	1695
15	1705	1716	1728	1739	1749	1761	1772	1784	1795	1805
16	1817	1829	1841	1853	1865	1877	1889	1901	1913	1925
17	1937	1950	1962	1975	1988	2001	2013	2026	2039	2052
18	2064	2078	2091	2104	2118	2131	2145	2157	2171	2184
19	2197	2211	2226	2240	2254	2267	2282	2296	2309	2323
20	2339	2354	2368	2383	2398	2412	2427	2442	2457	2472
21	2486	2503	2517	2534	2550	2565	2581	2597	2612	2627
22	2644	2661	2677	2694	2711	2726	2743	2760	2776	2793
23	2809	2826	2844	2862	2879	2896	2914	2931	2949	2966
24	2984	3002	3020	3039	3058	3076	3094	3113	3131	3150
25	3168	3187	3207	3225	3245	3265	3285	3303	3322	3342
26	3361	3381	3402	3422	3442	3462	3482	3503	3524	3543
27	3565	3586	3608	3629	3651	3673	3694	3716	3737	3758
28	3779	3802	3825	3847	3870	3892	3915	3937	3960	3982
29	4005	4029	4052	4076	4099	4123	4146	4171	4194	4218
30	4242	4268	4292	4318	4342	4368	4392	4418	4443	4468
31	4488	4514	4339	4565	4591	4617	4644	4670	4697	4723
32	4750	4777	4804	4831	4859	4886	4914	4942	4969	4997
33	5026	5054	5082	5111	5140	5168	5197	5227	5256	5285
34	5315	5345	5374	5404	5435	5465	5495	5526	5557	5588
35	5619	5650	5681	5713	5744	5776	5808	5840	5872	5905
36	5937	5970	6003	6036	6069	6103	6136	6170	6204	6238
37	6272	6306	6141	6376	6410	6445	6481	6516	6551	6587
38	6623	6659	6695	6732	6768	6805	6842	6879	6916	6953
39	6991	7029	7067	7105	7143	7182	7220	7259	7298	7337
40	7377	7416	7456	7496	7536	7577	7617	7658	7699	7740
41	7777									
42	8198									
43	8639									
44	9100									
45	9582									

°C	0,0	°C	0,0
46	10086	85	57800
47	10612	86	60105
48	11162	87	62488
49	11736	88	64949
50	12335	89	67489
51	12961	90	70102
52	13613	91	72814
53	14293	92	75609
54	15002	93	78492
55	15741	94	81464
56	16511	95	84524
57	17313	96	87691
58	18147	97	90947
59	19016	98	94301
60	19920	99	97762
61	20860	100	101320
62	21840		
63	22860		
64	23910		
65	25010		
66	26150		
67	27330		
68	28560		
69	29840		
70	31160		
71	32530		
72	33960		
73	35430		
74	36960		
75	37550		
76	40190		
77	41980		
78	43650		
79	45470		
80	47360		
81	49308		
82	51328		
83	53417		
84	55574		

Anlage 3. Taupunkttemperaturen in Abhängigkeit von der relativen Luftfeuchtigkeit in %

	Relative Luftfeuchtigkeit in %														
°C	30 %	35 %	40 %	45 %	50 %	55 %	60 %	65 %	70 %	75 %	80 %	85 %	90 %	95 %	100 %
-20	-32,0	-30,6	-29,3	-28,1	-27,1	-26,1	-25,3	-24,5	-23,7	-23,0	-22,4	-21,7	-21,1	-20,6	-20
-19	-31,1	-29,6	-28,3	-27,1	-26,1	-25,1	-24,3	-23,4	-22,7	-22,0	-21,3	-20,7	-20,1	-19,5	-19
-18	-30,1	-28,6	-27,3	-26,1	-25,1	-24,1	-23,2	-22,4	-21,7	-20,9	-20,3	-19,6	-19,0	-18,5	-18
-17	-29,3	-27,8	-26,5	-25,3	-24,2	-23,3	-22,4	-21,6	-20,8	-20,1	-19,4	-18,8	-18,2	-17,6	-17
-16	-28,4	-26,9	-25,6	-24,4	-23,3	-22,3	-21,4	-20,6	-19,8	-19,1	-18,4	-17,8	-17,2	-16,6	-16
-15	-27,5	-26,0	-24,6	-23,4	-22,3	-21,4	-20,5	-19,6	-18,8	-18,1	-17,4	-16,8	-16,2	-15,6	-15
-14	-26,6	-25,1	-23,7	-22,5	-21,4	-20,5	-19,5	-18,7	-17,9	-17,2	-16,5	-15,8	-15,2	-14,6	-14
-13	-25,7	-24,1	-22,8	-21,6	-20,5	-19,5	-18,5	-17,7	-16,9	-16,2	-15,5	-14,8	-14,2	-13,6	-13
-12	-24,8	-23,2	-21,8	-20,6	-19,5	-18,5	-17,6	-16,7	-15,9	-15,2	-14,5	-13,8	-13,2	-12,6	-12
-11	-23,9	-22,3	-20,9	-19,7	-18,6	-17,6	-16,6	-15,8	-15,0	-14,2	-13,5	-12,8	-12,2	-11,6	-11
-10	-22,9	-21,3	-19,9	-18,7	-17,6	-16,6	-15,6	-14,8	-14,0	-13,2	-12,5	-11,8	-11,2	-10,6	-10
-9	-22,0	-20,5	-19,1	-17,8	-16,7	-15,7	-14,7	-13,8	-13,0	-12,3	-11,5	-10,9	-10,2	-9,6	-9
-8	-21,1	-19,5	-18,1	-16,8	-15,7	-14,7	-13,7	-12,8	-12,0	-11,2	-10,5	-9,8	-9,2	-8,6	-8
-7	-20,2	-18,6	-17,2	-15,9	-14,8	-13,8	-12,8	-11,9	-11,1	-10,3	-9,6	-8,9	-8,2	-7,6	-7
-6	-19,3	-17,7	-16,3	-15,0	-13,8	-12,8	-11,8	-10,9	-10,1	-9,3	-8,6	-7,9	-7,2	-6,6	-6
-5	-18,4	-16,8	-15,3	-14,0	-12,9	-11,8	-10,9	-10,0	-9,1	-8,3	-7,6	-6,9	-6,2	-5,6	-5
-4	-17,5	-15,9	-14,4	-13,1	-12,0	-10,9	-9,9	-9,0	-8,2	-7,4	-6,6	-5,9	-5,3	-4,6	-4
-3	-16,6	-14,9	-13,5	-12,2	-11,0	-9,9	-8,9	-8,0	-7,2	-6,4	-5,6	-4,9	-4,3	-3,6	-3
-2	-15,7	-14,0	-12,6	-11,2	-10,1	-9,0	-8,0	-7,1	-6,2	-5,4	-4,7	-4,0	-3,3	-2,6	-2
-1	-14,8	-13,1	-11,6	-10,3	-9,1	-8,0	-7,0	-6,1	-5,2	-4,4	-3,7	-3,0	-2,3	-1,6	-1

Relative Luftfeuchtigkeit in %

°C	30 %	35 %	40 %	45 %	50 %	55 %	60 %	65 %	70 %	75 %	80 %	85 %	90 %	95 %	100 %
0	-13,9	-12,2	-10,7	-9,4	-8,2	-7,1	-6,1	-5,1	-4,3	-3,5	-2,7	-2,0	-1,3	-0,6	0
1	-13,1	-11,4	-9,9	-8,5	-7,3	-6,2	-5,2	-4,3	-3,4	-2,6	-1,8	-1,1	-0,4	0,3	1
2	-12,3	-10,6	-9,1	-7,7	-6,5	-5,4	-4,4	-3,4	-2,6	-1,7	-1,0	-0,2	0,5	1,3	2
3	-11,5	-9,8	-8,2	-6,9	-5,7	-4,6	-3,5	-2,6	-1,7	-0,9	-0,1	0,7	1,5	2,3	3
4	-10,7	-9,0	-7,4	-6,1	-4,9	-3,7	-2,7	-1,8	-0,9	±0	0,9	1,7	2,5	3,3	4
5	-9,9	-8,2	-6,6	-5,3	-4,0	-2,9	-1,9	-0,9	±0	1,0	1,8	2,7	3,5	4,2	5
6	-9,1	-7,4	-5,8	-4,4	-3,2	-2,1	-1,0	-0,1	1,0	1,9	2,8	3,7	4,5	5,2	6
7	-8,3	-6,6	-5,0	-3,6	-2,4	-1,3	-0,2	0,9	1,9	2,9	3,8	4,6	5,5	6,2	7
8	-7,6	-5,8	-4,2	-2,8	-1,6	-0,4	0,7	1,8	2,9	3,8	4,8	5,6	6,4	7,2	8
9	-6,8	-5,0	-3,4	-2,0	-0,8	0,5	1,7	2,8	3,8	4,8	5,7	6,6	7,4	8,2	9
10	-6,0	-4,2	-2,6	-1,2	0,1	1,4	2,6	3,7	4,8	5,8	6,7	7,6	8,4	9,2	10
11	-5,2	-3,4	-1,8	-0,4	1,0	2,3	3,5	4,7	5,8	6,7	7,7	8,6	9,4	10,2	11
12	-4,5	-2,6	-1,0	0,5	1,9	3,2	4,5	5,7	6,7	7,7	8,7	9,6	10,4	11,2	12
13	-3,7	-1,9	-0,3	1,4	2,8	4,2	5,5	6,6	7,7	8,7	9,6	10,5	11,4	12,2	13
14	-2,9	-1,1	0,6	2,3	3,7	5,1	6,4	7,5	8,6	9,6	10,6	11,5	12,4	13,2	14
15	-2,1	-0,3	1,5	3,2	4,7	6,1	7,3	8,5	9,6	10,6	11,6	12,5	13,4	14,2	15
16	-1,4	0,6	2,4	4,1	5,6	7,0	8,2	9,4	10,5	11,6	12,6	13,5	14,4	15,2	16
17	-0,6	1,4	3,3	5,0	6,5	7,9	9,2	10,4	11,5	12,5	13,5	14,5	15,3	16,2	17
18	0,2	2,3	4,2	5,9	7,4	8,8	10,1	11,3	12,5	13,5	14,5	15,4	16,3	17,2	18
19	1,0	3,2	5,1	6,8	8,3	9,8	11,1	12,3	13,4	14,5	15,5	16,4	17,3	18,2	19
20	1,9	4,1	6,0	7,7	9,3	10,7	12,0	13,2	14,4	15,4	16,4	17,4	18,3	19,2	20
21	2,8	5,0	6,9	8,6	10,2	11,6	12,9	14,2	15,3	16,4	17,4	18,4	19,3	20,2	21
22	3,6	5,9	7,8	9,5	11,1	12,5	13,9	15,1	16,3	17,4	18,4	19,4	20,3	21,2	22
23	4,5	6,7	8,7	10,4	12,0	13,5	14,8	16,1	17,2	18,3	19,4	20,3	21,3	22,2	23

Relative Luftfeuchtigkeit in %

°C	30 %	35 %	40 %	45 %	50 %	55 %	60 %	65 %	70 %	75 %	80 %	85 %	90 %	95 %	100 %
24	5,4	7,6	9,6	11,3	12,9	14,4	15,8	17,0	18,2	19,3	20,3	21,3	22,3	23,1	24
25	6,2	8,5	10,5	12,2	13,8	15,3	16,7	18,0	19,1	20,3	21,3	22,3	23,2	24,1	25
26	7,1	9,3	11,3	13,1	14,8	16,3	17,6	18,9	20,1	21,2	22,3	23,3	24,2	25,1	26
27	7,9	10,2	12,2	14,0	15,7	17,2	18,6	19,9	21,1	22,2	23,3	24,3	25,2	26,1	27
28	8,8	11,1	13,1	14,9	16,6	18,1	19,5	20,8	22,0	23,1	24,2	25,2	26,2	27,1	28
29	9,6	12,0	14,0	15,8	17,5	19,0	20,4	21,7	23,0	24,1	25,2	26,2	27,2	28,1	29
30	10,5	12,8	14,9	16,7	18,4	20,0	21,4	22,7	23,9	25,1	26,2	27,2	28,2	29,1	30
31	11,4	13,7	15,8	17,7	19,3	20,9	22,3	23,6	24,9	26,0	27,1	28,2	29,1	30,1	31
32	12,2	14,6	16,7	18,6	20,3	21,8	23,2	24,6	25,8	27,0	28,1	29,1	30,1	31,1	32
33	13,1	15,5	17,6	19,5	21,2	22,7	24,2	25,5	26,8	28,0	29,1	30,1	31,1	32,1	33
34	13,9	16,4	18,5	20,4	22,1	23,7	25,1	26,5	27,7	28,9	30,0	31,1	32,1	33,1	34
35	14,8	17,2	19,4	21,3	23,0	24,6	26,1	27,4	28,7	29,9	31,0	32,1	33,1	34,1	35
36	15,7	18,1	20,3	22,2	23,9	25,5	27,0	28,4	29,7	30,9	32,0	33,1	34,1	35,1	36
37	16,5	19,0	21,1	23,1	24,8	26,4	27,9	29,3	30,6	31,8	33,0	34,0	35,1	36,1	37
38	17,4	19,9	22,0	24,0	25,8	27,4	28,9	30,3	31,6	32,8	33,9	35,0	36,1	37,1	38
39	18,3	20,7	22,9	24,9	26,7	28,3	29,8	31,2	32,5	33,8	34,9	36,0	37,1	38,0	39
40	19,1	21,6	23,8	25,8	27,6	29,2	30,8	32,2	33,5	34,7	35,9	37,0	38,0	39,0	40
41	20,0	22,5	24,7	26,7	28,5	30,2	31,7	33,1	34,4	35,7	36,8	38,0	39,0	40,0	41
42	20,8	23,4	25,6	27,6	29,4	31,1	32,6	34,0	35,4	36,6	37,8	38,9	40,0	41,0	42
43	21,7	24,2	26,5	28,5	30,3	32,0	33,5	35,0	36,3	37,6	38,8	39,9	41,0	42,0	43
44	22,5	25,1	27,4	29,4	31,2	32,9	34,5	35,9	37,3	38,5	39,7	40,9	42,0	43,0	44
45	23,4	26,0	28,3	30,3	32,1	33,8	35,4	36,9	38,2	39,5	40,7	41,9	42,9	44,0	45
46	24,2	26,8	29,1	31,2	33,1	34,8	36,3	37,8	39,2	40,5	41,7	42,8	43,9	45,0	46

°C	30 %	35 %	40 %	45 %	50 %	55 %	60 %	65 %	70 %	75 %	80 %	85 %	90 %	95 %	100 %
	Relative Luftfeuchtigkeit in %														
47	25,1	27,7	30,0	32,1	34,0	35,7	37,3	38,7	40,1	41,4	42,6	43,8	44,9	45,9	47
48	25,9	28,6	30,9	33,0	34,9	36,6	38,2	39,7	41,1	42,4	43,6	44,8	45,9	46,9	48
49	26,8	29,4	31,8	33,9	35,8	37,5	39,1	40,6	42,0	43,3	44,6	45,7	46,8	47,9	49
50	27,7	30,4	32,7	34,8	36,7	38,5	40,1	41,6	43,0	44,4	45,6	46,8	47,9	49,0	50
55	31,9	24,7	37,1	39,3	41,3	43,1	44,8	46,3	47,8	49,2	50,5	51,7	52,9	54,0	55
60	36,2	39,0	41,5	43,8	45,8	47,7	49,4	51,0	52,5	54,0	55,3	56,6	57,8	58,9	60
65	40,4	43,3	45,9	48,2	50,3	52,3	54,1	55,7	57,3	58,8	60,1	61,5	62,7	63,9	65
70	44,6	47,6	50,3	52,7	54,8	56,8	58,7	60,4	62,0	63,5	65,0	66,3	67,6	68,9	70

LITERATURVERZEICHNIS

1. Ergänzende Bestimmungen zu DIN 4108 Wärmeschutz im Hochbau 1974 und DIN 4108 Beiblatt Nov. 1975.
2. Eichler, F.: Bauphysikalische Entwurfslehre, 3. Aufl., Bd. 1, S. 28. Köln-Braunsfeld: R. Müller. 1970.
3. Ebd., S. 29.
4. DIN 4701 Regeln für die Berechnung des Wärmebedarfs von Gebäuden. Jan. 1959, Tab. 12.
5. Moritz, K.: Flachdachhandbuch, 4. Aufl., S. 531-535. Wiesbaden und Berlin: Bauverlag. 1975.
6. Gröber, H., Erk, S., Grigull, U.: Grundgesetze der Wärmeübertragung, 3. Aufl., S. 80-88. Berlin-Göttingen-Heidelberg: Springer. 1963.
7. Franke, H.: Über die Temperaturverteilung in dünnen Betonkonstruktionen, insbesondere in zweischichtigen Betonwänden, infolge der Extremalwerte der Lufttemperatur und der Sonneneinstrahlung. VDI-Forschungsbericht 4/12, (1968).
8. Künzel, H., Gertis, K.: Thermische Verformung von Außenwänden. Betonsteinzeitung 1969, S. 528-535.
9. Kießl, K., Gertis, K.: Der Wärmehaushalt des Umkehrdaches beim Unterströmen der Dämmplatten. Die Bautechnik 1979, S. 84-91.
10. Pilny, F.: Messungen an einer Fahrbahnplatte aus vorgespanntem Beton. Die Bauverwaltung 1965, S. 1-6.
11. Winter, F.W.: Die neuen Einheiten im Meßwesen, 1. Aufl., S. 97. Essen: W. Girardet. 1973.
12. DIN 4108 Wärmeschutz im Hochbau August 1969.
13. s. /2/, S. 42.
14. Schild, E., Casselmann, H.-F., Dahmen, G., Pohlenz, R.: Bauphysik, 1. Aufl. Braunschweig: Vieweg. 1977.
15. Cammerer, J.S.: Beiträge zum Problem der Wasserdampfdiffusion durch Bauteile. Berichte aus der Bauforschung, H. 80. Berlin-München-Düsseldorf: W. Ernst & Sohn. 1973.

16. Bundesanstalt für Materialprüfung Berlin: SBB-Forschungsvorhaben Wärmeleitfähigkeit. Arbeitsblatt 2.14/3/77. 1977.

17. Dettling, H.: Die Wärmedehnung des Zementsteines, der Gesteine und der Betone, Bd. 3. Stuttgart: Otto Graf Institut der Technischen Hochschule. 1962.

18. Gösele, K., Schüle, W.: Schall-Wärme-Feuchtigkeit, 1. Aufl., S. 152-153. Wiesbaden-Berlin: Bauverlag. 1965.

19. S. /2/, S. 77.

20. Hütte Bautechnik I, 29. Aufl., S. 496. Berlin-Heidelberg-New York: Springer. 1974.

21. Pilny, F.: Betondehnungen durch Feuchtigkeit. Zement und Beton 1964, S. 1-9.

22. Lufsky, K.: Bauwerksabdichtung, S. 84-85. Stuttgart: B.C. Teubner. 1975.

23. Hundt, J.: Wärme- und Feuchtigkeitsleitung in Beton unter Einwirkung eines Temperaturgefälles. Deutscher Ausschuß für Stahlbeton, H. 256. Berlin-München-Düsseldorf: W. Ernst & Sohn. 1975.

24. Altmann, K.: Neues Feuchtigkeitsmeßverfahren für Bauteile. Die Bautechnik 1970, S. 268-272.

25. Grunau, E.B.: Die Außenwand. Köln-Braunsfeld: R. Müller. 1975.

26. Künzel, H.: Einfluß der Versuchsbedingungen auf die Ergebnisse von Diffussionsmessungen. Berichte aus der Bauforschung, H. 80, S. 3-12. Berlin-München-Düsseldorf: W. Ernst & Sohn. 1973.

27. S. /2/, S. 112.

28. Glaser, H.: Graphisches Verfahren zur Untersuchung von Diffusionsvorgängen. Kältetechnik 1959, S. 345-349.

29. Cammerer, J.S.: Bezeichnungen und Berechnungsverfahren für Diffusionsvorgänge im Bauwesen. Kältetechnik 1956, S. 339-343.

30. Seiffert, K.: Wasserdampfdiffusion in Bauwerken, 1. Aufl., S. 87. Wiesbaden: Bauverlag. 1967.

31. S. /2/, S. 168.

32. Cammerer, J.S.: Die Berechnung der Durchfeuchtungsgefahr der Wände von Räumen mit hoher Luftfeuchtigkeit. Berlin: W. Ernst & Sohn. 1957.

33. Krischer, O., Kast, W.: Die wissenschaftlichen Grundlagen der Trocknungstechnik, 3. Aufl. Berlin-Heidelberg-New York: Springer. 1963.

34. Zelger, C.: Beobachtung von Rissen in Bauwerken. Die Bautechnik 1976, S. 361-372.

35. Czerny, F.: Risse im Beton - Risse in der Theorie. Österr. Hochschulzeitung 1978, S. 1-3.

36. Kießl, K., Gertis, K.: Wärmeeigenspannungen in mehrschichtigen Außenbauteilen infolge instationärer Temperatureinwirkung. Die Bautechnik 1980, S. 45-53.

37. Eichler, F.: Bauphysikalische Entwurfslehre, 1. Aufl., S. 365. Köln-Braunsfeld: R. Müller. 1968.

38. Springenschmid, R.: Über das Vermeiden von Rissen in Beton- und Stahlbetonbauwerken. Österr. Ingenieurzeitschrift 1966, S. 411-420.

39. Schäfer, A.: Frostwiderstand und Porengefüge des Betons. Deutscher Ausschuß für Stahlbeton, H. 167. Berlin-München: W. Ernst & Sohn. 1965.

40. Grunau, E.B.: Die Außenwand. Köln-Braunsfeld: R. Müller. 1975.

41. Czernin, W.: Zementchemie für Bauingenieure, 3. Aufl. Wiesbaden-Berlin: Bauverlag. 1977.

42. Manns, W.: Betonzusatzmittel und Frühschwindrisse. Zement und Beton 1979, S. 175-181.

43. Wischers, G., Manns, W.: Ursachen für das Entstehen von Rissen in jungem Beton. Beton 1973, S. 167-171, S. 222-228.

44. Grunau, E.B.: Fassade und Wasserhaushalt der Wand, S. 153-164. Köln-Braunsfeld: R. Müller. 1967.

45. Betonkalender, Teil II, S. 613-650. Berlin-München-Düsseldorf: W. Ernst & Sohn. 1979.

46. Rehm, G.: Rißverhalten von Stahlbetonkörpern bei Zugbeanspruchung, Nr. 12, S. 147. Stuttgart: Fraunhofer-Gesellschaft e.V., Dokumentationsstelle für Bautechnik. 1976.

47. Falkner, H.: Zur Frage der Rißbildung durch Eigen- und Zwängsspannungen infolge Temperatur in Stahlbetonbauteilen. Deutscher Ausschuß für Stahlbeton, H. 208. Berlin: W. Ernst & Sohn. 1969.

48. Meyer, A., Wierig, H.-J., Husmann, K.: Karbonatisierung von Schwerbeton. Deutscher Ausschuß für Stahlbeton, H. 182. Berlin: W. Ernst & Sohn. 1967.

49. Zimmermann, G.: Bauschädensammlung, Bd. 2, S. 99. Stuttgart: Forum. 1976.

50. Leonhardt, F.: Spannbeton für die Praxis. Berlin: W. Ernst & Sohn. 1962.

51. Schorn, H., Tholen, J.: Möglichkeiten der Prüfung und Beurteilung von rißüberbrückenden Beschichtungen auf Betonbauteilen. Betonwerk und Fertigteil-Technik 1972, S. 27-33.

52. Ingenstau, H., Korbion, H.: VOB-Kommentar, 7. Aufl., S. 980. Düsseldorf: Werner. 1974.

53. Kern, E.: Dichten von Rissen im Beton. Betonwerk und Fertigteil-Technik 1973, S. 510-516.

54. Bisle, H.: Ausbessern von Betonoberflächen. Wiesbaden-Berlin: Bauverlag. 1978.

55. Köneke, R.: Betonschutz-Kosmetik-Sanierung. Köln-Braunsfeld: R. Müller. 1973.

56. Merkblatt des Deutschen Betonvereins, Instandsetzung von Betonbauteilen. Beton 1979, S. 133-136.

57. Benz, G.: Einpreßmörtel. Illertissen: Firmenschrift der Chemischen Fabrik Grunau GmbH. 1975.

58. Ruffert, G.: Sanierung tiefreichender Betonschäden. Referat beim Seminar "Betonschäden" an der techn. Akademie Esslingen am 29.4.1974.

59. Künzel, H.: Die Bewegungen in Fugen zwischen vorgefertigten Außenwandplatten. Betonstein-Zeitung 1968, S. 62-64.

60. Grunau, E.B.: Die Berechnung von Bauwerksfugen mit Kunststoffabdichtungen. Plasticonstruction 1971, S. 110-116.

61. Köster, W.: Fahrbahnübergänge in Brücken und Betonbahnen. Wiesbaden-Berlin: Bauverlag. 1965.

62. Pilny, F., Plank, A.: Berechnung des Dehnungsfugenabstandes in Behälterauskleidungen. Tonindustrie-Zeitung 1968, S. 127-129.

63. Schlaich, J., Schober, H.: Fugen im Hochbau, wann und wo ? Der Architekt 1976, S. 161-167.

64. Hampe, K.-H., Gajewski, K.-H.: Konstruktion und baubetriebliche Ausführung der Fugen und Verbindungen im Montagebau. Berichte aus der Bauforschung, H. 96. Berlin-München-Düsseldorf: W. Ernst & Sohn. 1975.

65. von Halász, R., Tantow, G.: Schubfestigkeit der Vertikalfugen. Berichte aus der Bauforschung, H. 45. Berlin: W. Ernst & Sohn. 1964.

66. Gad, W.: Bessere Vergußmassen für Betonfugen mit Gummimehl und Asbestfasern bei kleinerem Mineralfülleranteil. Straßenbau-Technik 1975, S. 13-16.
67. Cziesielski, E.: Konstruktion und Dichtung bei Außenwandfugen im Beton- und Leichtbetontafelbau. Bauingenieur-Praxis, H. 56. Berlin-München-Düsseldorf: W. Ernst & Sohn. 1970.
68. Cziesielski, E.: Konstruktive Methoden der Fugenabdichtung zwischen Betonfertigteilen. Betonwerk und Fertigteil-Technik 1973, S. 251-259.
69. Cziesielski, E.: Belüftete Fugen. Betonwerk und Fertigteil-Technik 1978, S. 441-447.
70. Poschet, G.: Untersuchung von Fugendichtungsmassen. Berichte aus der Bauforschung, H. 96. Berlin-München-Düsseldorf: W. Ernst & Sohn. 1975.
71. Künzel, H.: Vergleichsuntersuchungen an bewitterten Fugenmassen. Berichte aus der Bauforschung, H. 98. Berlin-München-Düsseldorf: W. Ernst & Sohn. 1975.
72. Jagfeld, P.: Wechsellagerungsversuche an Fugenmassen für den Betonfertigteilbau (künstliche Alterung). Betonstein-Zeitung 1968, S. 74-80.
73. Fachverband Baukeramik und Spaltplatten e.V. und Fachverband des Deutschen Fliesengewerbes: Schwimmbeckenauskleidungen mit keramischen Spaltplatten, Richtlinien für die Planung, Konstruktion und Ausführung. Frankfurt-Bonn-Bad Godesberg. Sept. 1976.
74. Deutsche Gesellschaft für das Badewesen e.V.: Liste geprüfter Reinigungsmittel. Essen. 1976.
75. Anonym: Fugendichtungsmassen. Bauen mit Kunststoffen 1980, S. 3-18.
76. Anonym: Fugendichtungsmassen im Hochbau. Bauen mit Kunststoffen 1974, S. 337-353.
77. Müller, R., Jonas, R., Wolf, A.: Zum Problem der Schimmelpilzbildung auf Silikondichtungsmassen. Kunststoffe im Bau 1979, S. 187-188.
78. Grunau, E.: Dichtstoffe im Hochbau. Deutsche Bauzeitung 1977, S. 203-204.
79. UEATc: Fugendichtungsmassen für den Hochbau. Amts- und Mitteilungsblatt der Bundesanstalt für Materialprüfung in Berlin, Bd. 5, Nr. 2. Juni 1975.

80. Zentralverband des Dachdeckerhandwerkes e.V.: Richtlinien für die Ausführung von Flachdächern. Berlin: H. Gros. 1974.
81. Braun, E., Metelmann, P., Thun, D., Vordermeier, E.: Die Berechnung bituminöser Bauwerksabdichtungen. Hamburg: Arbeitsgemeinschaft der Bitumen-Industrie e.V. 1976.
82. Studiengesellschaft für unterirdische Verkehrsanlagen e.V.: Neue Fugenbänder, Bd. 13 und 18. Düsseldorf: Alba. 1972 und 1974.
83. Averbeck, H.: Fertigprofile aus Neoprene für Fugen in Betondecken. Straßen- und Tiefbau 1976, S. 12-14.

SACHVERZEICHNIS

GPSR Compliance

The European Union's (EU) General Product Safety Regulation (GPSR) is a set of rules that requires consumer products to be safe and our obligations to ensure this.

If you have any concerns about our products, you can contact us on ProductSafety@springernature.com

In case Publisher is established outside the EU, the EU authorized representative is:

Springer Nature Customer Service Center GmbH
Europaplatz 3
69115 Heidelberg, Germany

Batch number: 10584556

Printed by Printforce, the Netherlands